"十二五""十三五"国家重点图书出版规划项目

新 能 源 发 电 并 网 技 术 丛 书

吴福保 杨波 叶季蕾 编著

电力系统储能应用技术

U0294068

中国水利水电出版社
www.waterpub.com.cn

内 容 提 要

本书从电力系统持续发展的需求和储能技术的发展趋势出发，选择了一些近年来发展迅速且备受广大科研工作者和工程技术人员广泛关注的重要研究领域，力求突出重要的学术意义和实用价值。书中分别介绍了储能技术的发展、储能本体技术、储能电池管理技术、储能系统运行控制技术、储能系统的集成应用及经济性分析、储能技术在新能源并网发电中的应用和储能技术在微电网中的应用。希望本书的出版能够促进我国储能技术的研究和应用，充分发挥储能系统在智能电网中的重要作用，推动储能产业的快速发展。

本书对从事相关领域的研究人员、电力公司技术人员和储能系统研发人员具有一定的参考价值，也可供新能源领域的工程技术人员借鉴参考。

图书在版编目（CIP）数据

电力系统储能应用技术 / 吴福保，杨波，叶季蕾编著. -- 北京：中国水利水电出版社，2014.12（2022.7重印）
（新能源发电并网技术丛书）
ISBN 978-7-5170-2820-8

Ⅰ. ①电… Ⅱ. ①吴… ②杨… ③叶… Ⅲ. ①电力系统—储能 Ⅳ. ①TM7

中国版本图书馆CIP数据核字(2014)第311220号

书　　名	新能源发电并网技术丛书 **电力系统储能应用技术**	
作　　者	吴福保　杨波　叶季蕾　编著	
出版发行	中国水利水电出版社 （北京市海淀区玉渊潭南路1号D座　100038） 网址：www. waterpub. com. cn E - mail：sales@mwr. gov. cn 电话：(010) 68545888（营销中心）	
经　　售	北京科水图书销售有限公司 电话：(010) 68545874、63202643 全国各地新华书店和相关出版物销售网点	
排　　版	中国水利水电出版社微机排版中心	
印　　刷	天津嘉恒印务有限公司	
规　　格	184mm×260mm　16开　13.5印张　304千字	
版　　次	2014年12月第1版　2022年7月第2次印刷	
印　　数	4001—6000册	
定　　价	**58.00元**	

凡购买我社图书，如有缺页、倒页、脱页的，本社营销中心负责调换

丛书编委会

主　任　丁　杰

副主任　朱凌志　吴福保

委　员（按姓氏拼音排序）

陈　宁　崔　方　赫卫国　秦筱迪

陶以彬　许晓慧　杨　波　叶季蕾

张军军　周　海　周邺飞

本书编委会

主　　编　吴福保

副 主 编　杨　波　叶季蕾

参编人员（按姓氏拼音排序）

冯鑫振　胡金杭　姬联涛　李官军

刘　欢　桑丙玉　陶　琼　陶以彬

王　伟　王德顺　许晓慧　薛金花

俞　斌　赵上林　周　晨

序
XU

随着全球应对气候变化呼声的日益高涨以及能源短缺、能源供应安全形势的日趋严峻，风能、太阳能、生物质能、海洋能等新能源以其清洁、安全、可再生的特点，在各国能源战略中的地位不断提高。其中风能、太阳能相对而言成本较低、技术较成熟、可靠性较高，近年来发展迅猛，并开始在能源供应中发挥重要作用。我国于 2006 年颁布了《中华人民共和国可再生能源法》，政府部门通过特许权招标，制定风电、光伏分区上网电价，出台光伏电价补贴机制等一系列措施，逐步建立了支持新能源开发利用的补贴和政策体系。至此，我国风电进入快速发展阶段，连续 5 年实现增长率超100％，并于 2012 年 6 月装机容量超过美国，成为世界第一风电大国。截至 2013 年年底，我国光伏发电装机容量已达 1942 万 kW，成为仅次于德国，排名第二的世界光伏发电大国。

根据国家规划，我国 2015 年风电装机将达到 1 亿 kW，2020 年达到 2 亿 kW。华北、东北、西北等"三北"地区以及江苏、山东沿海地区的风电主要以大规模集中开发为主，装机规模约占全国风电开发规模的 70％，将建成 9 个千万千瓦级风电基地；中部地区则以分散式开发为多。光伏发电装机也将在 2015 年达到 3500 万 kW，2020 年达到 1 亿 kW。与风电开发不同，我国光伏发电呈现"大规模开发，集中远距离输送"与"分散式开发，就地利用"并举的模式，太阳能资源丰富的西北、华北等地区适宜建设大型地面光伏电站，中东部发达地区则以分布式建筑光伏为主，我国新能源在未来一段时间仍将保持快速发展的态势。

然而，在快速发展的同时，我国新能源也遇到了一系列亟待解决的问题，其中新能源的并网问题已经成为了社会各界关注的焦点，如新能源并网接入问题、包含大规模新能源的系统安全稳定问题、新能源的消纳问题以及新能源分布式并网带来的配电网技术和管理问题等。

新能源并网技术已经得到了国家、地方、行业、企业以及全社会广泛关注。自"十一五"以来，国家科技部在新能源并网技术方面设立了多个

"973"、"863" 以及科技支撑计划等重大科技项目，行业中诸多企业也在新能源并网技术方面开展了大量研究和实践，在新能源的并网技术进步方面取得了丰硕的成果，有力地促进了新能源发电产业发展。

中国电力科学研究院作为国家电网公司直属科研单位，在新能源并网等方面主持和参与了多项的国家"973"、"863" 以及科技支撑计划和国家电网公司科技项目，开展了大量的与生产实践相关的针对性研究，主要涉及新能源并网的建模、仿真、分析、规划等基础理论和方法，新能源并网的实验、检测、评估、验证及装备研制等方面的技术研究和相关标准制定，风力、光伏发电功率预测及资源评估等气象技术研发应用，新能源并网的智能控制和调度运行技术研发应用，分布式电源、微电网以及储能的系统集成及运行控制技术研发应用等。这些研发所形成的科研成果与现场应用，在我国新能源发电产业高速发展中起到了重要的作用。

本次编著的《新能源发电并网技术丛书》内容包括新能源并网的建模、分析和规划技术，新能源功率预测技术、新能源发电智能监控技术、分布式电源和微电网技术、电力储能技术及应用等多个方面。该丛书是中国电力科学研究院在新能源发电并网领域的探索、实践和在大量现场应用基础上的总结，是我国首套从多个角度系统化阐述大规模及分布式新能源并网技术研究与实践的著作。希望该丛书的出版，能够吸引更多国内外专家、学者以及有志从事新能源行业的专业人士，进一步深化开展新能源并网技术的研究及应用，为促进我国新能源发电产业的技术进步发挥更大的作用！

中国科学院院士、中国电力科学研究院名誉院长：周孝信

前 言
QIANYAN

储能是智能电网发展必不可少的支撑技术，在大规模可再生能源接入、分布式发电、微电网和电动汽车等应用领域将发挥重要作用。随着我国经济持续快速发展，我国电力系统运行面临用电负荷持续增长、电力峰谷差逐渐增大、调峰能力不足、电源结构不合理等问题，将储能与传统发电设施、新能源发电结合起来，是有效解决能源和环境问题的重要手段。

国家能源局2013年《能源发展"十二五"规划》里提到："着力突破节能、低碳、储能、智能等关键技术。在可再生能源方面协调配套电网与风电开发建设，合理配套储能设施。在能源科技装备水平方面重点突破大容量储能技术。"国家发展和改革委员会《2013战略新兴产业重点产品和服务指导目录》中也指出要发展储能技术。目前，我国在储能材料、储能能量转换装置、储能集成等关键技术研究、标准体系建立、示范工程建设等方面已取得了一批丰硕成果，有力地推动了国内储能产业的发展。

本书着眼于目前国内外储能技术的快速发展，同时结合储能和新能源领域的研究和应用成果，系统介绍了储能技术的发展、储能本体技术、储能电池管理技术、储能系统运行控制技术、储能系统的集成应用和经济性分析、储能技术在新能源发电并网和微电网中应用的关键技术和示范工程。

本书共7章，其中第1章由叶季蕾编写，第2章由薛金花编写，第3章由薛金花、叶季蕾编写，第4章由桑丙玉编写，第5章和第6章由叶季蕾编写，第7章由胡金杭编写。全书编写过程中得到了陶以彬、李官军、冯鑫振、许晓慧、王德顺、姬联涛、俞斌、刘欢等同事的大力协助，全书由吴福保、杨波指导完成。

本书在编写过程中参阅了很多前辈的工作成果，引用了大量电池厂家和示范工程的运行数据，在此对中关村储能产业联盟、上海市电力公司、上海交通大学、中国电力科学研究院电工所、浙江省电力公司等单位表示特别感谢。本书在编写过程中，中国电力科学研究院新能源所的领导和专家丁杰、朱凌志等给予了高度的重视和深切的关怀，在此一并向他们致以衷心的感谢!

    储能行业相关的政策法规和市场机制正在不断地改善,储能技术的发展以及在电力系统中的商业化推广和规模化应用任重道远,本书仅对目前的储能技术、系统集成和应用涉及的关键问题进行了系统地阐述。随着储能材料、制造技术、运行控制、集成应用等技术的快速发展,必将会有大量的新技术不断出现,仍需我们密切关注和深入研究。

    限于作者水平和实践经验,书中难免有不足和有待改进之处,恳请读者批评指正。

作者

2014 年 11 月

目　录
MULU

序

前言

第1章　储能技术的发展 ··· 1

1.1　基本概念 ··· 1

1.2　储能技术的发展历史 ································· 2

1.3　储能技术在电力系统中的需求和作用 ······· 4

1.4　储能技术在电力系统中的应用前景及挑战 ····· 7

参考文献 ··· 10

第2章　储能本体技术 ····································· 11

2.1　电化学储能 ··· 11

2.2　物理储能 ··· 20

2.3　电磁储能 ··· 25

2.4　新型储能 ··· 28

2.5　储能技术的综合比较 ······························· 32

参考文献 ··· 37

第3章　储能电池管理技术 ····························· 39

3.1　电池管理系统 ··· 39

3.2　荷电状态（SOC）估算方法 ····················· 42

3.3　健康状态（SOH）估算方法 ····················· 46

3.4　均衡管理技术 ··· 46

3.5　保护技术 ··· 50

3.6　典型储能电池管理案例 ····························· 52

参考文献 ··· 55

第4章　储能系统运行控制技术 ····················· 57

4.1　基本原理 ··· 57

4.2　并网运行控制技术 ··································· 78

4.3　离网运行控制技术 ··································· 86

  4.4 双模式切换控制技术 ·· 96

  4.5 案例分析 ··· 99

  参考文献 ··· 106

第5章　储能系统的集成应用及经济性分析·················· 107

  5.1 储能系统的集成设计方法 ······································· 108

  5.2 典型应用模式下的储能系统集成 ····························· 117

  5.3 储能系统在典型应用场景中的经济性分析 ················· 127

  5.4 我国电力市场环境下的储能效益分析 ······················· 134

  参考文献 ··· 139

第6章　储能技术在新能源并网发电中的应用··············· 141

  6.1 储能在新能源并网中的作用 ···································· 141

  6.2 新能源并网中储能系统的优化设计 ·························· 143

  6.3 新能源发电—储能联合运行控制技术 ······················· 152

  6.4 典型应用案例 ··· 160

  参考文献 ··· 166

第7章　储能技术在微电网中的应用·························· 168

  7.1 作用 ··· 169

  7.2 优化配置 ·· 170

  7.3 实际应用 ·· 173

  7.4 运行控制技术 ··· 180

  7.5 典型应用案例 ··· 194

  参考文献 ··· 202

第1章 储能技术的发展

电力生产是现代社会运转的基本支柱，也是驱动现代社会各行各业发展的主要能源动力之一。构建电力系统的三大要素包括发电设施、电能输配系统和用电设备。发电机把机械能转化为电能，电能经变压器、变换器和电力线路输送并分配到用户，在用户端经电动机、电炉和电灯等设备又将电能转化为机械能、热能和光能等。这些生产、变换、输送、分配、消费电能的发电机、变压器、变换器、电力线路及各种用电设备等联系在一起组成的整体就是电力系统。

随着社会和经济的持续发展，电力系统的运行正在发生巨大的变化。当前我国电网运营面临着以下问题和挑战：

（1）电力生产结构不尽合理。截至 2016 年 10 月底，我国火电装机占全国装机总量的 66.03%，而调节性能好的水电装机占 18.59%，比重小。我国以火电为主的电源结构导致长期以来电力系统的调峰能力不足。

（2）间歇式能源发展迅猛，在电网中的渗透率逐渐加大，对电网调峰、安全稳定运行和供电质量带来巨大挑战。

（3）日益加剧的峰谷差问题，不仅严重影响用户侧的供电质量，也给国民经济带来很大损失。用户对电力的需求在不同时刻、不同季节、不同区域存在较大的差别，随着用电峰谷差的逐渐增大，调峰问题更加突出，常导致用户电网在负荷高峰时电压偏低，处于低电压运行；低谷时，电力设备利用时间下降，容量过剩。日益加剧的峰谷差问题，不仅严重影响用户电网的供电质量，也给国民经济带来很大损失。

针对上述问题，储能技术可以渗透于电力系统的发、输、变、配、用各个环节，发挥不同的作用。储能系统作为智能电网灵活的组成部分，可以有效地实现需求侧管理，消除峰谷差，提高电力设备运行效率，降低供电成本；提高大规模可再生能源接入电网的能力，消除能源结构调整的瓶颈；发挥备用电源作用、改善电能质量，满足现代电力系统日益发展的不同需求。

本章介绍储能的定义，简述国内外储能技术的发展过程；结合未来电力系统发展存在的问题分析了对储能技术的需求，并归纳了储能技术在电力系统中不同环节可发挥的作用；分析了储能技术在电力系统中的应用前景和面临的挑战，为实现电网可持续发展目标、解决电量供需不平衡矛盾和提高供电可靠性等问题提供参考方法。

1.1 基本概念

从广义上讲，储能即能量存储，指通过某种介质或装置，把一种形式的能量转化成另一种形式的能量存储起来，在需要时以特定能量形式释放出来的一系列技术和措施。

从狭义上讲，针对电能的存储，指利用化学或者物理等方法将电能存储起来并在需要时释放的一系列技术和措施。本书中的储能均指电能的存储。

传统意义上看，电能的生产、输送、分配和消费是同时进行的，即发电厂任何时刻生产的功率必须等于该时刻用电设备消耗和网络损失功率之和。将储能技术应用于电力系统中，可以改变上述模式，解决电能生产和使用存在的时间和空间的不匹配问题，以达到优化电力资源配置、提高电能质量、促进可再生能源利用及节能减排的目的。

1.2　储能技术的发展历史

电能存储不是一种新技术。早在 1786 年，意大利物理学家 Galvani 发现了生物电的存在；1799 年意大利科学家 Volta 发明了现代电池；1836 年，电池被用于通信网络。到 19 世纪 80 年代，纽约市的直流供电系统中，为了在夜间将发电机停下来，采用了铅酸蓄电池为路灯提供照明用电。

随着电力技术的发展，抽水蓄能电站逐渐被应用于电网调峰。世界上最早的抽水蓄能电站建于 1882 年，是瑞士苏黎世的奈特拉电站，扬程 153m，功率 515kW，是一座季节型抽水蓄能电站。1908 年，意大利在乌比昂内山建成了一座抽水蓄能电站；1912年，意大利又建成了维罗尼抽水蓄能电站，利用两个天然湖之间的落差 156m，装机7600kW。到 20 世纪 50 年代，世界上已有 50 余座抽水蓄能电站投入运行。从 60 年代开始，抽水蓄能电站进入了一个高速发展的时期，美国、日本和西欧成为抽水蓄能电站大规模发展的先驱。进入 90 年代以后，发达国家放缓了抽水蓄能发展的步伐，以中国为代表的发展中国家开始大规模建设抽水蓄能。

抽水蓄能（Pumped Hydro Storage，PHS）是在电力系统中得到最为广泛应用的一种储能技术，主要用于电力系统的调峰填谷、调频、调相、紧急事故备用、黑启动和提供系统的备用容量。截至 2011 年年底，全球已经有超过 123400MW 的抽水蓄能电站投入运行；截至 2012 年年底，我国已有超过 20GW 的抽水蓄能机组投入运行。据统计，世界兴建的抽水蓄能电站总装机容量：1950 年为 1600MW；1960 年为 3500MW；1970 年为 16000MW。1980 年为 46000MW；1988 年为 79000MW；1998 年为98273MW；2010 年为 127000MW。其增长趋势如图 1-1 所示。其中，规模最大的是美国的巴斯康蒂电站，装机 2100MW。大型机组中水头最高的是意大利的桑费奥拉诺电站，达 1417m。单机容量最大的是日本神流川抽水蓄能电站，装机 2820MW，单机470MW，水头 695m。从抽水蓄能技术特点来看，抽水蓄能电站可以按照任意容量建造，按调节性能可分为日调节、周调节、季度调节；而限制抽水蓄能电站更广泛应用的重要制约因素仍是选址困难、建设工期长、工程投资较大。

压缩空气储能（Compressed-Air Energy Storage，CAES）是一种调峰用燃气轮机发电厂，对于同样的电力输出，它所消耗的燃气要比常规燃气轮机少 40%。常规燃气

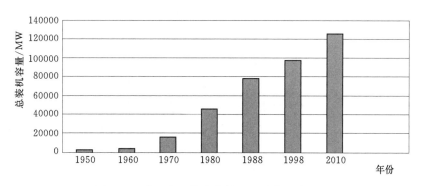

图 1-1 世界各国抽水蓄能电站总装机容量图

轮机在发电时大约需要消耗输入燃料的 2/3 进行空气的压缩，而压缩空气储能则可利用电网负荷低谷时的廉价电能预先压缩空气，然后根据需要释放储存的能量加上一些燃气进行发电。压缩空气通常储存在合适的地下矿井或者熔岩下的洞穴中，通过熔岩建造这样的洞穴大约需要一年半到两年的时间。

第一个投入商用运行的压缩空气储能（CAES）是 1978 年建于德国 Hundorf 的一台 290MW 机组。1991 年，美国在 Alabama 的 McIntosh 建成了第二台商用 CAES，机组功率为 110MW，整个建设耗时 30 个月，耗资 6500 万美元，这台机组能够在 14min 之内并网。第三台商业运行 CAES，也是目前世界上最大容量的 CAES，建在 Ohio 州的 Norton，整个电站装机容量为 2700MW，共有 9 台机组，可将空气压缩储存在位于地下 670m 深的石灰石矿井里。

在电池储能方面，铅酸电池是最古老、也是最成熟的蓄电池技术。它是一种低成本的通用储能技术，可用于电能质量调节和 UPS 等。然而，这种蓄电池寿命较短，且在制造过程中产生环境污染，限制了铅酸电池在电力系统中的大规模应用。锌溴（ZnBr）电池在 20 世纪 70 年代早期由埃克森石油公司（Exxon）开发成功，经过多年的研究和发展，已经建成了多套数十千瓦的 ZnBr 电池储能系统并经过验证，其净效率达 75%。20 世纪 80 年代初期澳大利亚新南威尔士大学率先研制出全钒液流电池（Vanadium Redox Flow Battery，VRB）电池，之后经技术转让和发展，在澳大利亚、日本和加拿大得到深入研究。目前，加拿大的 VRB Power Systems 公司和日本住友电工研发的全钒液流电池技术进入实用化阶段。70 年代埃克森的 M. S. Whittingham 采用硫化钛作为正极材料，金属锂作为负极材料，制成首个锂电池。1982 年伊利诺伊理工大学发现锂离子具有嵌入石墨的特性，过程快速并且可逆。首个可用的锂离子石墨电极由贝尔实验室试制成功。1991 年索尼公司发布首个商用锂离子电池。1996 年具有橄榄石结构的磷酸盐被发现，如磷酸锂铁（LiFePO$_4$），比传统的正极材料更具优越性，因此已成为当前主流的正极材料。

电力存储技术的研究和发展受到了各国能源、交通、电力、电信等部门的重视，在技术性和经济性上都得到了快速的提升。近十年，美国、日本、澳大利亚以及欧洲各国

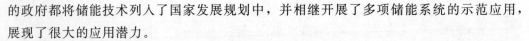

的政府都将储能技术列入了国家发展规划中，并相继开展了多项储能系统的示范应用，展现了很大的应用潜力。

截至 2010 年年底，全球电力储能总装机容量为 128GW，约占世界电力装机总量的 3.0%。据中关村储能产业技术联盟（CNESA）项目库统计，2000—2013 年，全球累计储能装机容量达 739MW（不含抽水蓄能、压缩空气储能和储热项目）。相比 2012 年，全球储能示范项目总装机容量规模增长 104MW，年增长率为 14%。目前，国际电力储能产业以年均 9.0% 左右速度增长，远高于全球电力 2.5% 的增长率。可以看出，储能已成为世界上多个国家重点发展的新兴产业，我国已将大规模储能技术列入国家"十二五"能源规划，正在积极引导促进储能产业发展。

1.3　储能技术在电力系统中的需求和作用

1.3.1　电网发展对储能技术的需求分析

1.3.1.1　峰谷差加剧对储能技术的需求

目前，我国尚处于重工业化阶段，电力需求旺盛，近年来新增电力装机容量和发电量不断提升。据统计，到 2013 年年底，我国发电装机容量达 12.47 亿 kW，同比增长 9.25%，超过美国，跃居世界第一，预测到 2020 年将达到 15 亿 kW。电网大力发展的同时也带来了诸多问题与挑战，主要有：

（1）电网用电峰谷差逐渐增大，调峰矛盾日益突出。2012 年，中国电力企业联合会在《电力工业"十二五"规划滚动研究报告》中预测，到 2015 年全社会最大负荷将达 9.66 亿~10.64 亿 kW，用电量达 6.02~6.61kW·h。"十二五"期间年均增长率分别为 8.6% 和 8.9%，最大负荷增速快于用电增速，电网峰谷差将持续增大。

（2）不断扩大的电网规模增大了电网安全稳定运行的风险。新型发、输电技术和控制技术的应用，使电网的复杂程度日益加剧，对大电网的安全稳定提出了更高的要求。

（3）经济社会发展对电网电能质量和供电可靠性提出了更高的要求。

1.3.1.2　可再生能源大规模发展对储能技术的需求

大力开发可再生能源已经成为世界各国保障能源供应安全、保护生态环境、应对气候变化的共同选择，也是提高国家竞争力的重要措施。2006 年 1 月，《中华人民共和国可再生能源法》正式实施，明确将可再生能源的开发和利用列为能源发展的优先领域；2009 年 12 月，《中华人民共和国可再生能源法修正案》要求通过制定总量目标，采取相应措施推动其发展。

据世界风能协会发布的报告，截至 2013 年年底，全球累计风电装机总量达 318.12GW，我国累计风电装机容量达 91.41GW，占全球风电装机容量的 28.7%。根

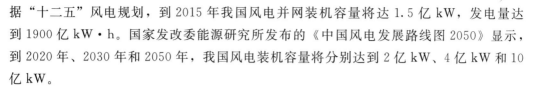

据"十二五"风电规划，到 2015 年我国风电并网装机容量将达 1.5 亿 kW，发电量达到 1900 亿 kW·h。国家发改委能源研究所发布的《中国风电发展路线图 2050》显示，到 2020 年、2030 年和 2050 年，我国风电装机容量将分别达到 2 亿 kW、4 亿 kW 和 10 亿 kW。

据中国光伏产业联盟统计，截至 2013 年年底，全球光伏新增装机容量达 39GW，累计装机达 139GW；中国光伏新增装机容量达 12.9GW，累计装机近 20GW。2013 年 7 月《国务院关于促进光伏产业健康发展的若干意见》中提出，2013—2015 年，年均新增光伏发电装机容量 10GW 左右，到 2015 年总装机容量达到 35GW 以上。

风电、光伏发电具有随机性、间歇性和波动性的特点，昼夜间发电量差异很大。随着电网中间歇性能源占比的逐年上升，对电网调峰、运行控制和供电质量带来巨大挑战。2009 年 7 月，国家能源局《我国风电发展情况调研报告》指出，随着风电装机容量迅速增加，风电并网对电能质量和电力系统运行安全的影响已初步显现，部分地区规模并网的风电机组已对电网系统电压、频率和稳定性产生了影响。因此，可再生能源装机容量提升的同时，需要配置大规模储能系统，大幅提高电网接纳可再生能源的能力，提高可再生能源并网的可控性和可调度性，实现间歇性能源的安全稳定并网运行。

1.3.1.3　分布式发电和智能电网建设对储能技术的需求

我国的电力系统一直遵循着大电网、大机组的发展方向，按照集中输配电模式运行，而我国的能源中心和电力负荷中心距离远跨度大，这决定了我国智能电网的基本框架是"建设以特高压电网为骨干网架，各级电网协调发展，具有信息化、数字化、自动化和互动化特征的统一的坚强智能电网"。

从欧美智能电网的发展重点看，其分布式发电比重的快速上升和完全竞争性电力市场使得智能电网将优先考虑用户侧与配电网的智能化，储能技术是其主要的投资领域，美国政府已将大规模储能技术定位为支撑新能源发展的战略性技术。在美国能源部制定的关于智能电网的资助计划中，储能技术项目在数量和金额上均超过了其他所有项目。

虽然各国根据自身实际对于智能电网构建有所区别，但优质、自愈、安全、清洁、经济、互动是共同追逐的目标。传统电网主要由发电、输电、变电、配电、用电五个环节构成，而储能环节是智能电网构建及实现目标不可或缺的关键环节。随着各国智能电网建设的推进，储能技术的应用需要快速发展，并形成规模化应用。

1.3.2　储能技术在电力系统中发挥的作用

1.3.2.1　削峰填谷

随着城市化进程的不断加快和电力负荷不断增长，电力峰谷差也将不断加大，通过新增发、输、配电设备来满足负荷增长需求变得越来越困难。对电力企业而言，一方面需每年投入大量的资金；另一方面，由于尖峰负荷时间较短导致电力设备的资产利用率降低。储能系统的建设将会有效解决这一问题，各种形式的储能电站可以在电网负荷低谷的时候从电网获取电能充电，在电网负荷高峰时刻改为发电机方式运行，向电网输送电能，一方面有助于减少系统输电网络的损耗，减缓或者替代新建发电厂产生经济效益，同时提高输配电设备利用效率；另一方面在峰谷电价政策下，采用谷时充电峰时用电的方法给用户节约电费支出。

大容量储能系统可实现发电和用电间的解耦及负荷调节，在一定程度上削弱峰谷差。储能系统一旦形成规模，可有效延缓甚至减少电源和电网建设，提高能源利用效率和电网整体资产利用率，并改变现有电力系统的建设模式，促进其从外延扩张型向内涵增效型的转变。

1.3.2.2　提高电网对新能源的接纳能力

风能、太阳能、海洋能、生物质能等新能源正在快速发展，新能源的有序接入也是智能电网建设的重要内容。上述新能源不同于火电和水电等常规电源，具有波动性和间歇性的特点，大规模并网运行会对电网的稳定运行造成影响，影响程度与可再生能源发电在系统中所占的比重有关。当所占比例和电网容量相比较小时，对电网冲击不大，利用电网控制与配电技术，能够保证电网安全稳定运行。一旦可再生能源的装机容量所占比例超过一定值后，将对局部电网产生明显冲击。特别是在水、油、汽电源比例较小的地区，仅靠有功调节速度较慢的火电机组，难以完全适应其出力的快速变化，甚至会引发大规模恶性事故。

针对规模化新能源并网对电网稳定运行造成的影响，可采取不同措施避免或减缓。一种措施是加强对新能源发电的预测，包括短期预测、中期预测和长期预测，以更好地做好计划性的电力平衡；另一种措施是建设储能系统，通过储能系统对其进行缓冲，减少对电网的冲击影响，如建立光储、风储、风光储联合控制系统等。国家风光储输示范工程，在世界上首次验证了大规模风光储联合控制的可行性。

因此，在波动性可再生能源装机容量不断增加、规模不断扩大的情况下，增加储能装置，能够提供快速的有功支撑，增强电网调频能力。在电源侧配置动态响应特性好、寿命长、可靠性高的大规模储能装置，可以有效解决风能、太阳能等新能源大规模并网的间歇性、不确定性问题，大幅提高电网接纳可再生能源的能力，促进可再生能源的集约化开发和利用。这也是今后缓解环境压力及满足低碳社会发展的重要途径之一。

1.3.2.3　备用电源

要保证供电安全，就要求系统具有足够的备用容量。若电源备用不足，电网运行面临高风险。一旦电网发生故障，大电源退出，将可能产生连锁反应，导致事故扩大。在电力系统遇到大的扰动时，例如短路等事故时，储能装置可以在瞬时吸收或释放能量，使系统中的调节装置有时间进行调整，避免系统失稳，恢复正常运行。对于重要用电负荷，如医院、政府和军工部门，设置事故或应急的备用电源也至关重要。据了解，日本已经有 200 多家工商业用户建立了钠硫电池储能电站，为用户提供了事故和应急备用电源，提高了用户的供电可靠性。总之，当电网发生故障且分布式发电系统不能正常供电时，储能系统可向用户提供稳定的电能。

1.3.2.4　提高电能质量

对于对电压暂降和电力短时中断等暂态电能质量问题特别敏感的用电负荷，如自动化生产线等，供电电压的瞬间波动等可能会导致产品不合格，从而引起重大的经济损失。对于这种用户，可以配置以超级电容器、超导、飞轮等为代表的功率型储能技术，实现与系统的快速有功、无功功率交换，减小系统地谐波畸变、降低电压波动和闪变，消除电压暂降和暂升，保证优质供电。

1.4　储能技术在电力系统中的应用前景及挑战

电力存储技术突破了传统电能即发即用的特点，可适用于多种应用领域，以解决传统方法难以解决的问题。储能技术作为一门关键支撑技术，目前已经在新能源及分布式电源发电、智能电网、电动汽车、工业用户、家庭用户等场合得到初步应用。世界上很多国家也规划和建设了数个示范工程，并推出了相关支撑政策，有力地推动了储能技术的快速发展。

1.4.1　应用前景

1.4.1.1　新能源发电侧

基于可再生能源发电的分布式供能技术已成为能源领域的发展重点，但风能、太阳能等可再生能源发电具有波动性、间歇性的特点，电网与新能源的矛盾越来越突出；同时，大电网事故的严重影响也凸显电力供应对高效、大规模储能技术的紧迫需求。依托储能技术，将不稳定的风能、太阳能发电储存起来并平稳输出，能够提供快速的有功支撑，增强电网调频能力，使大规模风力及太阳能发电方便可靠地并入常规电网。因此，储能技术已成为新能源发电大规模利用的核心技术之一。

我国风能、光伏等新能源发电技术应用已走在世界前列，但风能、太阳能发电的最大缺点是受天气、季节、时间的约束非常大，发电不稳定。根据 2011 年 1 月中华人民共和国国家电力监管委员会发布的《风电、光伏发电情况监管报告》，2010 年 1—6 月，风电未收购电量达 27.76 亿 kW·h，光伏发电没有未收购量。由于风电在电网中比例逐步增大，大规模风电功率波动给电网安全经济运行带来诸多不利影响。为了保障电网安全运行，制约了既有电网对风电的接纳规模，从而导致大量弃风或新建风电机组不能并网运行。大规模储能系统可以实现量的时空平移，可有效抑制风电功率的波动性，

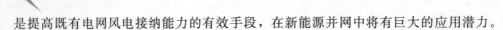

是提高既有电网风电接纳能力的有效手段，在新能源并网中将有巨大的应用潜力。

1.4.1.2　城市配电网侧

电力和能源的供需矛盾已成为制约我国国民经济稳定、可持续发展的瓶颈。尤其在大中型城市，随着电力需求逐年增长，用电高峰和低谷的负荷差距越来越大，白天用电负荷很大，有些地方甚至要拉闸限电，但到深夜用电量很小，很多发电产能被白白浪费，而且低负荷下，发电效率显著降低。然而，由于峰谷差的不断拉大，系统装机容量难以满足峰值负荷的需求。若通过建设发电厂来满足高峰负荷需求，其建设规模必须与高峰用电相匹配，随着峰谷差的加大，负荷率快速下降，导致非高峰期的设施利用率很低。从建设成本和资源保护的角度出发，通过新增发、输、配电设备来满足日益增长的高峰负荷变得越来越困难。

各种形式的城市储能电站可以在电网负荷低谷的时候从电网获取电能充电，在电网负荷峰值时向电网输送电能，这将有助于减少系统输电网络的损耗，减缓或者替代新建发电厂，满足日益增长的高峰负荷的需求。而且，储能电站还可发挥备用电源的作用，提高系统的备用容量，确保城市供电安全。

1.4.1.3　分布式电源及微电网侧

基于环境保护、节能减排和可持续发展的需求，在用电侧就近利用太阳能、风能、生物质能等可再生能源的分布式能源，既能有效补充大电网远距离传输又能节约利用资源。由于风、光等分布式电源的间歇性、波动性，且不能离网运行，分布式能源渗透率的提高将对电网运行和控制产生影响。为提高分布式能源利用率，缓解分布式能源对电网的冲击，微电网随之出现并不断发展。微电网是集发电和用电为一体的微型电网，应用客户可以是供电部门或大中型用电的企事业单位，也可以是发电部门，甚至是对环保要求很高的小型用户或偏远地区电力用户。

为保证微电网在不同运行模式下的电压和频率稳定，微电网中应采用合理的分布式电源和储能配置，实现不同模式的运行和运行模式之间的过渡。在分布式电源投入和退出过程中，其功率不平衡的时间短，可以采用储能设备，进行快速储/放能控制，从而对有功功率进行紧急平衡控制，保证重要负荷的电压稳定。此外，由于微电网中光伏和风力发电具有显著的不确定性，各类负荷的变化也存在一定的随机性，通过配置储能设备并进行合理控制，可以维持系统动态平衡。

1.4.1.4　终端用户侧

（1）大型用户。在电解、电镀及冶金等工业行业及电车、轻轨和地铁等交通部门，集中用电负荷大。为了降低用电成本，可以充分利用电网峰谷差，采用储能技术用"谷电"对储能系统充电，在高峰期应用于生产、运营。这不仅可以减少供电设备投资，提高电能的利用效率，减轻电网负担，还可以大幅降低运营成本，提高企业经济效益。

（2）家庭用户。能源的紧张和多发的自然灾害导致家庭应急电源管理系统的市场需求日渐膨胀。储能技术可应用于家庭用户的应急电源管理系统，也可以与光伏发电配合，在电费较高及用电量达到峰值的时间段，调节输出功率，利用储能供电来确保应急电源以及削减用电高峰时段的用电量，为家庭生活提供所需全部能源。户用光储系统联合运行技术在部分欧美国家已经实现并不断推广。

（3）电动汽车—电网互动（Vehicle to Grid，V2G）。电动汽车以节能、环保和安全作为发展主导方向，各国政府对新能源汽车都出台了多项扶持和优惠政策。电动汽车的发展将储能和电力系统结合了起来，在实现了汽车作为交通工具的作用之外，还将其变成一种可能的备用电源，通过电动汽车和电网的互动，可以发挥电网调峰、调频应用等作用。电动汽车产业的发展也会带动储能技术的应用推广，为储能产业迎来更多的发展空间。

1.4.2　面临的挑战

储能技术在欧美各国均得到了政策及产业支持，而且储能产业的市场非常巨大。但是，储能产业的发展仍然面临着多方面的严峻挑战。

1.4.2.1　技术挑战

除抽水蓄能已得到大规模应用外，其他储能技术的成熟度、可靠性、经济性尚需进一步验证，用户对各种储能技术的选择需经市场进一步考验。大规模储能技术的研发、示范和产业化都亟需加大投入力度，特别是大容量电池和超级电容储能等，都需要在本体技术、装备研发、运行控制、系统集成等方面取得突破，通过智能电网系统、大规模间歇式电源接入系统、风/光/储互补发电系统、水/光/储互补发电系统、分布式冷热电联产等示范工程的建设和运行，为我国储能产业积累技术数据和运行经验，提高储能系统设备的国产化水平，为储能的产业化发展打下良好基础。

储能技术在电力系统的应用实践时间较短，如何将储能技术同电力系统进行集成和规模应用，以期达到最佳效果，尚需实践检验；电力行业对产品的可靠性要求高，传统上至少需要5年以上的可靠性测试和试用才能通过电力用户的最低标准，储能产品在规模生产和应用前需一定时间的测试和使用验证。因此，储能技术的产业化和大规模应用必须经历一个较长过程。

1.4.2.2　政策和机制挑战

国外具体储能产业扶持政策的出台和有效实施，有力地促进了各种储能技术示范工程运行和商业化推广的实现。我国的储能产业盈利机制尚不明确，导致储能产业未来发展规划、配套标准规范、运行监管和审查体系的缺失，迫切需要建立适合我国电力市场和储能产业发展的扶持政策和市场机制，提高产业投资积极性，实现投资主体多元化，鼓励发电商、电网公司、用户端以及第三方独立储能企业等投资方投资储能产业。

1.4.2.3　经济性挑战

由于储能系统的关键材料、制造工艺和系统集成等技术均处在初期阶段，存在系统成本较高、寿命短的问题；此外，储能技术在电力市场中的应用方式尚须深入探索，发挥多种作用，产生多重经济效益，从而实现储能技术的价值最大化。同时，储能技术的经济性也将极大地影响市场对技术路线的选择。

因此，在推动储能大规模应用的过程中，既要降低成本，还应寻找储能具有多重效益的应用场合，探索合理的商业模式。在成本方面，可以通过降低储能系统的初期投资成本，或在一定投资成本的前提下，延长储能系统的寿命。此外，提高储能系统的充放电效率，也可以减少电池的用电成本。

参 考 文 献

[1] 韩祯祥. 电力系统分析 [M]. 杭州：浙江大学出版社，1997.

[2] 刘振亚. 中国电力与能源 [M]. 北京：中国电力出版社，2012：155.

[3] 国家自然科学基金委员会，中国科学院. 2011—2020 年我国能源科学学科发展战略报告 [R].

[4] EPRI. Electricity energy storage technology options—A white paperprimer on applications，costs，and benefits [R].

[5] 张文亮，丘明，来小康. 储能技术在电力系统中的应用 [J]. 电网技术，2008，32 (7)：1-9.

[6] 张建兴，张宇，曹智慧. 电网大规模电池储能技术的发展机遇与挑战 [J]. 电力与能源，2013，34 (2)：182-186.

[7] 金虹，衣进. 当前储能市场和储能经济性分析 [J]. 储能科学与技术，2012，1 (2)：103-111.

第2章 储能本体技术

到目前为止，人们已经探索和开发了多种形式的电能存储方式。适用于新能源发电的电能存储方式主要包括电化学储能、物理储能、电磁储能。电化学储能包括铅酸电池、锂离子电池、全钒液流电池、锌溴液流电池等电池储能；物理储能包括抽水蓄能、压缩空气储能和飞轮储能；电磁储能包括超级电容器储能和超导磁储能。各种储能技术在能量密度、功率密度和使用特性等方面有着明显的区别，在电力系统应用中有各自的优势，但也存在需要解决的问题。为提高原有储能的技术或经济特性，一些新型储能技术，如铅炭电池、锂硫电池、钠离子电池、热泵储能、重力储能等获得了研究机会，积极推动了储能行业的创新和发展。

本章将分别介绍电化学储能、物理储能和电磁储能技术的工作原理及特点、关键技术和应用现状，简要介绍了几类新型储能技术，并从技术成熟度和性能参数等方面对各类储能技术进行多角度的比较和分析，归纳不同储能技术的适用场合，提出了适用于新能源发电应用的储能技术。

2.1 电化学储能

2.1.1 铅酸电池（Lead‐acid）

2.1.1.1 工作原理及特点

铅酸电池主要由正极板、负极板、电解液、隔板、槽和盖等组成。正极活性物质是二氧化铅（PbO_2），负极活性物质是海绵状金属铅（Pb），电解液是硫酸，开路电压为2V。正、负两极活性物质在电池放电后都转化为硫酸铅（$PbSO_4$），发生的电化学反应如下：

负极反应： $$Pb + HSO_4^- - 2e \longleftrightarrow PbSO_4 + H^+ \tag{2-1}$$

正极反应： $$PbO_2 + 3H^+ + HSO_4^- + 2e \longleftrightarrow PbSO_4 + 2H_2O \tag{2-2}$$

电池总反应： $$PbO_2 + Pb + 2H^+ + 2HSO_4^- \longleftrightarrow PbSO_4 + 2H_2O \tag{2-3}$$

在电池充电过程中，当正极板的荷电状态达到70%左右时，水开始分解：

$$2H_2O \longrightarrow O_2 + 4H^+ + 4e \tag{2-4}$$

根据结构和工作原理，铅酸电池分为普通非密封富液铅蓄电池和阀控密封铅蓄电池。阀控密封铅蓄电池的充放电电极反应机理和普通铅酸电池相同，但采用了氧复合技术和贫液技术，电池结构和工作原理发生了很大改变。采用氧复合技术，充电过程产生的氢和氧再化合成水返回电解液中；采用贫液技术，确保氧能快速、大量地移动到负极发生还原反应，提高了可充电电流。氧复合和贫液技术的使用，不仅改善了铅酸电池的效率、比功率、比能量、循环寿命等性能，还减少了维护成本。

铅酸电池的优点：①投资成本低；②开路电压与放电深度基本呈线性关系，易于充放电控制；③单体容量从几十至几千安培小时，串并联后用于兆瓦级储能电站时安全可靠；④回收技术成熟，利用率高。

铅酸电池的缺点：①比能量低，一般为 $30 \sim 50W \cdot h/kg$；②循环寿命短，一般为 500 次；③生产过程中会产生含铅的重金属废水，且成酸性，易产生污染。

2.1.1.2　关键技术

铅酸电池的关键技术包括板栅合金的制备技术、正负极和隔板材料、电池密封与免维护技术等。铅酸电池未来的主要发展趋势在于优化电池关键原材料的制备技术，改进电池结构设计和制造工艺，提升电池工况适用范围等；同时开发先进的新型铅酸电池，如铅炭电池等。这些新技术有望使铅酸电池在能量密度和循环寿命上有所突破。

2.1.1.3　应用现状

近几年来，欧美铅酸电池兼并整合的发展异常迅猛。美国铅酸电池的年产值达 105 亿美元，占全球产量的 1/3。日本是全球密封摩托车用铅酸电池的龙头。国外早已将铅酸电池应用在发电厂、变电站等领域，在维持电力系统安全、稳定和可靠运行等方面发挥了重要作用，在产量和产值方面稳居各类化学电源之首。铅酸电池典型的示范工程及应用见表 2-1。

表 2-1　　　　　　　　　铅酸电池典型的示范工程及应用

年份	项目名称	额定功率/容量 [MW/(MW·h)]	作　用
1986	柏林 BEWAG 电力公司项目	8.5/8.5	热备用、频率控制
1994	波多黎各 PREPA 电力管理局项目	20/14	热备用、频率控制
1995	美国加利福尼亚 Vernon 项目	3/4.5	提高电能质量
2013	江苏大丰海水淡化系统智能微电网项目	1.5/1.8	新能源接入并网、平滑风机功率输出
2014	国网鹿西岛储能示范项目	2/4	提高可再生能源利用率、平滑风光功率输出
2014	南网万山海岛新能源微电网示范项目	2.5/8.4	提高可再生能源利用率、平滑风光功率输出
2015	国家风光储输工程新能源微电网示范项目	1/6	平滑风光功率输出、跟踪计划发电、削峰填谷、调频

2.1.2 锂离子电池（Li-ion）

2.1.2.1 工作原理及特点

锂离子电池采用了一种锂离子嵌入和脱嵌的金属氧化物或硫化物作为正极，有机溶剂—无机盐体系作为电解质，碳材料作为负极。充电时，Li^+从正极脱出嵌入负极晶格，正极处于贫锂态；放电时，Li^+从负极脱出并插入正极，正极为富锂态。为保持电荷的平衡，充、放电过程中应有相同数量的电子经外电路传递，与Li^+同时在正负极间迁移，使正负极发生氧化还原反应，保持一定的电位，如图2-1所示。

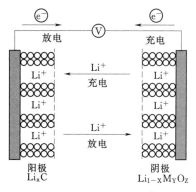

图2-1　锂离子电池的工作原理

根据正极材料划分，锂离子电池又分为钴酸锂、镍酸锂、锰酸锂、磷酸铁锂等。表2-2是不同锂离子电池的特性比较。

表2-2　　　　　　　　不同锂离子电池的特性比较

正极材料	理论容量/[(mA·h)·g⁻¹]	实际容量/[(mA·h)·g⁻¹]	开路电压/V	成本	安全性	循环次数（100%DOD）
钴酸锂（$LiCoO_2$）	274	140～160	3.8	高	一般	300～500
镍酸锂（$LiNiO_2$）	274	190～210	3.7	中	差	＞300
锰酸锂（$LiMn_2O_4$）	148	90～120	4.0	低	好	100～200
磷酸铁锂（$LiFePO_4$）	170	110～165	3.2	低	很好	＞2000

钴酸锂电池（$LiCoO_2$）是最早商品化的锂离子电池，工艺成熟，市场占有率高。理论容量为274mA·h/g，实际容量大于140mA·h/g，开路电压为3.8V。主要优点为充放电电压平稳，循环性能好。主要缺点为原材料较贵，抗过充电等安全性能差，不适合大型动力电池领域。

镍酸锂材料（$LiNiO_2$）的理论容量为274mA·h/g，实际容量为190～210mA·h/g，开路电压为3.7V。主要优点为镍资源相对丰富，成本低。主要缺点为合成条件苛刻，循环稳定差，安全性有待提高。

锰酸锂材料（$LiMn_2O_4$）的理论容量为148mA·h/g，实际容量为90～120mA·h/g，开路电压为4.0V。主要优点为成本低、安全性较钴酸锂电池高，在全球的动力电池领域占有重要地位。主要缺点为理论容量低，循环性能差。新近发展起来的$LiMnO_2$正极材料在理论容量和实际容量两方面都有较大幅度的提高，理论容量为286mA·h/g，实际容量达200mA·h/g左右，开路电压范围为3～4.5V，但仍然存在充放电过程中结构不稳定的问题。

磷酸铁锂材料（$LiFePO_4$）的理论容量为 $170mA \cdot h/g$，实际容量大于 $110mA \cdot h/g$，开路电压为 $3.2V$。主要优点是循环性能好，单体 $100\%DOD$ 循环 2000 次后容量保持率为 80% 以上，安全性高，放电电压平台稳定，可在（$1 \sim 3$）C 下持续充放电，瞬间放电倍率达 $30C$。主要缺点是理论容量不高，低温性能差，$0℃$ 时放电容量降为 $70\% \sim 80\%$。

日韩企业近几年大力推广三元材料，其比容量较高，目前市场上的产品达到 $170 \sim 180mA \cdot h/g$，单体电池的能量密度接近 $200W \cdot h/kg$。其中，镍钴锰三元材料综合了钴酸锂（$LiCoO_2$）和锰酸锂（$LiMn_2O_4$）的一些优点，同时因为掺杂了镍元素，可以提升能量密度和倍率性能。镍钴铝三元材料是一种改性的镍酸锂（$LiNiO_2$）材料，掺杂了一定比例的钴和铝元素，主要厂家为日本松下公司。

钛酸锂（$Li_4Ti_5O_{12}$）作为负极材料时，可大大提高体系的循环性能，单体电池在 $100\%DOD$ 循环 3000 次后容量保持率为 80% 以上；安全性能好，可（$40 \sim 50$）C 大倍率放电，$10C$ 快速充电，适用温度范围宽。主要缺点为工作电压低（$2.5V$），电子导电性差，制作过程中容易析气，价格较高，目前还没有实现大规模生产。

2.1.2.2 关键技术

（1）正极材料。正极材料的研究热点包括纳米化、纳米晶粒包覆碳、合适的掺杂、颗粒表面包覆、材料的稳定性等。

（2）负极材料。主要为碳材料和钛酸锂。碳材料价格相对较低，应用广泛，但安全性能较差。较为合适的负极材料是钛酸锂，已被日本东芝公司应用于新型锂离子电池的生产。

（3）隔膜材料。隔膜材料的质量直接决定了锂离子电池的安全性与循环寿命，研究重点集中在安全性、成品率、高性能和低成本。高端隔膜材料特别是动力锂离子电池用隔膜材料对产品的一致性要求极高，国内利用自主知识产权生产的隔膜还存在量产批次稳定性较差等问题。

（4）锂离子电池模型。用于解决设计、生产和应用中的难题，包括三维热分析模型、寿命预测模型、离子扩散模型、热安全模型、电池内电流分布模型等。由于锂离子电池的学科涉及材料、催化、反应动力学、传热、传质、流动等多个领域，反应机理较为复杂，因此很多模型尚未成熟，其准确性、动态响应特性和通用性需进一步提高。

2.1.2.3 应用现状

国内外的锂离子电池储能系统主要发挥平滑风光出力、削峰填谷和电网调频等作用，其中美国走在世界前列。美国电力科学研究院在 2008 年已经进行了电池系统的相关测试工作，在 2009 年的储能项目研究中开展了锂离子电池用于分布式储能的研究和开发；同时还开展了兆瓦级锂离子电池储能系统的示范应用，主要用于平滑风电、调节电力系统的频率和电压等。

2016 年年底，美国南加州爱迪生公司在米拉洛马变电站建设了 20MW/80MW·h 锂离子电池储能系统，以保障电力基础设施的可靠运行。2017 年 7 月，南澳州政府宣布建设 100MW/129MW·h 锂离子电池储能系统，该系统将与法国可再生能源公司 Neoen 提供的 Hornsdale 风力发电场配合工作，以应对该地区因电力不足而实行的间歇停电政策。

我国的国家电网公司、中国南方电网公司相继建成了兆瓦级锂离子电池储能电站示范项目，部分储能厂家也建立了千瓦至兆瓦级锂离子电池储能系统，开展了光/储联合发电试验、削峰填谷试验。国家风光储输示范项目一期工程建设的 20MW 锂离子电池储能系统，发挥了平滑风光功率输出、跟踪计划发电、削峰填谷和系统调频的作用。

2017 年 1 月，山西省政府"10MW 级锂电池储能系统关键技术及工程示范"项目立项，拟接入山西省 D5000 调度系统开展储能系统的调度运行示范，提高电网的调峰调频能力，为新能源发电的消纳问题提供应对策略。2017 年 9 月，苏州高新区投运了 2MW/10MW·h 锂离子电池储能系统，用以缓解电网夏季高峰用电压力，并可参与电网需求响应。

2.1.3　全钒液流电池（VRB）

2.1.3.1　工作原理及特点

全钒液流电池是将具有不同价态的钒离子溶液分别作为正极和负极的活性物质，储存在各自的电解液储罐中，如图 2-2 所示。

全钒液流电池的正极活性电对为 VO^{2+}/VO_2^+，负极活性电对为 V^{2+}/V^{3+}，是众多化学电源中唯一使用同种元素组成的电池系统，从原理上避免了正负半电池间不同种类活性物质相互渗透产生的交叉污染。全钒液流电池正负极的标准电势差为 1.26V，总效率约 75%~80%。

在对电池进行充、放电时，电解液通过泵的作用，由外部储液罐分别循环流经电池的正极室和负极室，并在电极表面发生氧化和还原反应。两个反应在碳毡电极上均为可逆反应，反应动力学快、电流效率和电压效率高，是迄今最为成功的液流电池。

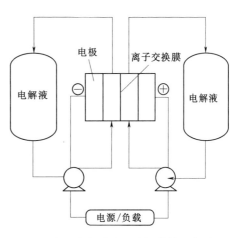

图 2-2　全钒液流电池的结构示意图

正极：	$VO^{2+}+H_2O-e^- \longleftrightarrow VO_2^++2H^+$	(2-5)
负极：	$V^{3+}+e^- \longleftrightarrow V^{2+}$	(2-6)
电池总反应：	$VO^{2+}+H_2O+V^{3+} \longleftrightarrow VO_2^++V^{2+}+2H^+$	(2-7)

全钒液流电池的优点：①电池的输出功率取决于电池堆的大小，储能容量取决于电解液的储量和浓度，因此储能功率和容量可以相互独立，电池系统设计灵活，易于模块化组合；②电池的正负极反应均在液相中完成，且电解质离子只有钒离子一种，充放电时仅改变钒离子的状态，因此可深度放电（100%）而不引起电池的不可逆损伤，使用寿命长；③钒电解液可重复使用和再生利用，因此成本有所下降。

全钒液流电池的缺点：①需要配置循环泵维持电解液的流动，降低了整体的能量效率；②工作温度需严格控制在 5～45℃，低温时低价钒由于溶解度降低析出晶体，高温下五价钒易分解为 V_2O_5 沉淀，导致使用寿命下降；③目前钒电池的容量单价较高，甚至与钠硫电池的价格水平不相上下，与同等容量铁锂电池的价格相比缺乏优越性。

2.1.3.2 关键技术

决定钒电池性能的因素首先是电解液，其次是隔膜和电极材料。

（1）电解液。钒电池电解液的特殊点是电化学活性物质溶解在其中。电解液的浓度增大，则电池电压和体积比能量升高，但电阻和黏度等增加。此外，由于 V^{5+} 的溶解度不高，在电池接近全充电状态时，正极溶液会析出红色多钒酸盐沉淀堵塞多孔电极表面，导致电池逐渐失效。因此，需研发高浓度、高稳定性的电解液。

（2）隔膜。钒电池的隔膜基本决定了电池寿命和转换效率，要求其耐腐蚀、离子交换能力好，主要作用是隔离正、负极电解质溶液，防止不同价态的钒离子混合，而仅让 H^+ 自由迁移。隔膜材料主要分为阳离子交换膜和阴离子交换膜。如果采用阳离子交换膜，少量的 V^{2+} 或 V^{3+} 离子会结合水穿透交换膜进入电池的正极；若选用阴离子交换膜，则中性的 $VOSO_4$ 和阴离子 $VO_2SO_4^-$ 也会结合水穿透至电池的负极。目前，耐腐蚀、仅能透过 H^+ 且阻抗低的阳离子交换膜是该领域的重要研究方向。

（3）电极材料。电极材料应对正、负极电化学反应有较高的活性，降低电极反应的活化过电位；具有优异的导电能力，减少充放电过程中电池的欧姆极化；具有较好的三维立体结构，便于电解液流动，减少电池工作时输送电解液的泵耗损失；具有较高的电化学稳定性，延长电池的使用寿命。

2.1.3.3 应用现状

日本住友电气工业公司（Sumitomo Electric Industries，SEI）与日本关西电力从 1985 年起合作开发全钒液流电池，着重研发固定型全钒液流电池储能系统，主要应用于电站调峰、风能及太阳能发电系统中。目前，已经具备完整的生产和组建全钒液流电池系统的全套技术，并已投入商业运营。此外，德国、奥地利和葡萄牙等国家也在开展全钒液流电池储能系统的研究，希望将其应用于光伏发电和风能发电系统中。

我国于 20 世纪 90 年代开始研发全钒液流电池，目前已在关键材料和样机上取得了一定突破，陆续开发出不同规模的示范样机。大连融科、北京普能等公司均可实现全钒液流电池的自主研发和规模化生产。表 2-3 列出了全钒液流电池典型的示范工程及作用。

表 2-3 全钒液流电池典型的示范工程及作用

年份	项目名称	额定功率/容量/$[MW \cdot (MW \cdot h)^{-1}]$	作 用
1999	日本关西电力	0.45/1	电站调峰
2001	日本北海道札幌风电场	4/6	风/储发电并网
2004	美国哥伦比亚空军基地	12/120	备用电源
2012	辽宁卧牛石风电场	5/10	平滑风电输出、计划发电、削峰填谷等
2013	辽宁黑山风电场	3/6	平滑风电输出、计划发电、孤网运行等
2015	美国 Avista 区域电网储能项目	1.2/3.2	削峰填谷、电压支撑、并网或孤岛运行
2016	辽宁大连储能调峰电站	200/800	电网调峰

2.1.4 锌溴液流电池（ZnBr）

2.1.4.1 工作原理及特点

锌溴液流电池是在 20 世纪 70 年代由埃克森公司（Exxon）和古德公司（Gould）联合提出的。锌溴液流电池的负极活性物质为金属锌，正极活性物质为溴化物并被多孔隔膜分离，电解液为溴化锌。充电过程中，负极锌以金属形态沉积在电极表面，正极生成溴单质，储存于正极电解液的底部。锌溴液流电池的理论开路电压为 1.82V，总效率约 70%。充、放电时电极上发生的电化学反应如下：

$$正极：\quad Zn^{2+} + 2e \longleftrightarrow Zn \tag{2-8}$$

$$负极：\quad 2Br^- \longleftrightarrow Br_2 + 2e \tag{2-9}$$

$$电池反应：\quad Zn + Br_2 \longleftrightarrow ZnBr_2 \tag{2-10}$$

锌溴液流电池的优点：①理论能量密度为 430W·h/kg，实际可以达到 70W·h/kg；②具有良好的循环性能，放电深度在 100% 时不会损害电池；③在常温下工作，不需要复杂的热控制系统；④由于电解液中的锌和溴都属于常见物质，价格低于钒电池。

锌溴液流电池的缺点：①溴和溴盐的水溶液对电池材料具有腐蚀性；②充电过程中，锌形成沉积物时具有形成枝晶的趋势，容易造成电池短路；③溴在溴化锌溶液中具有较高的溶解度，使得溴容易扩散，从而直接与负极锌发生反应，造成电池的自放电程度加大。

2.1.4.2 关键技术

（1）溴和溴盐的水溶液对电池材料具有腐蚀性，需对电池材料及结构进行改进。

（2）锌在集流体上的沉积可能形成枝晶，必须控制沉积均匀性。影响因素包括电解液流速、电极沿流动方向的长度、碳质电极孔隙层厚度，以及有机阻化剂的添加等。

（3）降低电池自放电。影响因素包括溴在隔膜中的扩散系数、隔膜的厚度、正极电解液贮液罐中油相的体积、溴在正极液中水相和有机相的分配系数以及电解液流动动力学状况等。通过在正极电解液中加入络合剂，可降低溴的活性，减少自放电程度。

2.1.4.3　应用现状

美国 ZBB 公司是国际领先的锌溴液流电池生产商，已成功开发出 $50\sim500kW\cdot h$ 电池组。美国能源部、桑迪亚国家实验室和美国加州能源委员会已对其系统性能、可靠性及技术竞争性进行了示范研究。2011 年，以美国 ZBB 公司为主的一些公司合作生产锌溴液流储能电池及其管理系统，目前处在产品开发和技术验证阶段。

日本从 1980 年开始致力于发展用于电力事业的锌溴液流电池技术。1990 年，新能源和工业技术发展组织、Kyushu 电力公司和 Meidensha 公司将 1MW/4MW·h 锌溴液流电池安装在福冈市 Kyushu 电力公司的 Imajuku 变电站，该系统是目前世界上最大的锌溴液流电池组。该电池组完成了 1300 多次循环，能量效率为 66%。

2.1.5　钠硫电池（NAS）

2.1.5.1　工作原理及特点

常规的二次电池如铅酸电池、锂离子电池等都是由固体电极和液体电解质构成，而钠硫电池与之相反，它是由熔融液态电极和固体电解质组成的，构成其负极的活性物质是熔融金属钠，正极的活性物质是硫和多硫化钠熔盐，硫填充在导电的多孔炭或石墨毡里，固体电解质兼隔膜为 beta - Al_2O_3。钠硫电池的工作原理如图 2 - 3 所示，其充放电过程是可逆的，且整个过程都由浓差扩散作用所控制。

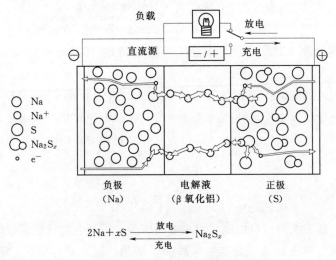

$$2Na + xS \underset{充电}{\overset{放电}{\rightleftharpoons}} Na_2S_x$$

图 2 - 3　钠硫电池的工作原理

钠硫电池的开路电压随硫极 Na_2S_x 的变化将线性地逐渐减小至 1.74V，如图 2-4 所示。电池放电至这个组分通常定义为放电深度 100% 时的理论安时容量。钠硫电池由于其内阻在大部分放电范围都是欧姆化的，所以电池的放电特性完全是由内阻决定的，即电池放电容量与放电倍率无关。这是钠硫电池区别于其他电池的一个非常显著的特征。

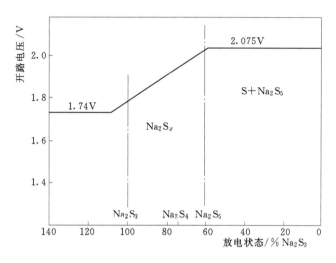

图 2-4 钠硫电池开路电压的变化

钠硫电池的优点：①理论比能量为 760Wh/kg，实际已达 300Wh/kg，是铅酸电池的 3～4 倍；②可大电流放电，放电电流密度一般可达 200～300mA/cm²，瞬间可放出其固有能量的 3 倍；③循环寿命长，100%DOD 下能耐 2500 次以上的充放电。

钠硫电池的缺点：①工作温度在 300～350℃，即仅当钠和硫处于液态高温下才能运行；如果陶瓷电解质破损形成电池短路，钠和硫将直接接触发生剧烈的放热反应，产生高达 2000℃ 的高温，导致严重的安全性问题；②电池的工作倍率较低，不适合快速充放电；③由于硫具有腐蚀性，电池护体需要经过严格的耐腐蚀处理。

2.1.5.2 关键技术

（1）钠硫电池的材料及制备工艺。改进和完善 beta-Al_2O_3 固体电解质陶瓷管的烧结技术，研究 beta-Al_2O_3 固体电解质陶瓷管的无损检测技术，开展电池生产系统设计，实现连续自动化生产工艺，制造出性能优良、一致性好的大容量单体钠硫电池。

（2）钠硫电池的界面特性研究。由于 beta-Al_2O_3 作为固体电解质和隔膜材料，在电池中存在电解质/熔融电极、电解质/绝缘环、电解质/密封剂等界面，需要开展相应的界面特性研究，保证电池中各种结合界面的机械性能和热匹配性能等。

（3）钠硫电池的性能稳定性、可靠性及退化机制研究。电池的性能退化是由多种机制引起的，需要研究各种机制产生的根源及其对性能退化的影响。

（4）钠硫电池模块制造和装备技术。钠硫电池的连接技术、模块内部结构优化和热管理系统是实现钠硫电池模块规范化和标准化的关键技术。

2.1.5.3　应用现状

目前，世界上钠硫电池基本由日本 NGK 公司和东京电力的下属企业生产，共提供了 200 多处钠硫电池储能系统（>300MW）。近年来，钠硫电池储能系统在负载调平、备用电源、平滑风光功率输出的瞬间波动和保证风光长时间的稳定输出等领域广泛应用。2008 年，日本在青森县六所村的 51MW 风力发电站配置了 34MW 的钠硫电池储能系统，通过存储夜间风机发的电能稳定白天的输出功率。配置钠硫电池储能系统后，既可以平滑风电的瞬间功率波动，也能按计划曲线以恒定功率模式运行 2～4h。

从国内的开发情况看，上海市电力公司与上海硅酸盐所在大容量钠硫电池关键技术和小批量制备（年产 2MW）上取得了突破，100kW/800kW·h 钠硫电池储能电站已成功示范运行，但在生产工艺、重大装备、成本控制和满足市场需求等方面仍存在明显差距，尚未有将钠硫电池用于储能系统的应用实例。因此，国内在钠硫电池商业化规模生产和市场化等方面需要更多的投入和突破。

2.2　物理储能

2.2.1　抽水蓄能（PHS）

2.2.1.1　工作原理及特点

抽水蓄能是目前应用较为广泛的一种蓄能技术，其基本原理是在电力系统负荷低谷时将下水库的水抽至上水库，将电能转化成势能储存起来。当电网出现峰荷时，由抽水蓄能机组作水轮机工况运行，将上水库的水用于发电，满足系统调峰需要。抽水蓄能的工作原理如图 2-5 所示。通常，抽水蓄能电站按照有无天然径流分为两类：

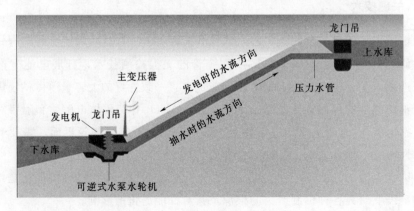

图 2-5　抽水蓄能的工作原理

（1）纯抽水蓄能电站。上水库没有或只有很少的天然径流，水体在上、下水库间循环使用，厂房内安装的全部是抽水蓄能机组，主要承担调峰填谷、事故备用等任务，而不承担常规发电等任务。

（2）混合式抽水蓄能电站。上水库有天然径流，来水流量已达到能安装常规水轮发电机组来承担系统的负荷，厂房内安装的机组一部分是常规水轮发电机组，另一部分是抽水蓄能机组，既利用天然径流承担常规发电和水能综合利用等任务，又承担调峰填谷、事故备用等任务。

抽水蓄能电站是目前技术最成熟、应用最广泛的大规模储能技术，具有容量大（可达百万千瓦级）、寿命长、运行费用低的优点。但是，抽水蓄能电站的建设受地理条件约束，需要有合适的上、下水库。在抽水和发电过程中进行能量转换时会有一定的能量损失，储存效率约为 $75\%\sim80\%$。抽水蓄能电站一般都建在远离电力负荷的山区，必须建设长距离的输电系统，建设工期长、工程投资大。

2.2.1.2 关键技术

抽水蓄能电站的关键技术包括：

（1）上、下水库库容的确定。包括发电所需库容、紧急事故备用库容和死库容。

（2）进/出水口的优化设计。包括进/出水口的流速分布与流量分配问题、入流漩涡问题。

（3）高压输水管道设计。包括岔管型式的选择、压力管道水力特性。

（4）电动机的启动方式。电动机的启动方式不仅涉及机组的结构、电站的电气主接线和厂房布置，而且还影响到机电设备的工程投资。目前，抽水蓄能电站一般采用变频器启动为主，背靠背启动为辅的启动方式。

2.2.1.3 应用现状

抽水蓄能电站的建设已有 130 年历史，国外的抽水蓄能技术发展相对成熟，如日本抽水蓄能电站的装机容量已超过了常规水电的装机容量。抽水蓄能电站主要用于电力系统的调峰填谷、调频、调相、紧急事故备用、黑启动和提供系统的备用容量，还可以提高火电站和核电站的运行效率，也能用于提高风能利用率和电网供电质量。截至 2010 年底，不同国家抽水蓄能装机比重为法国 13%、日本 9.8%、德国 11.2%、英国 5.6%、美国 2.2%，而我国只有 1.8%。国内比例最高的华东地区为 2.5%。

与欧美日等主要国家相比，我国抽水蓄能电站建设较晚，20 世纪 90 年代进入发展期，兴建了广州抽蓄一期、北京十三陵、浙江天荒坪等一批大型抽水蓄能电站。截至 2016 年 4 月底，全国抽水蓄能电站运行容量达 2338.5 万 kW，在建容量达 2694 万 kW，保持稳定增速。从技术发展水平来看，我国 250MW 以下的抽水蓄能机组监控、励磁、调速、保护及自动化系统的国产化程度达到一定水平，但有待提高；而 250MW 及以上设备正逐步国产化。其中，300MW 级机组的国产励磁系统已成功投运。

目前，国内单机容量最大的抽水蓄能电站——浙江仙居抽水蓄能电站的单机容量为 37.5 万 kW，在建的河北丰宁抽水蓄能电站有望成为世界上装机容量最大的抽水蓄能电站，装机容量为 360 万 kW。

2.2.2　压缩空气储能（CAES）

2.2.2.1　工作原理及特点

压缩空气储能基于燃气轮机技术，由两个循环过程构成，分别是充气压缩循环和排气膨胀循环。压缩时，利用负荷低谷时的多余电力驱动压缩机，将高压空气压入地下储气洞；膨胀时，储存的压缩空气先经过预热，再使用燃料在燃烧室内燃烧，进行膨胀做功发电。压缩空气储能原理如图 2-6 所示。

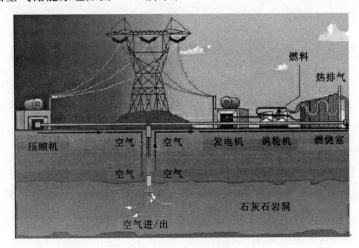

图 2-6　压缩空气储能原理

压缩空气储能系统的建设和发电成本均低于抽水蓄能电站，储气库漏气开裂可能性极小，安全系数高，寿命长，可以冷启动、黑启动。但其能量密度低，且必须与燃气轮机电站配套使用，不能适合其他类型的电站，面临着化石燃料价格上涨和污染物控制问题的限制。此外，同抽水蓄能电站类似，压缩空气储能也需要特殊的地理条件建造大型储气室，如密封的山洞或废弃矿井等。

为解决传统压缩空气储能系统面临的主要问题，国际上先后出现了一些改进的技术，包括先进绝热压缩空气储能系统、小型压缩空气储能系统和微型压缩空气储能系统。先进绝热压缩空气储能系统将空气压缩过程中的压缩热存储在储热装置中，并在释能过程中回收这部分压缩热，系统的理论储能效率可达到 70% 以上。小型压缩空气储能系统的规模一般在 10MW 级，它利用地上高压容器储存压缩空气，从而突破大型传统压缩空气电站对储气洞穴的依赖，具有更大的灵活性。微型压缩空气储能系统的规模一般在几千瓦到几十千瓦级，它也是利用地上高压容器储存压缩空气，主要用于特殊领域的备用电源、偏远孤立地区的微电网以及压缩空气汽车动力等。

2.2.2.2 关键技术

压缩空气储能系统的关键技术包括高效压缩机技术、膨胀机技术、燃烧室技术、储热技术、储气技术等。

（1）压缩机和膨胀机是压缩空气储能系统的核心部件，对整个系统的性能具有决定性作用。尽管压缩空气储能系统与燃气轮机类似，但压缩空气储能系统的空气压力比燃气轮机高得多。因此，大型压缩空气储能电站的压缩机常采用轴流与离心压缩机组成多级压缩、级间和级后冷却的结构形式；膨胀机常采用多级膨胀加中间再热的结构形式。

（2）燃烧室技术。相对于常规燃气轮机，压缩空气储能系统的高压燃烧室压力较大。因此，燃烧过程中如果温度较高，可能产生较多的污染物，一般高压燃烧室的温度控制在 500℃ 以下。

（3）储热技术。储能材料应该具有较大的比热容、宽广的温度范围、对环境友好等特点。

（4）储气技术。大型压缩空气储能系统的空气容量大，通常储气于地下盐矿、硬石岩洞或者多孔岩洞。微小型压缩空气储能系统采用地上高压储气容器可以摆脱对储气洞穴的依赖。

2.2.2.3 应用现状

压缩空气储能主要用于峰谷电能回收调节、平衡负荷、频率调制、分布式储能和发电系统备用。目前，世界上已有较多的压缩空气储能电站投入运行，主要在德国、美国、日本和瑞士，见表 2-4。此外，意大利、以色列和韩国等也在积极开发压缩空气储能电站。

表 2-4　　　　　　　　　　　国外压缩空气储能示范电站

电站名称	国家	总装机容量/MW	作用	发电日期/年
Huntorf	German	290	热备用和平滑负荷	1978
McIntosh	America	110	系统调峰	1991
Norton	America	2700	系统调峰	2001
砂川町	Japan	2	储能示范	2001

我国对压缩空气储能系统的研究比较晚，但随着电力储能需求的快速增加，相关研究逐渐获得了一些大学和科研机构的重视。中科院工程热物理研究所在贵州毕节建成了首套 1.5MW 超临界压缩空气储能系统示范项目；清华大学在芜湖建成了 500kW 压缩空气储能示范项目；国家电网联研院正在研制 10MW×10h 的深冷液化空气储能系统。但总体上，国内大多集中在理论和小型实验层面，目前还没有投入商业运行的压缩空气储能电站。

2.2.3 飞轮储能（Flywheel）

2.2.3.1 工作原理及特点

　　飞轮储能系统主要包括储存能量用的转子系统、支撑转子的轴承系统和实现能量转换的电动机/发电机系统 3 部分。基本原理是利用电动机带动飞轮高速旋转，将电能转换成机械能储存起来；在需要时飞轮减速，电动机作为发电机运行，将飞轮动能转换成电能，飞轮的加速和减速实现了电能的储存和释放。飞轮储能的工作原理如图 2-7 所示。

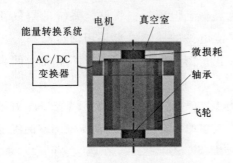

图 2-7　飞轮储能的工作原理

　　按飞轮的转子转速来分，包括低速飞轮产品和高速飞轮产品。低速飞轮产品中，转子主要由优质钢制成，转子边缘线速度一般不会超过 100m/s。这类产品可采用机械轴承、永磁轴承或者电磁轴承，整个系统功率密度较低，主要通过增加飞轮的质量来提高储能系统的功率和能量。高速飞轮产品的转子转速能够达到 50000r/min 以上，转子边缘线速度能够达到 800m/s 以上。如此高的转速要求高强度的材料，因此主要采用玻璃纤维、碳纤维等作为制造转子的主要材料。这类产品中无法采用机械轴承，只能采用永磁、电磁或者超导类轴承。目前国外对永磁和电磁轴承的研究和应用已经比较成熟，最新的研究热点是基于超导磁悬浮的高速飞轮产品。

　　飞轮储能系统的优点是运行于真空度较高的环境中，没有摩擦损耗、风阻小、循环效率达 85%～95%、寿命长、对环境没有影响，几乎不需要维护。缺点是能量密度较低、自放电率高、系统复杂，对转子、轴承的技术要求较高。

2.2.3.2 关键技术

　　飞轮储能技术的主要结构和运行方法已经基本明确，目前正处于广泛的实验阶段，但仍然存在较多的技术难点，主要集中在五大组成部分，即飞轮转子、支撑轴承、能量转换系统、电动机/发电机、真空室。

　　（1）飞轮转子。飞轮储能系统中最重要的环节即为飞轮转子，整个系统得以实现能量的转化就是依靠飞轮的旋转。基于转子动力学设计，需要开发材料比强度高和合适结构形式的飞轮。

　　（2）支撑轴承。支撑高速飞轮的轴承技术是制约飞轮储能效率、寿命的关键因素之一。

　　（3）能量转换系统。飞轮储能系统的核心是电能与机械能之间的转换，能量转换环节输入或输出的能量进行调整，使其频率和相位协调起来。能量转换环节决定着系统的转换效率，支配着飞轮系统的运行情况。

（4）发电机/电动机。飞轮储能转子的转速非常高，所以要求飞轮电机的转速也非常高，这就要求飞轮电机系统具有高效、低功耗、高可靠性等性能。目前对永磁电机的研究，主要集中在减小损耗和解决永磁体温度敏感性两个方面。

（5）真空室。真空室是飞轮储能工作的辅助系统，保护系统不受外界干扰，不会影响外界环境。

2.2.3.3 应用现状

现代意义上的飞轮储能概念最早于20世纪50年代才被提出，到70年代，美国能量研究发展署和美国能源部开始资助飞轮储能系统的应用开发，日本和欧洲也陆续开展了相关技术和产品的研发。进入90年代以后，由于磁悬浮、碳素纤维合成材料和电力电子技术的成熟，飞轮储能才真正进入了高速发展期。到今天，基于永磁悬浮和电磁悬浮轴承技术的飞轮产品已经比较成熟，稳定性和可靠性大大提高。目前，飞轮储能系统主要用于不间断电源、可再生能源并网以及电力调峰调频等领域。

美国、日本和英国等国家对飞轮储能技术的开发和应用较多，已形成系列化产品，可以实现兆瓦级功率输出。而我国在飞轮储能系统方面的研究起步较晚，主要集中在高等院校，尚未有成熟的产品和示范应用。

2.3 电磁储能

2.3.1 超级电容器储能（Supercapacitor）

2.3.1.1 工作原理及特点

超级电容器储能单元根据电化学双电层理论研制而成，可提供强大的脉冲功率，充电时处于理想极化状态的电极表面，电荷将吸引周围电解质溶液中的异性离子，使其附于电极表面，形成双电荷层，构成双电层电容。由于电荷层间距非常小（一般小于0.5mm），加之采用特殊的电极结构，电极表面积成万倍增长，从而产生极大的电容量。图2-8是超级电容器的内部结构，包含正极、负极、隔膜及电解液。

根据电极选择的不同，超级电容器主要有碳基超级电容器、金属氧化物超级电容器和聚合物超级电容器等，目前应用最广泛的为碳基超级电容器。碳基超级电容器的电极材料由碳材料构成，使用有机电解液作为介质，活性炭与电解液之间形成离子双电层，通过极化电解液来储能，能量储存于双电层和电极内部。双电层超级电容器的储能过程并不发生化学反应，且储能过程是可逆的，因此超级电容器反复充放电可以达到数十万次，且不会造成环境污染。超级电容器具有非常高的功率密度，适用于短时间高功率输出；充电速度快且模式简单，可以采用大电流充电，能在几十秒到数分钟内完成充电过程；使用寿命长，深度充放电循环使用次数可达 1 万～50 万次；循环效率达 85％～98％；低温性能优越，超级电容器充放电过程中发生的电荷转移大部分都在电极活性物质表面进行，容量随温度的衰减非常小。

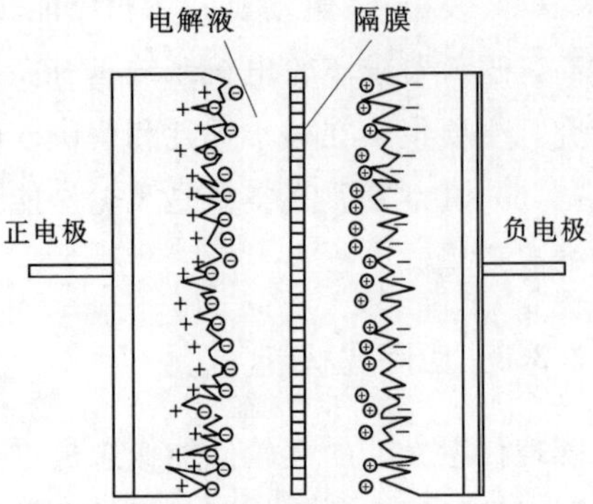

图 2-8 超级电容器的结构示意图

2.3.1.2 关键技术

（1）超级电容器本体。国外的超级电容器产品已经产业化，但国内的产品在材料纯度、制造工艺和整体性能上仍需进一步提高。

（2）电压均衡。超级电容器工作电压对使用寿命影响很大，对于串联电容组来说，电容组电压不均衡问题是限制其大量使用的主要因素。

（3）控制方法。采用先进的控制方法，实现对逆变器的输出电压稳定及工作可靠，且要求动态响应速度快。

2.3.1.3 应用现状

自 19 世纪 80 年代由日本电气股份有限公司（NEC Coporation，NEC）、松下等公司推出工业化产品以来，超级电容器已经在电子产品、电动玩具等领域获得了广泛应用。随着产品成本的进一步降低和能量密度的提升，超级电容器可应用在电动汽车、轨道交通能量回收系统以及电力系统等领域。其中，超级电容器在电力系统中多用于短时间、大功率的负载平滑和改善电能质量场合，特别是在配电网中维持电压稳定、抑制电压波动与闪变、抑制电压下跌和瞬时断电供电等方面的作用正在逐步得到体现。

2.3.2 超导磁储能（SMES）

2.3.2.1 工作原理及特点

超导磁储能（Superconducting Magnetic Energy Storage，SMES）的基本结构主要由超导线圈、失超保护、冷却系统、变流器和控制器等组成。如图 2-9 所示，超导磁储能是利用超导线圈作储能线圈，由电网经变流器供电励磁，在线圈中产生磁场而储存能量。需要时，可经逆变器将所储存的能量送回电网或提供给其他负载用。

超导储能线圈几乎无损耗，因此线圈中储存的能量几乎不衰减。与其他储能系统相比，超导磁储能具有较高的转换效率（约 95％）和很快的反应速度（可达几毫秒）。最大的缺点是成本高，其次是需要压缩机和泵以维持液化冷却剂的低温，使系统变得更加

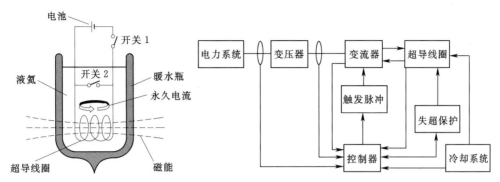

图 2-9 SMES 储能原理与结构图

复杂,需要定期维护。

2.3.2.2 关键技术

目前,超导磁储能技术已有很大的发展,但要在电力系统中真正获得实际应用,还需要进一步开展以下关键技术的研究:

(1) 探索和研究超导电力的新原理和新装置,以使超导电力装置最大程度地发挥超导体的优越性能。

(2) 探索新的高性能和高临界温度的超导材料。研究价格低廉、加工简便、具有更高临界温度和电流密度的新型超导体,进一步提高超导线/带的临界电流密度、机械特性以及热力学特性。

(3) 研究低温冷却技术以及其他相关技术。如高可靠性的低温系统和传导冷却技术、低损耗的电流引线、磁体电源、控制和保护等。

(4) 开展超导技术与电力电子技术相结合的技术,将超导变压器、超导储能和有源滤波等多个功能集成于一体。

2.3.2.3 应用现状

超导磁储能的研究和开发始于 20 世纪 70 年代,主要集中在美国、日本和欧洲等发达国家。超导磁储能系统不仅用于调峰,还可以储存应急的备用电力。对于中小型超导磁储能,特别是微型超导磁储能,可利用其高速调节有功、无功的特性改善功率因数,稳定电网频率,控制电压的瞬时波动,保证重要用户不间断供电等多种功能,从而大大改善供电质量,满足军事、工业、民用电力的需要。此外,超导磁储能系统常用于光伏发电和风力发电系统中,且对供电质量和可靠性有严格要求的重要场所。

目前,全球范围内能够提供超导磁储能产品的厂商只有美国超导公司一家,其产品主要包括低温超导储能的不间断电源和配电用分布式电源。我国中科院电工所、清华大学等多个单位已有实验室产品,但离商业化应用尚有较大的距离。

2.4 新型储能

2.4.1 先进铅酸电池

先进铅酸电池技术的不断发展使得铅酸电池仍然具有较强的竞争力。其中，超级电池与铅炭电池是近两年来备受关注的新型铅酸电池。这两种电池都结合了传统铅酸电池与超级电容器的特点，能够大幅度改善传统铅酸电池各方面的性能，尤其是提高大电流充放电特性，使用寿命可达到传统铅酸电池的 3～4 倍。

2.4.1.1 超级电池

超级电池（Ultrabattery）是由澳大利亚联邦科学与工业研究会（CSIRO）和日本古河电池株式会社（Furukawa）联合研制并生产的，目前对超级电池的报道基本上都来自 CSIRO 和 Furukawa 公司，国内研究性的报道较少，很多研究尚处于探索阶段。

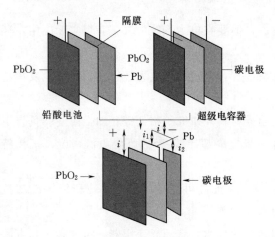

图 2-10 超级电池的结构示意图

超级电池是一种混合型储能元件，由铅酸电池和非对称型超级电容器两部分组成，两者以内部无控制电路方式并联。图 2-10 为超级电池的结构示意图。在超级电池中，一侧的铅酸电池正极板由二氧化铅制作而成，负极板由多孔铅材料制作而成；另一侧的非对称型超级电容器正极板也由二氧化铅制作而成，负极板由炭基电极材料制作而成。超级电池在结构设计和使用功能两方面都实现了铅酸电池和超级电容器的一体化。当超级电池在高倍率充、放电时，超级电容器部分能够提供大功率，达到缓冲电流的功能，从而保护铅酸电池部分，延长电池使用寿命。

超级电池具有以下优点：①能量密度与铅酸电池相当；②充电倍率高；③负极硫酸盐化少，循环寿命得到延长；④相比铅酸电池更安全，更廉价。

2.4.1.2 铅炭电池

铅炭电池最早是在 2004 年由美国 Axion 公司研究开发，它是铅酸电池和超级电容器的混合物。图 2-11 是铅炭电池的结构示意图，它是将具有电容特性或高导电

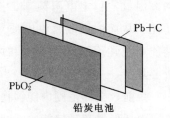

图 2-11 铅炭电池的结构示意图

特性的炭材料（如活性炭、炭黑等）在和膏过程中直接加入到负极，提高铅活性物质的利用率，并抑制硫酸盐化。

由于铅炭电池在"内并"式超级电池的基础上，进一步简化了工艺，非常接近传统铅酸电池的制作，易于产业化。因此，国际先进铅酸电池协会（The Advanced Lead Acid Battery Consortium，ALABC）非常重视铅炭电池的开发，其会员公司纷纷开展了炭材料及铅炭负极的研究工作。目前，铅炭电池的研究主要集中在炭材料的开发、铅炭配方设计以及电池结构优化三个方面。

铅炭电池在国内已被应用在多个储能示范项目中，如东福山岛风光柴储能电站及海水淡化系统、新疆吐鲁番新能源城市微电网示范工程、浙江鹿西岛 4MW·h 新能源微网储能等。

2.4.2　锂硫电池

锂硫电池是锂离子电池的一种，目前尚处于科研阶段，其主要优势在于其几倍于传统锂离子电池的能量密度，理论能量密度高达 2600W·h/kg，开路电压为 2V。实际能量密度远低于理论值。如美国 Sion Power 公司开发的锂硫电池实际能量密度为 350W·h/kg。

锂硫电池由金属锂负极和单质硫正极组成，其工作原理如图 2-12 所示。放电时，负极金属锂在电解液中溶解，锂离子移动到硫正极，与硫反应形成聚硫离子（Li_2S_x）。充电时，聚硫离子分解，锂离子重新回到负极。整个化学反应过程如下：

$$S_8 + 16e^- + 16Li^+ \longrightarrow 8Li_2S \tag{2-11}$$

一系列聚硫离子的反应式：

$$S_8 \longrightarrow Li_2S_8 \longrightarrow Li_2S_6 \longrightarrow Li_2S_4 \longrightarrow Li_2S_2 \longrightarrow Li_2S \tag{2-12}$$

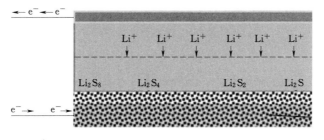

图 2-12　锂硫电池的工作原理

随着反应由左到右的发生，聚硫离子（Li_2S_x）的可溶性降低。当反应接近最终阶段时，Li_2S_2 和 Li_2S 不可避免地从溶液中析出，形成固体沉淀物影响了正极硫的自由移动，从而限制了电池容量。与此同时，可溶解的聚硫离子移动到锂负极，造成较严重的自放电，降低了电池的使用寿命。目前，锂硫电池的研究重点有：提高正极中硫的含量，设计稳定的硫正极导电结构，开发出对硫极和锂金属兼容性都好的新型电解液等。

2.4.3 钠离子电池

钠离子电池是由美国 Aquion Energy 公司从 2009 年开始开发的，是一种使用低成本活性炭阳极、钠锰氧化物阴极和水性钠离子电解液的不对称混合型超级电容器，其工作原理如图 2-13 所示。电池充电时，阴极的钠离子从钠锰氧化物中分离出来，向带有负电荷的活性炭电容器阳极移动。电池放电时，带有正电荷的钠离子返回阴极，并与锰结合重新变成钠锰氧化物，并产生电流。

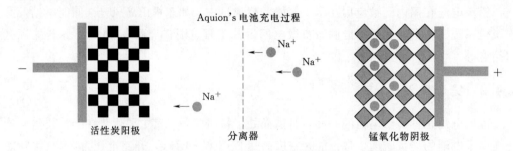

图 2-13　使用水性钠离子电解液的不对称混合型超级电容器的工作原理

钠离子电池具有以下优点：①原材料成本较低；②化学反应无腐蚀性；③允许电池长时间充电，不会导致电池损坏、退化或自放电；④循环寿命较长。但缺点是：钠离子电池的能量密度比锂离子电池低 20%。

2017 年以来，钠离子电池的研究进入密集期，正极和负极材料得到突破，钠离子电池的循环性能得到改善。国内中聚电池研究院在 2015 年发布了全球首台钠离子电池储能系统样机，为国内储能型钠离子电池的工业化奠定了基础。

2.4.4 热泵储能

热泵储能是一种简单、成本低廉的储能技术，该技术通过热泵产生热气和冷气，并利用矿物颗粒（或碎石）储存热气和冷气。该技术的热泵采用原装的 Ericsson 循环系统（或闭合的 Brayton 循环系统）来压缩或膨胀氩气，使用系统入井液来传导热量及冷气，以辅助储能系统工作。随着现代技术、新材料的创新及发展，其机械配置、活塞结构、阀门设计和密封设计都有了较大的进步。这些主要技术的进步使热泵储能系统实现了经济运行，并能在各种温度下保持较高的工作效率。

图 2-14 描述了热泵储能系统完全相反的充、放电过程。充电过程需要用电能驱动热泵来传输热气和冷气，分别将其储存在储热罐和储冷罐中，直到热锋面达到热交换的临界值，热气和冷气开始直接通过储热罐、储冷罐，系统此时为充满电的状态并停止充电过程。当需要放电时，热泵则作为一个电动机，进行发电。

热泵储能系统最大的优点之一是选址的灵活性。与抽水蓄能和压缩空气储能技术不同，热泵储能技术不依赖水库、地下洞穴等自然环境，可以不考虑地理条件的限制，在任何需要的地点安装建设。此外，建设热泵储能系统的材料是环境友好的，而且储量丰

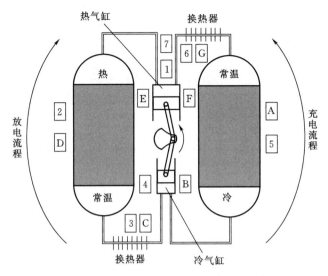

图 2-14　热泵储能系统的充放电循环示意图

系统充电过程

1—驱动热泵,吸入氩气,将其压缩至 12bar 并加热到约 500℃;2—氩气进入装满矿物颗粒的热交换空间,热量全部被矿物颗粒吸收。此时,矿物颗粒被加热到 500℃,氩气被冷却到周围环境温度（保持在 12bar）;3—氩气由储热罐底部流出,经过热交换器,保证气体达到系统的环境温度;4—经过冷却的氩气进入一个小型的膨胀器,将气体膨胀至系统的环境气压并冷却至约−160℃;5—冷却的氩气进入储冷罐底部,向上流过矿物颗粒,将其冷却到−160℃。氩气在储冷罐顶部恢复为系统的环境温度;6—氩气经过另一个热交换器,保证其达到系统的环境温度;7—使流回的氩气达到系统的环境气压和温度,氩气再次进入并流过压缩机,重新开始充电过程

系统放电过程

A—氩气从储冷罐顶部流过,被温度较低的矿物颗粒冷却（保持在环境气压下）。矿物颗粒被加热到系统的工作温度;B——160℃的氩气由储冷罐底部流出,进入位于热泵底部的小型压缩机。氩气被压缩至 12bar 并还原为系统环境温度;C—氩气经过热交换器,保证其达到系统的环境温度;D—氩气进入储热罐底部,向上流动至储热罐顶部,在经过矿物颗粒时,气体被加热到 500℃;E—加热后的氩气离开储热罐,进入热泵顶部的膨胀机中;F—气体被膨胀为系统环境气压及温度;G—氩气再次流过热交换器,以保证气体达到系统环境气压,然后进入储冷罐顶部,重新进行放电过程

富、价格低廉,占地面积也小于抽水蓄能电站。

2.4.5　重力储能

重力储能是从抽水蓄能的基本原理上发展而来的,其工作原理如图 2-15 所示。重力储能系统由两个直径为 2~10m、深度为 500~2000m 的地下竖井（储能竖井、回水竖井）组成。其中,储能竖井中布置有一系列重力活塞,回水竖井由自由流动的水填充。两个竖井布置的非常靠近,并由相互联通的通道连接成一个闭环。重力储能系统的工作过程较为简单,通过重力活塞的向上和向下运动,可完成电能的储存和释放。

在储能过程中,重力储能系统的水轮机作为水泵使用,反向运转,利用非高峰期的电能或可再生能源发出的多余电能将储能竖井中活塞上部的水抽入回水管,并通过竖井

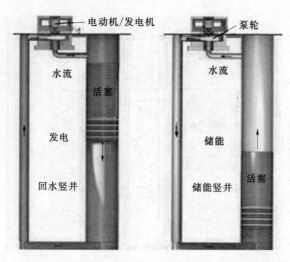

图 2-15 重力储能系统的结构图

连通管进入活塞下部的竖井中，在不断增大的水压作用下，重力活塞被抬升至竖井上部，电能转变为活塞的重力势能被储存起来。

在发电过程中，活塞被释放，随着活塞位置的降低，活塞下部竖井中的水通过连通管被压入回水竖井，并通过水轮机返回活塞上部的竖井中。在这个过程中，水轮机在流水的作用下旋转并带动发电机发电，从而将储存的重力势能转化为电能。

重力储能系统的优势是：①效率高达 75%～80%；②生产成本较低，约 69～113 美元/（MW·h）。建设成本方面，用于峰荷电站的成本分别为 1000 美元/kW 以及 1900 美元/kW，这些与燃气调峰电站相比，非常具有竞争力；③零排放，不需持续补充做功介质；④恒定的系统压力；⑤快速的响应性能；⑥选址高度灵活；⑦建设周期短。

重力储能系统的劣势是：目前无论是在技术上还是在商业上并没有获得实际验证，最主要的顾虑集中在竖井壁的泄漏问题上，而竖井过深、重力活塞过重、维护困难等原因是限制该技术发展的主要因素。一旦发生问题，需要中断系统运行，修复花费巨大，特别是当故障发生在地下 2000m 的时候。另外，重力活塞的边缘和竖井间的密封机制尚不清晰，而这是整个系统安全运行最重要的组成部分，直接关系到重力活塞上下活动进行储能和释能的效果。

2.5 储能技术的综合比较

2.5.1 技术成熟度

各类储能的技术成熟度如图 2-16 所示。根据各类储能的技术现状，可划分为成熟应用、产业化初期和初始研究三个阶段。新型储能技术都处于初始研究阶段（图中未显示）。铅酸电池是化学电池领域最成熟的技术，抽水蓄能是物理储能中最成熟的技术，已应用 100 多年。锂离子电池、全钒液流电池、锌溴液流电池、钠硫电池、压缩空气储能、飞轮储能、超级电容器储能和超导磁储能都是较成熟的技术，商业化可行，但仍处于产业化初期，离大规模应用有一定的距离。

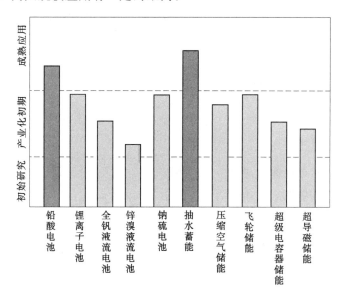

图 2-16 各类储能技术的相对成熟度

2.5.2 性能参数

2.5.2.1 功率等级和放电时间

不同储能技术的功率等级和放电时间比较如图 2-17 所示。根据储能的应用场合，可大致分为以下类型：

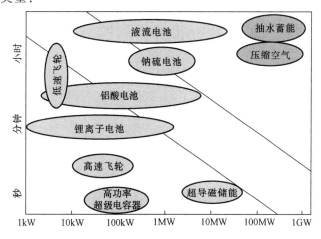

图 2-17 各类储能技术的功率等级与放电时间比较

（1）大规模储能。抽水蓄能、压缩空气储能适用于规模大于 100MW 的应用场合，在白天提供小时级的电能输出，在负荷跟踪调节、削峰填谷等方面发挥着重要作用。大规模电池储能系统适用于 10～100MW 中等规模的应用场合。

（2）电能质量调节。电池储能、飞轮储能、超级电容器和超导磁储能的响应时间快，接近 ms 级，适用于改善电能质量，如抑制电压跌落和抑制电压闪变等，典型应用功率低于 1MW。

（3）备用电源。铅酸电池、锂离子电池和液流电池不仅具有快速响应（<1s）的特点，还有较长的持续放电时间，更适合用于系统的备用电源，典型功率应用为 100kW～10MW。

2.5.2.2　能量/功率密度

能量密度是指在单位体积或单位质量下储能系统的输出能量，功率密度是指在单位体积或单位质量下储能系统的输出功率。其中，储能系统包括储能单元、辅助设备、支撑结构和电力变换设备。同类产品由于制造工艺的不同可能会导致能量密度和功率密度存在差异。各类储能技术的特点见表 2-5。

表 2-5　各类储能技术的特点

储能类型		能量/功率密度		典型额定功率 /MW	放电时间	特　点
		W·h·kg⁻¹	W·kg⁻¹			
电化学储能	铅酸电池	30～50	75～300	<100	分钟～小时	技术成熟，成本较低；循环寿命短，存在环保问题
	锂离子电池	75～250	150～315	<100	分钟～小时	比能量高，成本高，成组应用有待改进
	全钒液流电池	40～130	50～140	<100	分钟～小时	电池循环次数长，可深充深放，适于组合，但储能密度低
	锌溴液流电池	60～80	50～150	<10	分钟～小时	
	钠硫电池	150～240	90～230	0.1～100	1～10h	比能量较高，成本高、运行安全问题有待改进
机械储能	抽水蓄能	0.5～1.5	—	100～5000	4～10h	适于大规模，技术成熟，响应慢，需要地理资源
	压缩空气储能	30～60	—	10～300	1～20h	适于大规模，响应慢，需要地理资源
	飞轮储能	5～130	400～1600	0.005～1.5	15s～15min	比功率较大，成本高、噪音大
电磁储能	超级电容器储能	0.1～15	500～5000	0.01～1	1～30s	响应快，比功率高，成本高、储能低
	超导磁储能	0.5～5	500～2000	0.01～1	2s～5min	响应快，比功率高，成本高、维护困难

从表 2-5 中可以看出，电池储能具有较高的能量密度；抽水蓄能、超级电容器和超导磁储能的能量密度低于 30W·h/kg。但是，飞轮储能、超级电容器和超导磁储能具有很高的功率密度，可以大电流放电，且响应时间快，适用于应对电压暂降和瞬时停电、提高用户的电能质量，抑制电力系统低频振荡和提高系统稳定性等。锂离子电池和钠硫电池比传统铅酸电池的能量密度高 3～4 倍，全钒液流电池和锌溴液流电池的能量密度大于传统铅酸电池。

2.5.2.3　自放电

　　各类储能技术的自放电特性比较见表 2-6。

表 2-6　　　　　　　　各类储能技术的自放电特性比较

储能类型		自放电（每天）/%	循环寿命		投资成本	
			寿命/年	循环次数	美元/kW	美元/(kW·h)
电化学储能	铅酸电池	0.1～0.3	5～15	500～1000（80%DOD）	280～910	70～420
	锂离子电池	0.1～0.3	5～15	>1000（90%DOD）	490～1400	280～1400
	全钒液流电池	很小	5～10	>10000（100%DOD）	3500	140～1400
	锌溴液流电池	较小	5～10	>10000（100%DOD）	700～2520	140～980
	钠硫电池	20	10～15	>4500（90%DOD）	980～2800	140～280
机械储能	抽水储能	很小	40～60	—	700～5040	84～210
	压缩空气	较小	20～40	—	560～1610	14～168
	飞轮储能	100	>15	>20000	140～420	1400～4900
电磁储能	超级电容器	20～40	>10	>100000	140～560	420～5600
	超导储能	10～15	>20	>100000	140～560	980～9800

　　由表 2-6 可见，铅酸电池和锂离子电池在常温下的自放电率分别为（0.1%～0.3%）/d，存放时间不应超过几十天。全钒液流电池和锌溴液流电池的自放电相对较少，可在较长时间内存放。钠硫电池由于工作温度高，需要自加热系统保持运行，导致自放电率高达 20%/d。抽水蓄能和压缩空气储能的自放电非常小。飞轮储能的自放电率为 100%/d，最佳放电时间应控制在分钟级范围内。超级电容器储能和超导磁储能的自放电率达（10%～40%）/d，循环使用周期最长为数小时。

2.5.2.4　循环效率

　　单次循环效率定义为单次循环中放电电量与充电电量的比值，不考虑自放电损失。

图 2-18 比较了各种储能系统的单次循环效率，具体可以分为两类：

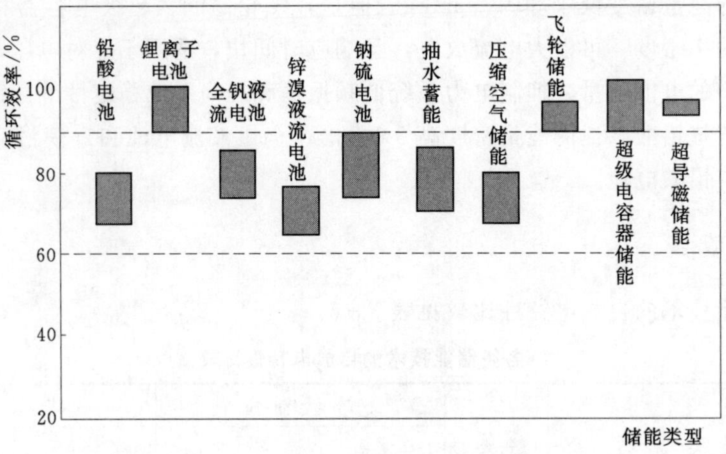

图 2-18 各类储能系统的单次循环效率比较

（1）锂电池储能、飞轮储能、超级电容器和超导磁储能系统具有很高的循环效率，大于 90%。

（2）其他类电池和抽水蓄能、压缩空气储能具有较高的循环效率，为 60%～90%。可以看出，压缩空气储能系统包括气体的压缩和膨胀过程，快速压缩空气前需要预热，消耗热能，循环效率低于抽水蓄能。

2.5.2.5 循环寿命

表 2-6 比较了各种储能技术的寿命和循环次数。以电化学储能为例，由于长时间运行的电极材料性能下降程度不同，液流电池、钠硫电池的循环次数远高于铅酸电池和锂离子电池；物理储能如抽水蓄能、压缩空气储能和飞轮储能系统的寿命主要取决于系统中机械部件的寿命，受传统机械工程技术的影响很大；电磁储能的循环次数高达数万次。

2.5.2.6 投资成本

成本是储能技术是否能推广应用的重要影响因素，表 2-6 列出了各类储能技术的单位功率成本和单位容量成本，其中考虑了储能系统的能量转化效率。

铅酸电池的投资成本较低，但由于循环寿命短，在能量管理的应用中投资并非最低。考虑到技术和应用方式的不同，没有包括运行、维护、回收和其他费用。

抽水蓄能、压缩空气储能的容量成本较低，尤其是压缩空气储能在成熟的储能技术中经济性很高；电池储能的成本随着技术的改进逐渐降低，但目前仍高于抽水蓄能；飞轮储能、超级电容器储能和超导磁储能的功率密度高，单位功率的成本较低，适合高功率、短时间的应用场合，单位容量成本非常昂贵。

2.5.3 适用场合

不同储能技术的应用场合，可总结为以下几点：

（1）对于低功率、长时间的应用场合，锂离子电池储能是最佳的选择，关键技术是电池成组和降低系统的自放电率。

（2）在电能供给主要来自间歇式可再生能源的偏远地区，配置容量较小的储能系统（几十 kW·h）的关键因素是性价比。目前，铅酸电池具有更高的性价比，锂离子电池性能优于铅酸电池，但价格较高。

（3）在大电网的削峰填谷中需要配置大容量储能系统（＞100MW·h），抽水蓄能和压缩空气储能具有明显的经济优势；配电网中用于负荷调平的储能系统容量在 1～30MW 之间，电池储能的响应快、配置灵活等特性使其更加适合此类应用场合，但电池储能技术的大规模推广还需进一步验证。

（4）用于电能质量调节的储能技术关键因素是瞬间放电能力和循环寿命，飞轮储能和超级电容器储能比锂离子电池储能更具优势。

在所有储能技术中，铅酸电池技术成熟，但受制于循环寿命。

在实际电力系统中，由于应用场合和需求的不同，没有哪一种储能技术能完全满足各种应用需求。在新能源发电应用领域，美国能源部（DOE）与美国电力科学研究院（EPRI）注重以大型压缩空气和电池储能等多元化储能实现多类型清洁能源的互补集成与整体控制技术，部署多项重点示范。欧洲结合自身资源状况，倾向于以蓄水或地下压缩空气等解决大规模光伏与风电的接入与利用，以电池储能解决新能源发电的接入与消纳。日本在电池储能装置制造方面技术领先，注重以风储、光储的集成提高大规模新能源的接入能力，并实施多项大型风储和光储联合发电示范工程。而我国主要倡导的还是抽水蓄能和电池储能。抽水蓄能技术成熟，但受水资源和地理条件限制，且建设工期长、工程投资大。因此，大容量电池储能系统逐渐成为研究热点。目前，大容量锂离子电池产业化的初步形成为大规模储能的应用奠定了基础，同时液流电池和钠硫电池的研究也取得了一定突破。

参 考 文 献

［1］ 甄晓亚，尹忠东，孙舟．先进储能技术在智能电网中的应用和展望［J］．电气时代，2011（1）：44-47.

［2］ 李伟，胡勇．动力铅酸电池的发展现状及使用寿命的研究进展［J］．中国制造业信息化，2011，40（4）：70-72.

［3］ 杨勇．新型锂离子电池正极材料的研究现状及其发展前景［J］．新材料产业，2010（10）：11-14.

［4］ 赵平，张华民，王宏，等．全钒液流储能电池研究现状及展望［J］．沈阳理工大学学报，2009，28（2）：1-6.

[5] 张华民，张宇，刘宗浩，等．液流储能电池技术研究进展 [J]．化学进展，2009，21（11）：2333－2340.

[6] 肖育江，晏明．基于锌溴液流电池的储能技术 [J]．东方电机 2012（5）：80－84.

[7] 孙丙香，姜久春，时玮，等．钠硫电池储能应用现状研究 [J]．现代电力，2010（6）：62－65.

[8] 张新敬．压缩空气储能系统若干问题的研究 [D]．北京：中国科学院研究生院，2011.

[9] 张维煜，朱烷秋．飞轮储能关键技术及其发展现状 [J]．电工技术学报，2011，26（7）：141－146.

[10] 卫海岗，戴兴建，张龙，等．飞轮储能技术研究新动态 [J]．太阳能学报，2002，23（6）：748－753.

[11] 韩羽中，李艳，余江，等．超导电力磁储能系统研究进展（一）——超导储能装置 [J]．电力系统自动化，2001，25（12）：63－68.

[12] 葛智元，周立新，赵巍，等．超级蓄电池技术的研究进展 [J]．电源技术，2012，36（10）：1585－1588.

[13] D. Rastler. Electricity Energy Storage Technology Options [R]. America：Electric Power Research Institute，2010.

[14] Frank S. Barnes，Jonah G. Levine. Large Energy Storage Systems Handbook [R]. America：Taylor and Francis Group，LLC，2011.

[15] M. Kintner-Meyer，M Elizondo，P Balducci，et al. Energy Storage for Power Systems Applications：A Regional Assessment for the Northwest Power Pool [R]. America：Pacific Northwest National Laboratory，2010.

[16] S. Schoenung. Energy Storage Systems Cost Update [R]. America：Sandia National Laboratories，2011.

[17] 中关村储能产业联盟．中国储能产业白皮书 2011 [R]，2011.

[18] 中关村储能产业联盟．中国储能产业白皮书 2012 [R]，2012.

[19] 中关村储能产业联盟．中国储能产业白皮书 2013 [R]，2013.

第3章 储能电池管理技术

在储能电池制造工艺有待大幅提升的前提下，电池管理尤为重要。它不仅是确保电池正常稳定工作的重要保障，也是延长电池寿命的必要手段。对于由成千上万只电池构成的储能系统来说，电池管理系统的发展至关重要。通过不断的技术积累和升级，国外已开发出较成熟的电池管理系统，具有代表性的包括 Smart Guard 电池管理系统、LGCPI Battery Packs 电池管理系统、BMS 4C 电池管理系统。这些电池管理系统不仅具有精确的监测技术和有效的均衡模块，还能提供较好的电池温度控制策略，确保电池储能系统的可靠性和安全性。

储能电池管理中的关键技术主要包括荷电状态（State of Charge，SOC）估算技术、健康状态（State of Health，SOH）估算技术、均衡管理技术和保护技术。SOC 是反映储能电池实时剩余容量的关键指标，SOH 是判断储能电池是否具备正常运行能力的依据，均衡管理是保证储能电池拥有良好运行工况的必要手段，保护技术能确保储能电池正常运行。本章在介绍电池管理系统的典型结构和主要功能的基础上，重点介绍 SOC 估算技术、SOH 估算技术、均衡管理技术和保护技术。

3.1 电池管理系统

3.1.1 典型结构

电池管理系统的主要目的是保障电池的安全稳定运行，提高电池的循环效率并延长使用寿命。鉴于大规模储能系统中庞大的电池信息量和管理需求，电池管理系统可采用分层管理模式。根据不同储能系统中电池的成组方式，电池管理系统（Battery Management System，BMS）具有两种典型结构：①采用电池模块管理单元（Battery Modular Management Unit，BMMU）和电池组管理单元（Battery Cluster Management Unit，BCMU）的双级拓扑结构；②采用电池模块管理单元（BMMU）、电池组管理单元（BCMU）和电池阵列管理单元（Battery Array Management Unit，BAMU）的三级拓扑结构。

3.1.1.1 双级拓扑结构

当电池储能系统的规模较小且储能电池由单串电池构成时，可采用双级拓扑结构的电池管理系统，如图 3-1 所示。该电池管理系统由多个电池模块管理单元（BMMU）

和 1 个电池组管理单元（BCMU）组成，系统内部用 CAN 总线进行数据传输，以确保通信的可靠性和高效性。这种拓扑结构可根据电池箱的数量灵活调整 BMMU，便于储能电池的信息采集和管理。BMMU 和 BCMU 的层次关系如下。

BMMU 可在线自动检测电池模块中各单体电池的电压和温度，电池箱的端电压、充放电电流和温度等；可实时对电压、电流和温度进行超限报警；可分析出单体电池的最高/最低电压、最高/最低温度等信息，计算电池模块的荷电状态（SOC），并实现电池模块内电池之间的均衡。总体上，BMMU 集电池运行信息采集、充电均衡管理、故障诊断等功能于一体，它将采集的信息传输给 BCMU。

BCMU 与 BMMU 进行实时通信获取电池数据（电池单体电压和温度，电池模块 SOC），并判断故障信息。此外，BCMU 可进行系统上电自检，具备电池正负极对机壳的绝缘检测功能，可控制主接触器的闭合，能检测电池组的端电压和电流，计算电池组的荷电状态（SOC），实现电池模块之间的均衡。BCMU 分析出电池组的综合信息后，通过独立的 CAN 总线或 RS485 分别与储能变流器（PCS）、监控调度系统进行智能交互。

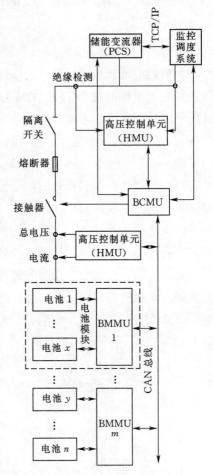

图 3-1　电池管理系统的
双级拓扑结构

3.1.1.2　三级拓扑结构

当电池储能系统的规模较大时，储能电池由多串电池组构成，可采用三级拓扑结构的电池管理系统，如图 3-2 所示。该电池管理系统由多个电池模块管理单元（BMMU）、多个电池组管理单元（BCMU）和 1 个电池阵列管理系统（BAMU）组成，系统内部用 CAN 总线进行数据传输。同样的，这种拓扑结构便于单串电池组的更换和升级，从而利于整个电池储能系统的扩容和维护。

BMMU、BCMU 和 BAMU 的层次关系如下：

BMMU 的功能与二级拓扑结构中的 BMMU 一致。

BCMU 的功能与二级拓扑结构中的 BCMU 一致。

BAMU 汇集所有 BCMU 的信息，负责整个电池储能系统的运行状态监视和 SOC、SOH 的估算，并与储能变流器、上层监控通信。BAMU 按照一定的控制策略，对 BC-MU 下达控制命令，统筹管理每串电池组的接入与断开。

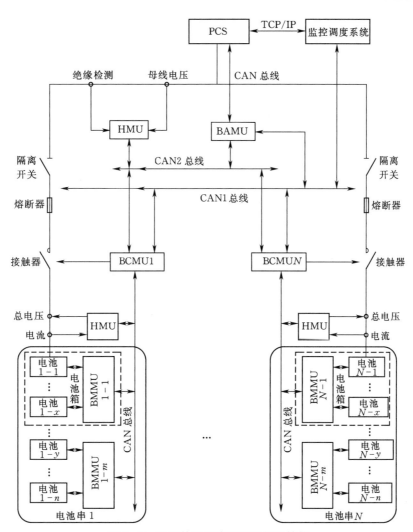

图 3-2 电池管理系统的三级拓扑结构

电池管理系统的拓扑结构除了受制于储能电池的成组方式，还与电池储能系统的成本、空间分布以及电池箱结构相关。因此，应根据不同电池储能系统的管理需求，合理配置电池管理系统。

3.1.2 主要功能

为了保证电池储能系统能正常与电网进行能量交换，电池管理系统必须对储能电池的相关参数进行实时监测、上传，并及时对储能电池的整体状况进行自动修复。电池管理系统应具备的主要功能可以概括为以下部分：

（1）电池参数检测和管理。检测电池参数是电池管理系统的基本功能。电池参数直观地反映了电池的运行状态，为电池管理系统的其他功能提供了数据支持。由于电池参数在后续计算中需要频繁使用，其可靠性和精度具有传导性，因此测量的准确性尤为重要。

电池管理系统需要检测的参数有单体电池电压、总电压、充放电电流、电池箱温度、分切开关状态、绝缘电阻等。由于每串电池组由上百只单体电池串联组成，每一只单体电池的好坏都会影响整个电池组的性能，必须对每只单体电池的电压进行监测；总电压描述了电池组对外的电压特性，是电池组的重要参数；充放电电流是电池储能系统发生能量交换时流过电池组的电流，是计算电池荷电状态的重要参数，也是影响电池性能的重要运行条件；电池的运行温度及其分布是影响整个电池组性能的关键参数，为保证电池正常工作和运行条件一致性，必须对温度进行实时监测并调节；每个电池箱由多个电池模块构成，如果其中某组电池出现故障应由切换开关将该组断开，电池管理系统需要检测这些开关的开闭状态；绝缘电阻是反映电池储能系统是否漏电的参数，关系人身安全。

（2）数据通信管理。电池管理系统的各子系统之间一般通过 CAN 总线或 RS485 进行数据交换和命令控制。电池管理系统向储能变流装置、上层监控传递数据都需要通过通信完成。所以，要确保整个电池储能系统的正常工作，加强通信链路的稳定性十分重要。

（3）在线 SOC 诊断。电池 SOC 即电池荷电状态，是反映电池剩余电量的参数。为了延长电池使用寿命，减少对电池的损害，需要避免过充电和过放电，SOC 是关键指标之一。此外，SOC 是电池储能系统进行充放电控制的重要依据，SOC 的精确估算是电池管理系统必不可少的环节。SOC 的估算与充放电电流、温度等因素有关，计算方法较多。

（4）健康状态 SOH 诊断。电池 SOH 即电池健康状态，包括容量、功率、内阻等性能，是反映电池组寿命的参数。其准确性受单体特性、自放电率、温度和电池组一致性等多个因素的影响。

（5）均衡管理。均衡管理可以最大程度地避免电池由于制造和运行造成的不一致性，延长电池使用寿命和能量利用率。

（6）故障诊断与保护。为确保电池在充放电过程中的安全性，电池管理系统对各类电池的工作参数设定了安全范围。若参数超过设定值，则根据超限的严重程度划分为不同等级：第一个等级为报警级，超过此限度将直接报警；第二个等级为切除级，超过此限度为严重故障，电池管理系统直接断开该支路接触器，避免电池组并入电网。电池管理系统设置的主要对象包括充放电过流值、单体过压/欠压值、过温/低温值、SOC 过高/过低值、电池模块过压/欠压值等。

以上各项功能是根据目前电池储能系统的应用需求进行划分的，针对不同的储能电池类型和未来技术的发展，后期将会对功能进行扩充。以下各节将详细介绍 SOC 估算技术、SOH 估算技术、均衡管理技术和保护技术。

3.2 荷电状态（SOC）估算方法

3.2.1 定义

通常把一定温度下，电池充电到不能再吸收电量时的状态理解为 $SOC = 100\%$ 的状态，而将电池不能再放出电量时的状态理解为 $SOC=0$ 的状态。目前，从电量角度出发，较为统一的 SOC 定义是美国先进电池联合会在《电动汽车电池实验手册》中的定义：SOC 为电池在一定放电倍率下，剩余容量与相同条件下额定容量的比值。

恒流放电时，SOC 数值上等于电池剩余容量占相同条件下电池额定容量的比值，即

$$SOC \frac{Q_c}{Q_t} \times 100\% = \left(1 - \frac{\Delta Q}{Q_t}\right) \times 100\% \tag{3-1}$$

式中　Q_c——电池剩余容量，A·h；

　　　Q_t——电池以恒定电流 I 放电时所具有的容量，A·h；

　　　ΔQ——电池已放出的电量。

日本本田公司电动汽车 SOC 的定义为

$$SOC = \frac{剩余电量}{额定电量 - 电量衰减因子} \tag{3-2}$$

剩余电量＝额定电量－净放电量－自放电量－温度补偿电量

这种方法综合考虑了储能电池的自放电、温度和老化因素的影响。从理论上说，这种方法比较理想，但计算的数据量较多，关系颇为复杂，得出的结果可信度不高。

影响 SOC 准确计量的因素很多，其中开路电压、温度、充放电电流、循环次数等都与 SOC 密切相关，忽视其中任何一种因素的影响都可能导致 SOC 的估算值误差增大。

3.2.2　估算方法

电池的 SOC 通过对电池的外特性，如电池电压、充放电电流、电池内阻以及温度等参数的实时监测值计算得到。常用的电池 SOC 估算方法有放电实验法、安时计量法、开路电压法、电池阻抗法、卡尔曼滤波法等。每种估算方法都有其优缺点，表 3-1 对不同 SOC 的估算方法进行了比较。

表 3-1　　　　　　　　　　　　不同 SOC 估算方法比较

方　法	适用范围	优　点	缺　点
放电试验法	适用于所有电池系统，适用于初期电池容量判断	易操作且数据准确，与 SOH 无关	无法在线测试；费时；改变电池状态时有能量损失
安时积分法	适用于所有电池系统	可在线测试，受电池本身情况限制小，易于发挥微机监测的优点	没有从电池内部解决电量与 SOC 的关系，只是从外部记录出入电池的电量；电流精确测量成本高；对干扰比较敏感
开路电压法	铅酸、锂电池	简单、成本低	无法在线测试；电池需要长时间静置
电池阻抗法	铅酸、镍镉	能在线测量，可给出 SOH 信息	电池内阻值较小且成因复杂；受电池的工作条件，如电流、温度等影响较大；只适用于低 SOC 的状态

方　法	适用范围	优　点	缺　点
卡尔曼滤波法	适用于所有电池系统	可在线测量	需要合适的电池模型；确定参数困难
模糊推理和神经网络法	适用于所有电池系统	可在线测量	需要大量的电池训练数据

（1）放电实验法。放电实验法是最可靠的 SOC 估算方法，采用恒定电流进行连续放电，放电电流与时间的乘积即为放电电量。放电实验法在实验室中经常使用，适用于所有电池，但该方法存在显著的缺点：测量时间长，且电池必须停止工作。

（2）安时积分法。安时积分法是最常用的 SOC 估算方法。安时积分法是一种基于黑箱原理的方法。该黑箱与外部进行能量交换，通过对进出黑箱的电流在时间上进行积分，从而记录黑箱的能量变化。这种方法的优点是不必考虑电池在黑箱内部的状态变化和其他因素的影响，因此简单易行。如果充/放电起始状态为 SOC_0，那么当前状态的 SOC 为

$$SOC = SOC_0 - \frac{1}{C_N}\int_0^t \eta I \, d\tau \qquad (3-3)$$

式中　C_N——储能电池的额定容量；

η——充放电效率；

I——充/放电电流。

但是，这种方法存在以下问题：①初始 SOC 值难以确定；②充放电效率 η 难以测量；③在高温状态下，充放电电流 I 波动较为剧烈，导致估算误差较大。虽然电流的测量可以通过使用高性能电流传感器予以解决，但成本增加。充放电效率 η 可通过前期大量实验并建立经验公式获取。

若电池在满充满放的运行模式下工作，且充电过程为恒流充电，那么在充电完成时有一个相对稳定的初始值确定点（充电完成时 $SOC=100\%$）；同时，电池的充电效率很高（$SOC \geqslant 95\%$），可以认为充电效率近似为 1 或等于某一恒定值，那么每一个充放电周期的累计误差在下次充电完成时基本可以随 SOC 初始值的重新标定而消除。若电池在浮充模式或充放电频繁切换的状态下工作，即电池组的初始值很难标定，无法修正累计误差，则该方法的计算结果会有较大偏差。

（3）开路电压法。开路电压法比较简单，一般适合于 SOC 随开路电压（Open Circuit Voltage，OCV）变化明显的储能电池，尤其是在充放电初期和末期。镍氢电池的 SOC 与 OCV 有一定的直线关系（正比关系）；锂电池和铅酸蓄电池在其性能完全稳定的时候，其 OCV 与 SOC 也存在明显的线性关系。

但是，影响该方法的因素如下：

1）静置时间。静置时间过短，电池电压没有完全恢复，不能正确反映当前电池的开路电压；静置时间过长，自放电效应明显，实际 SOC 值比预定值偏低，对测量结果造成误差。

2）前一时刻的充放电状态。在不考虑静置前的充放电状态的前提下，SOC 与 OCV 之间不存在任何关系。相同的 OCV 所对应的充电后静置的 SOC 与放电后静置的 SOC 之差可以达到 50% 以上。

3）温度。在温度变化较大的时候，同一个电池在相同的 SOC 下表现出来的 OCV 差异较大。

（4）电池阻抗法。该方法用不同频率的交流电激励电池，并测量电池内部的交流电阻。然后，通过建立的计算模型得到 SOC 估计值。以放电量达到蓄电池可放电容量的 80% 为分界点，分别使用安时（A·h）法和电流—电阻（IR）法。主要方法为：假设在某时刻蓄电池的总容量为 C（A·h），则不影响蓄电池寿命的可放电容量为 $0.8C$（A·h），在 0~80% 的可放电范围内，每 1/8s 对放电电流采样一次，然后对放电电流和放电时间进行积分，计算出释放电量，进而求出在此放电范围内电池的 SOC，即 A·h 法。在 80%~100% 的可放电范围内，通过测量蓄电池的内阻，利用内阻和容量的确定关系，求出蓄电池的 SOC 状态，对通过安时法求出的 SOC 进行补偿，即电阻法。这种方法在理论上很简单，考虑了电池的放电电流和内阻两个基本因素，但没有考虑温度、使用寿命以及储能电池组各单体电池的不均衡性等因素的影响，且电池内阻的成因复杂，受未来放电制度的影响，故计算精度不高。

（5）卡尔曼滤波法。卡尔曼滤波理论的核心思想是对动力系统的状态做出最小方差意义上的最优估计。卡尔曼滤波将 SOC 看作电池系统的一个内部状态，通过递推算法实现 SOC 的最小方差估计。算法的核心是一组由滤波器计算和滤波器增益计算构成的递推公式，滤波器计算根据输入量包括电流、电压、温度等进行状态递推，得出 SOC 估计值；滤波器增益计算根据变量的统计特性进行递推运算，得到滤波增益，同时得出估计值的误差。

卡尔曼滤波法的优点是在估算过程中保持很好的精度，表现在两方面：一方面是对初始值的误差有很强的修正作用，即使电池组的静置时间不够长，递推的初始值不够准确，对估计值的影响也会逐渐减弱直至消失，使估计趋于无偏；另一方面由于在计算过程中考虑了噪声的影响，所以对噪声有很强的抑制作用，特别适合于电流变化较快的混合动力汽车。

卡尔曼滤波法的缺点主要有：一方面其精度依赖于电池电气模型的准确性，建立准确的电池模型是算法的关键；另一方面是运算量比较大，通过选择简单合理的电池模型和运算速度较快的处理器可以克服这一缺点。

（6）模糊推理和神经网络法。这两种方法的原理是从系统的输入、输出样本中获取系统的输入输出关系。神经网络法采用模糊逻辑推理与神经网络技术对电池剩余容量进行估计。优点是：①利用电池的开路电压去估计电池的剩余容量，可以避免考虑电池的老化问题；②由于模糊逻辑推理糅合了人对事物观察、研究而掌握的先进经验，因此具有简单、可靠的优点；③充分利用了神经网络对曲线的强拟合能力，并且所需的网络结构非常简单，易于实现。神经网络法的缺点在于整个容量预估系统的精度不仅取决于神经网络的估计精度，更取决于模糊逻辑推理的输出结果。

3.3　健康状态（SOH）估算方法

3.3.1　定义

电池的健康状态 SOH 反映电池的老化程度，随着电池的老化，其最大放电容量会逐渐衰减，可作为判断电池使用寿命的参数。SOH 的定义式为

$$SOH = \frac{Q_{max}}{Q_{rated}} \times 100\% \tag{3-4}$$

式中　Q_{max}——电池的最大放电容量；

　　　Q_{rated}——电池的额定容量。

3.3.2　估算方法

电池 SOH 的估算方法包括全放电试验法、内阻法、电导阻抗法、电化学阻抗频谱法、贝叶斯回归法、模糊理论估计法等。

全放电试验法将电池充分放电并对所放电量进行测量，该方法在实际应用中耗费大量时间，需要中断电池工作。

内阻法通过对电池加载负载，并根据欧姆定律测量电压电流变化之比来确定电池内阻。由于内阻随着电池的老化会逐渐增大，通过内阻的测量法可以判别电池的老化程度，但是该方法无法准确确定电池的最大可用容量。

电导阻抗法通过电池两端加交流电流或电压信号，测量电压或电流的响应，伴随电池的不断老化，电导会降低，阻抗会增大，由此判定电池的 SOH。但是，该方法与内阻法相同，不能准确确定电池的最大可用容量。

电化学阻抗频谱法以小振幅的正弦波为扰动信号，测量宽频范围阻抗谱来判定电池的 SOC。

贝叶斯回归法基于关联向量计算法，通过电池某些相关参数对目标参数进行修正，预测电池的 SOH。该方法对电池内部不可测状态量能较准确推断和估计，不仅可以得到电池系统失效时间的平均估计值，还可以得出故障的预期时间概率分布。

模糊理论估计法以模糊数学和模糊诊断原理为基础，通过症状隶属度的确定，以及模糊关系矩阵参数和阈值的确定，对电池的健康状态进行诊断估计。该方法对复杂、非线性系统具有较好的适应性，但参数的选择对健康状态的估计影响较大。

3.4　均衡管理技术

电池单体一致性差异导致电池单体成组后的可用容量和循环寿命急剧下降，为了避

免制造工艺和使用过程中存在的电池一致性差异问题在使用过程中日趋严重，需要对电池组进行均衡。电池均衡管理的思想是在充电过程中使高能单体电池慢充、低能单体电池快充；而在放电过程中，使高能电池快放、低能电池慢放。电池均衡控制目标一般分三种：端电压、最大可用容量、实时 SOC。

以端电压为均衡目标的控制策略是在充放电过程中实时测量电池单体工作电压，对组内电压高的电池进行放电，电压低的电池进行充电，由此调整电池组电压趋于一致。这是目前应用最广泛的均衡法，其控制方式容易实现，对算法要求不高。缺点是用单一电压均衡，均衡的精度和效率难以保证，尤其是对于并联电池单体，无法应用该策略均衡。

以容量和实时 SOC 为均衡目标的控制策略是指在充放电过程中控制各电池的剩余容量或 SOC 相近。由于容量和 SOC 都是不能直接测量得到的电池参数，是通过一次测量量（电压、电流、温度等）计算得到的二次量，计算的准确度受计算方法、电池模型、电池老化、自放电、温度等因素影响，很难确切掌握每节单体电池的具体容量和SOC。因此，目前这种控制策略应用较少。

按照均衡过程中均衡元件对能量的消耗情况可分为有损无源和无损有源技术。有损无源技术，也称为放电均衡或被动均衡，是单体电池外加电阻旁路的结构，效率低，在电池过充时实现电流均衡的效果，但在电池放电时无法达到均衡的目的。无损有源技术，也称为能量转移法或主动均衡法，采用电池外加 DC/DC 的电路结构，效率高，能实现均充均放的功能，但需要高精度的电池电压采集作为均衡判决的基础，电路结构复杂，可靠性有待提高。

（1）有损无源型。有损无源型的均衡电路基本结构如图 3-3 所示，电池 E_1、E_2、…、E_n 分别并联分流电阻 R_1、R_2、…、R_n。当电池 E_1 的电压过高时，控制电路将旁路控制开关 S_1 合上，对应的分流电阻 R_1 发热，阻止 E_1 电压高于其他单体电压。通过控制电路反复检测，多轮循环后，达到整组电压一致。分流电阻 R_1 取值一般为电池内阻的数十倍。

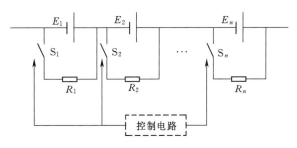

图 3-3　有损无源型均衡电路

该均衡技术是通过给电池组中每只单节电池并联一个电阻进行放电分流实现均衡目的。该方法的优点是结构简单，可靠性高，成本低；缺点是能耗较大，均衡速度慢，效率低，且电阻散热会影响系统正常运行，因此只适用于容量较小的电池组。对于像大容量储能电站、电动汽车这种输出功率较大的应用场合，为了减小能量的损失，仍须采用无损有源型均衡技术。

（2）无损有源型。无损有源又分为两种：一种是由储能元件（电感或电容）和控制开关组成，另一种主要是应用 DC/DC 变换技术控制电感、电容这些储能元件实现能量过渡，达到对电池单体补电或放电的目的。

开关电容法的拓扑如图 3-4 所示，电容 C 通过各级开关的通断，存储电压较高的电池单体能量，再释放给电压较低的电池单体。该拓扑中的储能元件可以是电容或电感，原理相似。这种均衡方法的结构简单，容易控制，能量损耗比较小；但当相邻电池的电压差较小时，均衡时间会较长，均衡的速度慢，均衡效率低，不适用于大电流快速充电的场合。

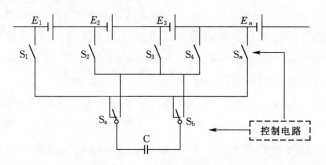

图 3-4　开关电容法拓扑

利用 DC/DC 变流器均衡的电路拓扑主要分为集中式和分布式两种。从理论上讲没有损耗，均衡速度快，是现在储能电池均衡的主流方案。

集中式变压器均衡法包括正激式和反激式两种结构，分别如图 3-5 所示。每个电池单体并联一个变压器副边绕组，各副边绕组匝数相等，使得电压越低的单体能够获得的能量越多，从而实现整个电池组的均衡。

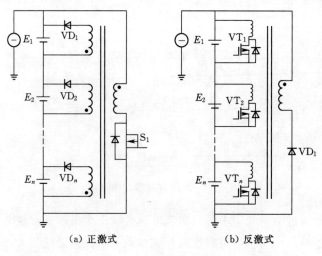

（a）正激式　　　　　　（b）反激式

图 3-5　集中式变压器均衡法拓扑结构

这种拓扑结构的优点是均衡速度快，效率高，损耗低。缺点是当电压比较高、电池串联数量比较多时，变压器的副边绕组的精确匹配难度就会较大，变压器的漏感所造成的电压差也很难补偿，元件多，体积大，不易于模块化，开关管耐压高。

分散式均衡法的结构是给每个单体配置一个并联均衡电路，分为带变压器的隔离型电路和非隔离型电路。

非隔离型拓扑是基于相邻单体均衡的双向均衡，不带变压器结构比较简单，比较适用于串联电池组数目较小的场合。Buck-Boost 电路和丘克电路是两种比较常见的拓扑结构，如图 3-6 所示。其控制策略是在相邻单元间压差达到允许范围内时均衡电路即可停止工作。

隔离型拓扑如图 3-7 所示，是每一个均衡电路都是一个带隔离变压器的 Buck-Boost 电路，优点是均衡效率高、开关器件上所承受的电压高低与串联级数多少无关，这种均衡结构比较适应于串联电池组数量较大的场合。主要缺点是电路中有较多磁性元件，体积大，容易互感，变压器存在漏感，且难于将线圈保持完全一致。

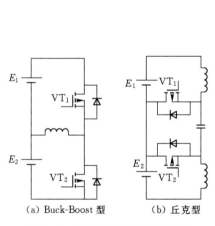

（a）Buck-Boost 型　　（b）丘克型

图 3-6　非隔离型均衡电路拓扑

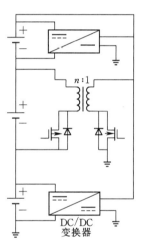

图 3-7　隔离型分布式 DC/DC
变换器均衡电路

实际应用中，储能系统通常可综合应用上述多种技术，如利用集中式 DC/DC 变流器拓扑作为使用频率较高的补电均衡电路，利用电阻耗散型均衡电路作为放电均衡电路，如图 3-8 所示。该均衡电路中，补电均衡电路中电流只需要单向流动，减少了开

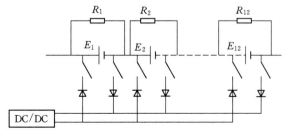

图 3-8　电阻型放电、DC/DC 补电电路

关器件的数量和成本，控制策略中以补电为主，放电为辅，兼能满足均衡效率和成本的双重要求。此外，综合利用开关电容法和分散式 DC/DC 变流器法，避免了开关电容法开关器件多、均衡效率低的缺点，减少了分散式 DC/DC 变流器法中总磁性元件的使用，减小了体积。

3.5　保护技术

电池的保护技术是通过保护限制发出告警信号或跳闸指令，实施就地故障隔离，保护电池安全。电池管理系统通常包含下列保护功能：首先是过压/欠压保护，其次是过流保护，再次是短路保护，最后是过温保护。图 3-9 是基于 R5421 的电池保护电路原理图。

3.5.1　过压保护

图 3-9 中，在电池充电过程中，当控制电路检测到电池电压达到充电截止电压时，其"CO"脚将由高压转变为 0 电压，使充电场管 V_2 由导通转为关断，切断充电回路，实现过压保护。此时，由于 V_2 自带的体二极管的存在，电池通过该二极管对负载进行放电。在控制 IC 检测到电池电压超过截止电压至发出关断 V_2 信号之间有一段延时，其大小由 C_3 决定，通常约 1s，以避免因干扰而造成误判断。

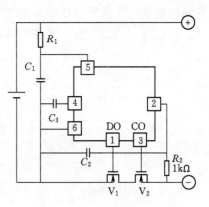

图 3-9　基于 R5421 的电池保护
电路原理图

不同电池的充电截止电压可通过其充电特性确定。通常，电池充电特性可分为三类：稳压型、负电压增量（$-\Delta V$）型、正电压增量（$+\Delta V$）型。

稳压型充电特性表现为：在充电末期，电池电压可自动均衡，典型的为传统铅蓄电池。其特点是氧气在大量的液体里面传递，当电压超过充电电压末端限制（2.35V）就会自动进入电解水的均衡状态，表现为"沸腾"或者"开锅"。通过观察电池的"沸腾"或者"开锅"即可确定充电截止电压。

负电压增量型充电特性表现为：在充电初期，电池电压逐渐上升。当 $SOC=100\%$ 后，若继续充电，电池电压将快速下降，呈"$-\Delta V$"特性。若不能及时减小充电电流或停止充电，充电电流将随电池电压的下降迅速上升，造成电池温度急剧升高，即产生热失控。具备这种充电特性的电池对温度敏感性较高，典型的为镍氢电池。通过检测电池充电过程中的负电压增量（$-\Delta V$）拐点，即可确定充电截止电压。

正电压增量型充电特性表现为：在充电初期，电池电压逐渐上升，当 $SOC=100\%$ 后，若继续充电，电池电压将持续上升，呈"$+\Delta V$"特性。当电池电压超过最高允许电压时，电池将受到伤害，甚至造成电池爆裂、燃烧或爆炸等恶性事故。阀控铅酸电池、锂离子电池具有典型的正电压增量型充电特性。通过检测电池充电过程中的正电压增量（＋ΔV）拐点，即可确定充电截止电压。

3.5.2 欠压保护

由放电曲线可知，当电池放电至某一电压值后，电压会急剧下降，在该点后继续放电，实际能获得的容量很少，且对电池的使用寿命产生不良影响，所以必须在某适当的电压值终止放电，该截止电压称为放电终止电压。不同的放电倍率、电极板种类和电池类型，电池的放电终止电压不同，其具体数值根据应用需求、电池特性曲线和厂商提供的数据设定。一般大电流放电时规定较低的终止电压，反之，小电流放电时规定较高的终止电压。

图 3-9 中，在电池放电过程中，当控制 IC 检测到电池电压低于放电截止电压时，"DO"脚将由高电压转变为 0 电压，使 V_1 由导通转为关断，切断放电回路，实现欠压保护。此时，由于 V_1 自带的体二极管的存在，储能变流器可以通过该二极管对电池进行充电。

由于在欠压保护状态下电池电压不能再降低，因此要求保护电路的消耗电流极小，此时控制 IC 会进入低功耗状态，整个保护电路的耗电会小于 $0.1\mu A$。在控制 IC 检测到电池电压低于放电截止电压至发出关断 V_1 信号之间有一段延时时间，其长短由 C_3 决定，通常约为 100ms，以避免因干扰而造成误判断。

电池在欠压保护关断后，电压会逐渐升高，导致电路处于低压附近放电的时候会往复开通、关断功率管。为了防止这种情况的发生，需要采用下限自锁电路，图 3-10 是基于 CD4011 的下限自锁电路工作原理图。

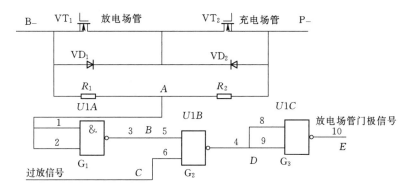

图 3-10 下限自锁电路工作原理图

正常状态下，$B_- = 0$，$P_- = 0$；欠压发生时，$B_- = 0$，$P_- = P_+ = B_+$。每个点信号的波形可以用图 3-11 表示，只要过放信号发生低位电平，场管的门极信号全部维持在低位电平，较好地控制了场管的开关情况。

3.5.3 过流保护

充放电电流对电池使用寿命和循环性能有重要影响。当电池充放电电流增加时，欧姆降和极化效应增加，放电电压下降，电池的使用时间缩短。因此，需进行过流保护。

电池在正常放电过程中，电流在流经串联的 2 个 MOSFET 时，由于受到 MOSFET 导通阻抗的影响，将在两端产生一个电压 U：

$$U = 2IR_{DS} \tag{3-5}$$

式中　R_{DS}——单个 MOSFET 的导通阻抗。

图 3-9 中，控制 IC 上的"V_"脚对该电压值进行检测，当回路电流大到使 $U > 0.1V$（该值由控制 IC 决定）时，其"DO"脚将由高电压转变为 0 电压，V_1 由导通转为关断，切断放电回路，使回路中电流为零，实现过电保护。在控制 IC 检测到过流发生至发出关断 V_1 信号之间也有一段延时，其长短由 C_3 决定，通常约为 13ms，以避免因干扰而造成误判断。

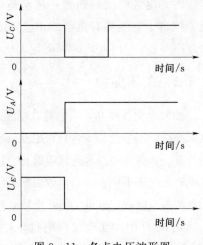

图 3-11　各点电压波形图

在上述控制过程中可知，其过流检测值大小不仅取决于控制 IC 的控制值，还取决于 MOSFET 的导通阻抗，当 MOSFET 导通阻抗越大时，对同样的控制 IC，过流保护值越小。

3.5.4　短路保护

短路保护的工作原理与过流保护类似，只是判断方法和延时时间不同。电池在放电过程中，若电流大到使 $U > 0.9V$（该值由控制 IC 决定）时，控制 IC 判断为负载短路，其"DO"脚将迅速由高电压转变为 0 电压，V_1 由导通转为关断，切断放电回路，实现短路保护。短路保护的延时时间极短，通常小于 $7\mu s$。

3.5.5　过温保护

电池的过温保护是通过风扇等冷却系统和热电阻加热装置使电池温度处于正常工作温度范围内。过温保护的关键是通过分析传感器显示的温度和热源的关系，确定电池的合理摆放位置，保证电池箱的热平衡与迅速散热。通过温度传感器测量自然温度和箱内电池温度，确定电池箱体的阻尼通风孔开闭大小，以尽可能降低功耗。

3.6　典型储能电池管理案例

3.6.1　阀控铅酸电池

（1）充放电电压限制。阀控铅酸电池对充电电压的要求很严格（比锂离子电池要求高很多），电压过高和过低都将严重影响电池寿命。在室温（25℃±5℃）下，规定均充电压为 2.35V。均充电压根据环境温度进行调整，温度补偿系数为 $-5\text{mV}/(\text{℃·只})$。浮充电压一般要求为 2.27V，温度补偿系数为 $-3\text{mV}/(\text{℃·只})$。以某厂家提供的阀控铅酸电池为例，均充电压、浮充电压与环境温度的关系见表 3-2。此外，电池的板栅和电极材料不同，充电电压是不同的，如采用低锑合金板栅的电池充电电压低于采用铅钙合金板栅的电池充电电压。

表 3-2 不同环境温度下的均充电压和浮充电压

环境温度/℃	浮充电压/(V/只)	均充电压/(V/只)
5	2.32	2.45
10	2.31	2.43
15	2.30	2.40
20	2.28	2.38
25	2.27	2.35
30	2.25	2.33
35	2.24	2.30
40	2.22	2.28

不同放电深度下，充电电压对阀控铅酸电池寿命的影响也很大。当放电深度为 80%，充电电压不超过 2.44V 时，使用寿命为 100%；当充电电压升高至 2.50V 时，使用寿命下降至 65% 左右。当充电电压低于 2.35V 时，使用寿命下降到 10% 左右。因此，应根据具体情况确定合理的充电电压。

阀控铅酸电池的放电截止电压与放电倍率相关，放电倍率越大，截止电压越小，其关系见表 3-3。

表 3-3 不同放电倍率下的截止电压

放电倍率 I/A	放电截止电压/(V/个)	放电倍率 I/A	放电截止电压/(V/个)
$I<0.025\text{C}$	1.97	$0.1\text{C}\leqslant I<0.2\text{C}$	1.83
$0.025\text{C}\leqslant I<0.05\text{C}$	1.92	$0.2\leqslant I<0.5\text{C}$	1.75
$0.05\text{C}\leqslant I<0.1\text{C}$	1.87		

注 C 用来表示电池充放电时电流大小的比率，即倍率。如 1200mAh 的电池，0.2C 表示 240mA（1200mAh 的 0.2 倍率），1C 表示 1200mA（1200mAh 的 1 倍率）。

以新能源发电应用领域为例，阀控铅酸电池在大部分时间内处于循环充放电模式，具体是指电池以恒功率模式运行，直至达到电池的充放电截止条件。由于电池经常处于欠充状态，有必要每两个月对电池进行补充电维护。

（2）充放电深度限制。充放电深度对阀控铅酸电池的寿命有很大影响。假设电池的放电深度为 80% 时，使用寿命为 100%；当放电深度为 100% 时，使用寿命下降到 70% 左右；当放电深度减小至 60% 时，循环寿命增加至 170% 左右；当放电深度减小到 25% 时，循环寿命增加至 375% 左右。

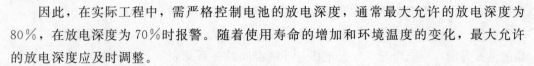

因此，在实际工程中，需严格控制电池的放电深度，通常最大允许的放电深度为 80%，在放电深度为 70% 时报警。随着使用寿命的增加和环境温度的变化，最大允许的放电深度应及时调整。

（3）充放电电流限制。阀控铅酸电池对充电电流的要求是各种电池中最严格的。充电电流主要受氧复合能力的限制，若充电电流超过可接受充电电流（即氧复合的最大能力），电池将加速失水。电池的可接受充电电流在循环使用过程中是不断变化的，应以充电电流产生的氧必须能够完全被复合为基本原则。充电过程中，若充电电压在没有达到 2.35V 时，密封阀已经频繁开启，则说明充电电流大于可接受充电电流，应及时减小充电电流。过小的充电电流可能造成电池钝化，在充电开始阶段，应防止采用过小的充电电流。

以 116A·h 单体电池为例，不同放电倍率对电池容量的影响见表 3-4。当放电电流为 $1I_{20}$ 时，可放出额定容量；当放电电流为 $20I_{20}$ 时，只能放出 57% 的容量。放电电流对铅酸电池的影响远大于锂离子电池。

表 3-4　　　　　　　　　　放电电流对容量的影响

放电倍率	容量/(A·h)	占额定容量百分比/%
$1I_{20}$	116	100
$2I_{20}$	106	96.2
$4I_{20}$	96.5	83
$7I_{20}$	87.5	75.4
$20I_{20}$	66.4	57.2

注　I_{20} 为 20h 率的放电电流，其数值等于 $C_{20}/20$（A）。C_{20} 为 20h 率的额定容量。

（4）充放电温度限制。阀控铅酸电池的最佳使用温度是 15～25℃，在较高和较低温度下使用，都会给电池性能带来影响，表 3-5 是阀控铅酸电池工作温度的适用范围。

表 3-5　　　　　　　　　　电池工作温度适用范围表

工作状态	工作温度/℃	最佳工作温度/℃
放电	−40～50	15～25
充电	−20～50	15～25
储存	−20～40	15～25

环境温度影响电池的容量，温度降低，电池容量将减少。例如温度从 25℃ 降低到 0℃，放电容量将下降到额定容量的 80% 左右，同时温度过低使电池长期充电不足，造成负极硫酸盐化，最终导致电池无法放电。随着环境温度的升高，电池容量在一定范围内会增加，例如温度从 25℃ 升高到 35℃，放电容量将上升到额定容量的 105% 左右，但温度继续上升，容量增加缓慢，最终将不会增加。

此外，环境温度与阀控铅酸电池的寿命密切相关。温度升高会损坏电池，降低电池的使用寿命。当环境温度超过 25℃ 时，温度每升高 10℃，电池使用寿命将减少一半。

3.6.2 磷酸铁锂电池

（1）充放电电压限制。磷酸铁锂电池对充电电压的要求比阀控铅酸电池宽松，只要不超过最高允许充电电压即可。充电电压低于规定值和欠充电时，除容量有所降低外，对电池性能基本没有影响，反而会延长电池的使用寿命。磷酸铁锂电池在工作温度范围内，充电和放电电压不需要温度修正，在小于 3C 的充电电流下，最高允许充电电压为 3.65V；在小于 2C 的放电电流下，最低允许放电电压为 2.5V。

但是，磷酸铁锂电池对过充电非常敏感，充电电压超过允许值对电池的伤害比阀控铅酸电池大很多，主要表现为性能加速衰变，甚至发生电池爆裂、燃烧或者爆炸等。磷酸铁锂电池对过放电也非常敏感，严重过放电会造成不可逆容量损失。

磷酸铁锂电池在长期停用的情况下，建议每三个月对系统进行一次充电维护，使 $SOC > 80\%$。

（2）充放电深度限制。磷酸铁锂电池在放电过程中，只要不低于最低允许放电电压，对放电深度的要求较低。较小的放电深度有利于延长电池使用寿命。在实际工程中，通常磷酸铁锂电池的最大允许放电深度为 90%，在放电深度为 85% 时报警。

（3）充放电电流限制。磷酸铁锂电池的充放电电流远大于阀控铅酸电池，但仍应限制过大的充放电电流，否则容易引起用于镶嵌 Li^+ 空隙的塌陷，造成不可逆容量损失。

频繁连续过大的充放电电流对磷酸铁锂电池性能和使用寿命影响的具体数据还缺乏实验数据。根据行业内的当前共识，充放电电流应控制在额定容量的 50% 以内，更大的充放电电流需在特殊需要时偶尔采用。根据目前示范项目统计，磷酸铁锂电池的标准充电倍率为 0.5C，快速充电倍率为 1C，瞬间充电倍率为 3C（10s）；标准放电倍率为 0.5C，最大连续放电倍率为 2C。

（4）充放电温度限制。磷酸铁锂电池的最佳使用温度是 15～25℃，低温性能较差，使用过程中应防止温度过低对电池性能的影响。表 3-6 是磷酸铁锂电池工作温度的适用范围。

表 3-6　　　　　　　　　　电池工作温度适用范围

工 作 状 态	工作温度/℃	最佳工作温度/℃
放电	－20～50	15～25
充电	0～50	15～25
储存	－30～50	15～25

同样，环境温度影响电池的放电容量，温度越低，电池容量将越少。10～60℃时，电池可放出 100% 额定容量；－10℃时，电池可放出 90% 额定容量；－30℃时，电池可放出 70% 额定容量。

参 考 文 献

[1] 王中昂．钠硫储能电池管理系统研究 [D]．武汉：武汉理工大学，2012．

［2］　袁永军．纯电动汽车用电池管理系统研究［D］．上海：同济大学，2009．

［3］　钟文宇．电动汽车电池管理系统［D］．南昌：南昌大学，2009．

［4］　朱松然．蓄电池手册［M］．天津：天津大学出版社，1998：73-76．

［5］　付正阳，林成涛，陈全世．电动汽车电池组热管理系统的关键技术［J］．公路交通科技，2005
（22）：119-123．

［6］　乔国艳．电动汽车电池管理系统的研究与设计［D］．武汉：武汉理工大学，2006．

［7］　金曦．动力型锂电池智能管理系统的研究［D］．上海：华东师范大学，2008．

［8］　邓超．FCEV 车用磷酸铁锂电池管理系统研究与设计［D］．武汉：武汉理工大学，2011．

［9］　李哲．纯电动汽车磷酸铁锂电池性能研究［D］．北京：清华大学，2011．

［10］　王林．电动汽车磷酸铁锂动力电池系统集成及管理系统研究［D］．上海：上海交通大
学，2010．

［11］　邱彬彬．磷酸铁锂电池组均衡充电及保护研究［D］．重庆：重庆大学，2013．

［12］　童广浙．磷酸铁锂储能电池管理系统设计［D］．南宁：广西大学，2013．

［13］　张小东．电动汽车磷酸铁锂电池管理系统的研究［D］．重庆：重庆大学，2008．

［14］　李娜，白恺，陈豪．磷酸铁锂电池均衡技术综述［J］．华北电力技术，2012（2）：60-65．

第4章 储能系统运行控制技术

本章讲述的储能系统运行控制技术主要针对电池储能系统中储能变流器的运行控制。根据电池储能系统的不同运行模式和状态切换过程，储能系统的运行控制主要包括并网运行控制、离网运行控制及并离网切换控制。在每种运行模式下，储能系统都要具有快速的动态响应能力，通过对储能变流器输入输出电压电流的控制进行有功功率和无功功率的调节，响应系统的变化。而在正弦稳态下，电压和电流是具有耦合作用的，要实现有功功率和无功功率的解耦控制，必须对电压电流进行坐标轴的变换和解耦。本章4.1节介绍相关的基本原理，包括坐标变换、PWM调制技术、双向AC/DC变流器原理和数学模型、双向DC/DC变换器原理和数学模型以及储能系统的典型拓扑结构；4.2节介绍储能系统并网运行控制技术，包括AC/DC变流器的控制、DC/DC变换器的控制、孤岛检测和低电压穿越技术；4.3节介绍储能系统离网运行控制技术，包括V/f控制、黑启动控制和多机并联协调控制；4.4节介绍储能系统的双模式切换控制技术，包括并网到离网的平滑切换控制和离网到并网的同期控制。4.5节以实际的验证系统为例，对上述运行控制技术进行试验验证。

4.1 基本原理

4.1.1 坐标变换

储能变流器交流侧三相输出电抗器可看作空间三相绕组，如图4-1所示。通过三相绕组的按正弦分布的物理量可以用空间相量 f_s 来表示。以三相绕组横断面为空间复平面，在复平面内，可任取一空间静止复坐标（Re-Im），若以实轴Re为空间坐标参考轴，则空间任一相量 R 可表示为 $R=|R|e^{j\theta}$，$|R|$ 为相量的模（幅值），θ 为该相量轴线与参考轴Re间的空间电角度，称为空间相位。

4.1.1.1 *ABC* 轴系到 *αβ* 轴系的静止坐标变换

图4-1中的三相轴线构成了 *ABC* 空间三相坐标系，如图4-2所示。*ABC* 坐标系在空间复平面的位置，可由 A 相与 Re 间的空间电角度来确定，若取 A 轴与 Re 轴重合，则 B 轴的空间位置角度为 $a=e^{j120°}$，C 轴位置角度为 $a^2=e^{j240°}$，此处，a 和 a^2 为空间算子。

现取该空间复平面的实轴 Re 为 α 轴，虚轴 Im 为 β 轴，于是构成了空间静止的 $\alpha\beta$

两相坐标轴系，空间相量同样可以用这个静止的 $\alpha\beta$ 轴系来表示，记为 f_s^a。变流器三相输出端电压和电流空间相量 u_s 和 i_s 可表示为

$$u_s^a = u_\alpha + ju_\beta \tag{4-1}$$

$$i_s^a = i_\alpha + ji_\beta \tag{4-2}$$

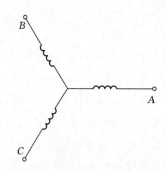
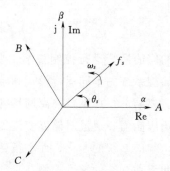

图 4-1　变流器三相输出端绕组　　图 4-2　三相 ABC 轴系到 $\alpha\beta$
轴系的坐标变换

图 4-2 中，原有 ABC 轴系中的空间相量，也可以由 $\alpha\beta$ 轴系来表示。这里所说的坐标变换，就是在满足空间相量 f_s 不变的原则下，两轴系坐标分量间应有的关系。

为满足功率不变约束，$\alpha\beta$ 轴系坐标分量应是原 ABC 轴系坐标分量的 $\sqrt{3}/\sqrt{2}$ 倍。因为两个轴系都是静止的，且 α 轴与 A 轴一致，在 ABC 轴系中 $u_s = |u_s|e^{j\theta s}$，在 $\alpha\beta$ 轴系中 $u_s^a = |u_s|e^{j\theta s}$，即 $u_s = u_s^a$，所以有

$$\sqrt{\frac{2}{3}}\,(u_A + u_B\,e^{j120°} + u_C e^{j240°}) = u_\alpha + ju_\beta \tag{4-3}$$

现取式（4-3）两边虚、实部分别相等，可得

$$\begin{pmatrix} u_\alpha \\ u_\beta \end{pmatrix} = \sqrt{\frac{2}{3}} \begin{pmatrix} 1 & -\dfrac{1}{2} & -\dfrac{1}{2} \\ 0 & \dfrac{\sqrt{3}}{2} & -\dfrac{\sqrt{3}}{2} \end{pmatrix} \begin{pmatrix} u_A \\ u_B \\ u_C \end{pmatrix} \tag{4-4}$$

此变换称为 Clark 变换，对其他电压电流空间矢量都适用，统一的变换矩阵为

$$\text{Clark}_{ABC\to\alpha\beta} = \sqrt{\frac{2}{3}} \begin{pmatrix} 1 & -\dfrac{1}{2} & -\dfrac{1}{2} \\ 0 & \dfrac{\sqrt{3}}{2} & -\dfrac{\sqrt{3}}{2} \end{pmatrix} \tag{4-5}$$

相对应的 Clark 反变换矩阵为

$$\text{Clark}_{\alpha\beta\to ABC} = \sqrt{\frac{2}{3}} \begin{pmatrix} 1 & 0 \\ -\dfrac{1}{2} & \dfrac{\sqrt{3}}{2} \\ -\dfrac{1}{2} & -\dfrac{\sqrt{3}}{2} \end{pmatrix} \tag{4-6}$$

4.1.1.2 αβ 轴系到 dq 轴系的旋转坐标变换

αβ 轴系到同步旋转 dq 轴系的坐标变换图如图 4-3 所示。图 4-3 中，dq 轴是以同步电角速度 ω_s 在空间旋转的正交轴系。θ_d 为 d 轴与 α 轴的电角度，由于 dq 轴系以同步速度旋转，所以有

$$\theta_d = \omega_s t + \theta_0 \qquad (4-7)$$

式中　θ_0——d 轴与 α 轴的初始位置角，可以为任意值。

因此 dq 轴是可以任选的同步旋转轴系。

u_s 是以 ABC 轴系表示的空间向量，已知在 ABC 轴系中 $u_s = |u_s| e^{j\theta_s}$，若以 dq 轴表示该相量，则为 $u_s^d = |u_s| e^{j\theta_\delta}$，于是可得

$$u_s^d = u_s e^{j\theta_d} \qquad (4-8)$$

由 $u_s = u_s^\alpha$，可得

$$u_s^d = u_s^\alpha e^{j\theta_d} \qquad (4-9)$$

式中　$e^{j\theta_d}$——$\alpha\beta$ 轴系到 dq 轴系的变换因子。

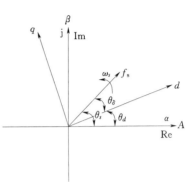

图 4-3　静止 αβ 轴系到同步旋转 dq 轴系的向量变换

反之，$e^{j\theta_d}$ 为 dq 轴系到 $\alpha\beta$ 轴系的变换因子，有

$$u_s^\alpha = u_s^d e^{j\theta_d} \qquad (4-10)$$

将 u_s^α 和 u_s^d 分别表示为

$$u_s^\alpha = u_\alpha + j u_\beta \qquad (4-11)$$

$$u_s^d = u_d + j u_q \qquad (4-12)$$

利用欧拉公式 $e^{j\theta_d} = \cos\theta_d + j\sin\theta_d$，由式（4-9）、式（4-11）、式（4-12）可得

$$\begin{pmatrix} u_d \\ u_q \end{pmatrix} = \begin{pmatrix} \cos\theta_d & \sin\theta_d \\ -\sin\theta_d & \cos\theta_d \end{pmatrix} \begin{pmatrix} u_\alpha \\ u_\beta \end{pmatrix} \qquad (4-13)$$

由式（4-10）、式（4-11）、式（4-12）可得

$$\begin{pmatrix} u_\alpha \\ u_\beta \end{pmatrix} = \begin{pmatrix} \cos\theta_d & -\sin\theta_d \\ \sin\theta_d & \cos\theta_d \end{pmatrix} \begin{pmatrix} u_d \\ u_q \end{pmatrix} \qquad (4-14)$$

式（4-13）、式（4-14）分别为 Park 变换和反变换公式。

由上可见，旋转坐标变换与静止坐标变换的实质是一样的。前者是变换因子反映了两个复平面内的极坐标的关系，后者是变换矩阵反映了两个复平面内的坐标分量间的关系。

4.1.1.3　坐标变换的物理意义

在正弦稳态下，三相对称交流电压可表示为

$$u_A = \sqrt{2}U_m \cos(\omega_s t + \varphi_0) \tag{4-15}$$

$$u_B = \sqrt{2}U_m \cos(\omega_s t + \varphi_0 - 120°) \tag{4-16}$$

$$u_C = \sqrt{2}U_m \cos(\omega_s t + \varphi_0 - 240°) \tag{4-17}$$

以上式中　U_m——电压有效值；

　　　　　φ_0——A 相电压相位初始角。

先将此三相对称正弦电压，从静止 ABC 坐标系变换到静止的 $\alpha\beta$ 坐标系，得

$$\begin{pmatrix} u_\alpha \\ u_\beta \end{pmatrix} = \sqrt{\frac{2}{3}} \begin{bmatrix} 1 & -\dfrac{1}{2} & -\dfrac{1}{2} \\ 0 & \dfrac{\sqrt{3}}{2} & -\dfrac{\sqrt{3}}{2} \end{bmatrix} \begin{pmatrix} u_A \\ u_B \\ u_C \end{pmatrix} = \begin{pmatrix} \sqrt{3}\,U_m \cos(\omega_s t + \varphi_0) \\ \sqrt{3}\,U_m \sin(\omega_s t + \varphi_0) \end{pmatrix} \tag{4-18}$$

再将变换后的 $\alpha\beta$ 坐标系分量变换到 dq 坐标系，即有

$$\begin{pmatrix} u_d \\ u_q \end{pmatrix} = \begin{pmatrix} \cos\theta_d & \sin\theta_d \\ -\sin\theta_d & \cos\theta_d \end{pmatrix} \begin{pmatrix} u_\alpha \\ u_\beta \end{pmatrix}$$

$$= \begin{pmatrix} \cos(\omega_s t + \theta_0) & \sin(\omega_s t + \theta_0) \\ -\sin(\omega_s t + \theta_0) & \cos(\omega_s t + \theta_0) \end{pmatrix} \begin{pmatrix} \sqrt{3}U_m\cos(\omega_s t + \varphi_0) \\ \sqrt{3}U_m\sin(\omega_s t + \varphi_0) \end{pmatrix}$$

$$= \begin{pmatrix} \sqrt{3}U_m\cos(\varphi_0 - \theta_0) \\ \sqrt{3}U_m\sin(\varphi_0 - \theta_0) \end{pmatrix} \tag{4-19}$$

由式（4-19）可以看出，u_d、u_q 已变为直流量，即 dq 轴上的两个电压相量不再是变化的，而是固定不变的，其幅值和相位取决于相电压有效值、A 相电压相位初始角 φ_0 和 dq 轴系的初始位置角 θ_0。由图 4-3 可知，空间矢量与 d 轴间的角度 θ_δ 应为

$$\theta_\delta = \varphi_0 - \theta_0 \tag{4-20}$$

因为 dq 轴系可以是任选的，若将同步坐标系的 d 轴定向在空间矢量 f_s 上，如图 4-3 中所示，即 $\theta_\delta = 0$，$\theta_s = \theta_d$。则可得

$$\begin{pmatrix} u_d \\ u_q \end{pmatrix} = \begin{pmatrix} \sqrt{3}\,U_m \\ 0 \end{pmatrix} \tag{4-21}$$

因此，坐标变换将系统中 ABC 坐标系中的正弦稳态变量变换为 dq 坐标系中的直流分量，降低了系统的阶次，通过控制 u_d、u_q 即可控制 u_s。在动态情况下，u_s 的幅值和相位是不断变化的，但是仍可在动态过程中实现对 u_d、u_q 的控制，也就是可以对 u_s 进行动态控制，为实现高性能的控制提供了条件。

4.1.2　PWM 调制技术

4.1.2.1　PWM 控制的基本原理

采样控制理论中有一个重要结论：冲量相等而形状不同的窄脉冲加在具有惯性的环节上时，其效果基本相同。冲量即指窄脉冲的面积。这里所说的效果基本相同，是指环

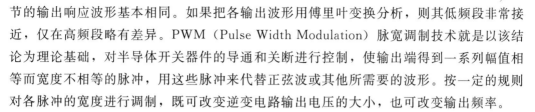

节的输出响应波形基本相同。如果把各输出波形用傅里叶变换分析，则其低频段非常接近，仅在高频段略有差异。PWM（Pulse Width Modulation）脉宽调制技术就是以该结论为理论基础，对半导体开关器件的导通和关断进行控制，使输出端得到一系列幅值相等而宽度不相等的脉冲，用这些脉冲来代替正弦波或其他所需要的波形。按一定的规则对各脉冲的宽度进行调制，既可改变逆变电路输出电压的大小，也可改变输出频率。

根据上述原理可知，如果给出了逆变电路输出波形的频率、幅值和周期内的脉冲数，PWM 波形中各脉冲的宽度和间隔就可以准确计算出来。按照计算结果控制逆变电路中各开关器件的通断，就可以得到所需要的 PWM 波形。这种方法称之为计算法，计算法是很繁琐的，当需要输出的正弦波的频率、幅值或相位变化时，结果都要变化。

还有一种方法是调制法，即把期望输出的波形（通常是正弦波，也可采用梯形波或注入零序谐波的正弦波或方波等）作为调制波，而以 N 倍于调制波频率的三角波（或锯齿波）为载波进行比较，产生一组幅值相等、而宽度正比于调制波的矩形脉冲序列来等效调制波，对开关管进行通、断控制。利用一定的规则控制各脉冲的宽度，可实现变流器输出电压与频率的调节。

4.1.2.2　PWM 常用调制方法

PWM 控制的基本原理很早就已经提出，但是受电力电子器件发展水平的制约，在 20 世纪 80 年代以前一直未能实现。直到进入 80 年代，随着全控型电力电子器件的出现和迅速发展，PWM 调制技术才真正得到应用。随着电力电子技术、微电子技术和自动控制技术的发展以及各种新的理论方法，如现代控制理论、非线性系统控制思想的应用，PWM 调制技术获得了空前的发展。到目前为止，已出现了多种 PWM 调制技术。

（1）SPWM 调制法。SPWM（Sinusoidal PWM）正弦脉宽调制法是一种比较成熟的、使用较广泛的 PWM 法。前面提到的采样控制理论中的一个重要结论：冲量相等而形状不同的窄脉冲加在具有惯性的环节上时，其效果基本相同的。SPWM 法就是以该结论为理论基础，用脉冲宽度按正弦规律变化而和正弦波等效的 PWM 波形即 SPWM 波形控制逆变电路中开关器件的通断，使其输出的脉冲电压的面积与所希望输出的正弦波在相应区间内的面积相等，通过改变调制波的频率和幅值则可调节逆变电路输出电压的频率和幅值。

根据调制脉冲的极性，SPWM 调制技术可分为单极性调制和双极性调制。同等情况下，单极性 SPWM 调制波比双极性调制波的谐波分量要小些。

单极性调制是用一条正弦调制波与一条在正弦波正半周极性为正、而负半周极性为负的等腰恒幅三角波进行比较，在正弦波正半周，如果正弦波的幅值大于三角波的幅值，则比较器输出正电平，反之，比较器输出 0 电平；而在正弦波负半周，如果正弦波的幅值小于三角波的幅值时，比较器输出负电平，反之，比较器输出 0 电平。所得到的 PWM 信号有正、负和 0 三种电平，由于在调制波的半个周期内，三角波只在一种极性内变化，所产生的 PWM 波也只在一种极性内变化的控制方式，称为单极性调制，见图

4-4（a）。

　　双极性调制是用一条正负交变的双极性三角波与正弦调制波相比较，当正弦波的幅值大于三角波的幅值时，比较器输出正电平；反之，输出负电平。于是得到只有正负两种电平的 PWM 信号，称为双极性调制，见图 4-4（b）。

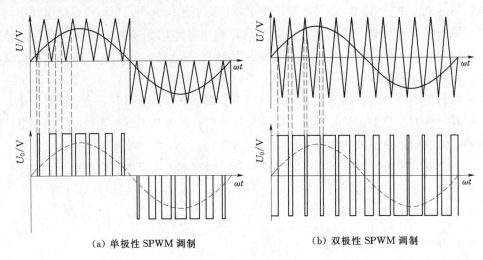

(a) 单极性 SPWM 调制　　　　　　　　　　(b) 双极性 SPWM 调制

图 4-4　SPWM 调制原理示意图

　　（2）SVPWM 调制法。SVPWM（Space Vector Pulse Width Modulation）空间向量控脉宽调制法也叫磁通正弦 PWM 法。它以三相波形整体生成效果为前提，以逼近电机气隙的理想圆形旋转磁场轨迹为目的，用逆变器不同的开关模式所产生的实际磁通去逼近基准圆磁通，由它们的比较结果决定逆变器的开关，形成 PWM 波形。此法从电动机的角度出发，把逆变器和电机看作一个整体，以内切多边形逼近圆的方式进行控制，使电机获得幅值恒定的圆形磁场（正弦磁通）。

　　电压空间向量并不代表某个实际存在的物理量，它仅仅是一种数学上的处理，以便于控制和分析。SVPWM 目前主要应用于三相 PWM 整流器和逆变器，其思想是构成一个合成向量 U，将三相 PWM 整流器工作状态定义为 6 个基本向量和 2 个零向量，这些基本向量将平面划分成 6 个扇区，合成向量 U 以坐标原点为圆心，以幅值为半径，电网频率 ω 为角速度，在平面上做圆周运动，U 落在某一扇区时，就可以用该扇区的基本向量和零向量去合成。

　　基于 SVPWM 的思想，定义三相整流桥开关函数为

$$S_k = \begin{cases} 1, \text{上桥臂导通，下桥臂关断} \\ 0, \text{下桥臂导通，上桥臂关断} \end{cases} \tag{4-22}$$

式中　$k=a$、b、c。

　　正常工作时，上下桥臂有且只有一个导通。

　　开关函数 Sa、Sb、Sc 共有 8 种状态（000～111），其中 2 个零向量（U_0、U_7），6 个非零向量（U_1～U_6），如图 4-5 所示。

利用这八个基本电压向量的线性组合，可以合成更多的与 $U_1 \sim U_6$ 相位不同的新的电压空间向量，最终构成一组等幅不同相的电压空间向量，尽可能逼近圆形旋转磁场的磁链圆。在每一个扇区，选择相邻的两个电压向量以及零向量，按照伏秒平衡的原则来合成每个扇区内的任意电压向量，$U_{ref} T = U_x T_x + U_y T_y + U_0 T_0$，其中，$U_{ref}$ 为期望电压向量；T 为采样周期；T_x、T_y、T_0 分别为对应两个非零电压向量 U_x、U_y 和零电压向量 U_0 在一个采样周期的作用时间；其中 U_0

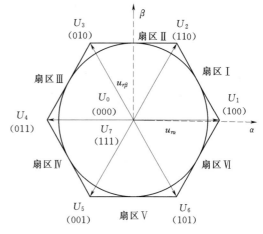

图 4-5 基本电压空间矢量图

包括了 U_0 和 U_7 两个零向量。该表达式的意义是，向量 U_{ref} 在 T 时间内所产生的积分效果值和 U_x、U_y、U_0 分别在时间 T_x、T_y、T_0 内产生的积分效果相加总和值相同。

也就是说，SVPWM 控制通过分配 8 个基本电压空间向量及其作用时间，最终形成等幅不等宽的 PWM 脉冲波，实现追踪磁通的圆形轨迹。主电路功率器件的开关频率越高，正六边形轨迹就越逼近圆形旋转磁场。空间电压向量调制可以将母线直流电压利用率提高 15%。

4.1.3 双向 AC/DC 变流器原理及数学模型

4.1.3.1 原理概述

从电力电子技术发展来看，整流器是较早应用的一种 AC/DC 变换装置。整流器的发展经历了由不控整流器（二极管整流）、相控整流器（晶闸管整流）到 PWM 整流器（可关断功率开关）的发展历程。传统的相控整流器虽应用时间较长，技术也较成熟，且被广泛使用，但仍然存在以下问题：

（1）晶闸管换流引起网侧电压波形畸变。

（2）网侧谐波电流对电网产生谐波"污染"。

（3）深控时网侧功率因数降低。

（4）闭环控制时动态响应相对较慢。

虽然二极管整流器改善了整流器网侧功率因数，但仍会产生网侧谐波电流"污染"电网；另外二极管整流器的不足还在于其直流电压的不可控性。针对上述不足，PWM 整流器对传统的相控及二极管整流器进行了全面改进。其关键性的改进在于用全控型功率开关取代了半控型功率开关或二极管，以 PWM 斩控整流取代了相控整流或不控整流。因此，PWM 整流器可以取得以下优良性能：

（1）网侧电流为正弦波。

（2）网侧功率因数控制（如单位功率因数控制）。

（3）电能双向传输。

（4）较快的动态控制响应。

根据能量是否可双向流动，派生出两类不同拓扑结构的 PWM 整流器，即可逆 PWM 整流器和不可逆 PWM 整流器。储能变流器（Power Conversion System，PCS）是能量可双向流动的可逆 PWM 整流器。能量可双向流动的整流器不仅体现出 AC/DC 整流特性，还呈现出 DC/AC 逆变特性，因而确切地说，这类 PWM 整流器实际上是一种新型的可逆 PWM 变流器，以下均简称为变流器。

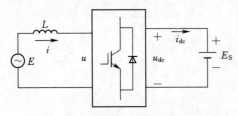

图 4-6　AC/DC 变流器单相等值电路模型

由于电能的双向传输，当变流器从电网吸取电能时，其运行于整流工作状态；而当变流器向电网传输电能时，其运行于有源逆变工作状态。所谓单位功率因数是指当变流器运行于整流状态时，网侧电压、电流同相（正阻特性）；当 PWM 整流器运行于有源逆变状态时，其网侧电压、电流反相（负阻特性）。综上可见，双向 AC/DC 变流器实际上是一个交、直流侧可控的四象限运行的变流装置。为便于理解，以下首先从模型电路阐述变流器四象限运行的基本原理。如图 4-6 为 AC/DC 变流器单相等值电路模型。从图 4-6 可以看出：变流器模型电路由交流回路、功率开关桥路以及直流回路组成。其中交流回路包括交流电动势 E 以及网侧电感 L 等；直流回路为储能电池 E_S；功率开关桥路可由电压型或电流型桥路组成。当不计功率桥路损耗时，由交、直流侧功率平衡关系得

$$iu = i_{dc} u_{dc} \tag{4-23}$$

式中　u、i——模型电路交流侧电压、电流；

u_{dc}、i_{dc}——模型电路直流侧电压、电流。

由式（4-23）不难理解：通过模型电路交流侧的控制，就可以控制其直流侧，反之亦然。以下着重从模型电路交流侧入手，分析变流器的运行状态和控制原理。

稳态条件下，变流器交流侧向量关系如图 4-7 所示。

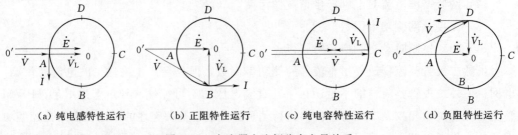

（a）纯电感特性运行　　（b）正阻特性运行　　（c）纯电容特性运行　　（d）负阻特性运行

图 4-7　变流器交流侧稳态向量关系

图 4-7 中，$\dot{E}$ 为交流电网电动势向量；$\dot{V}$ 为交流侧电压向量；$\dot{V}_L$ 为交流侧电感电

压向量；$\dot{I}$ 为交流侧电流向量。

为简化分析，只考虑基波分量而忽略谐波分量，并且不计交流侧电阻。这样可从图 4-7 中分析：当以电网电动势向量为参考时，通过控制交流电压向量 $\dot{V}$ 即可实现变流器的四象限运行。若假设 $|\dot{I}|$ 不变，因此 $|\dot{V}_L|=wL|\dot{I}|$ 也固定不变，在这种情况下，变流器交流电压向量 $\dot{V}$ 端点运动轨迹构成了一个以 $|\dot{V}_L|$ 为半径的圆。当电压向量 $\dot{V}$ 端点位于圆轨迹 A 点时，电流向量 $\dot{I}$ 比电动势向量 $\dot{E}$ 滞后90°，此时变流器网侧呈现纯电感特性，如图 4-7（a）所示；当电压向量 $\dot{V}$ 端点运动至圆轨迹 B 点时，电流向量 $\dot{I}$ 与电动势向量 $\dot{E}$ 平行且同向，此时变流器网侧呈现正电阻特性，如图 4-7（b）所示；当电压向量 $\dot{V}$ 端点运动至圆轨迹 C 点时，电流向量 $\dot{I}$ 比电动势向量 $\dot{E}$ 超前90°，此时变流器网侧呈现纯电容特性，如图 4-7（c）所示；当电压向量 $\dot{V}$ 端点运动至圆轨迹 D 点时，电流向量 $\dot{I}$ 与电动势向量 $\dot{E}$ 平行且反向，此时变流器网侧呈现负阻特性，如图 4-7（d）所示。以上 A、B、C、D 四点是变流器四象限运行的四个特殊工作状态点。进一步分析，可得变流器四象限运行规律如下：

（1）电压向量 $\dot{V}$ 端点在圆轨迹 AB 上运动时，变流器运行于整流状态。此时，变流器需从电网吸收有功及感性无功功率，电能将通过变流器由电网传输至直流负载。值得注意的是，当变流器运行在 B 点时，则实现单位功率因数整流控制；而在 A 点运行时，变流器则不从电网吸收有功功率，而只从电网吸收感性无功功率。

（2）当电压向量 $\dot{V}$ 端点在圆轨迹 BC 上运动时，变流器运行于整流状态。此时，变流器需从电网吸收有功及容性无功功率，电能将通过变流器由电网传输至直流负载。当变流器运行至 C 点时，此时，变流器将不从电网吸收有功功率，而只从电网吸收容性无功功率。

（3）当电压向量 $\dot{V}$ 端点在圆轨迹 CD 上运动时，变流器运行于有源逆变状态。此时变流器向电网传输有功及容性无功功率，电能将从变流器直流侧传输至电网；当变流器运行至 D 点时，便可实现单位功率因数有源逆变控制。

（4）当电压向量 $\dot{V}$ 端点在圆轨迹 DA 上运动时，变流器运行于有源逆变状态。此时，变流器向电网传输有功及感性无功功率，电能将从变流器直流侧传输至电网。

显然，要实现变流器的四象限运行，关键在于网侧电流的控制。一方面，可以通过控制变流器交流电压，间接控制其网侧电流；另一方面，也可通过网侧电流的闭环控制，直接控制变流器的网侧电流。

4.1.3.2 变流器分类及拓扑结构

（1）变流器分类。随着变流器技术的发展，目前已设计出多种类型的变流器，按照不同的分类方法，可分为如图 4-8 所示的类别。

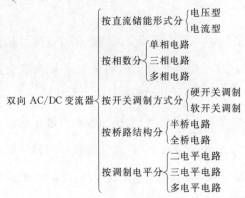

图 4-8　变流器分类图

尽管分类方法多种多样，但最基本的就是将变流器分成电压型和电流型两大类，这主要是因为电压型、电流型变流器在主电路结构、脉冲信号发生以及控策略等方面均有各自的特点，并且两者间存在电路上的对偶性。其他分类方法就主电路拓扑结构而言，均可归类于电流型或电压型变流器之列。

（2）电压型变流器拓扑结构。电压型变流器最显著的拓扑特征就是直流侧采用电容进行直流储能，从而使变流器直流侧呈低阻抗的电压源特性。电压型变流器有以下主要特点：

1）交流侧可连接交流电压源或负载，交流输出侧一般串联有电感，主要用以滤除网侧电流谐波。

2）直流侧并联有大电容，相当于电压源，直流侧电压基本无脉动，直流回路呈现低阻抗特性。

3）由于直流电压源的钳位作用，交流侧输出电压波形为矩形波，并且与负载阻抗角无关。而交流侧输出电流波形和相位因负载阻抗情况的不同而不同。

4）当交流侧为阻感负载时需要提供无功功率，直流侧电容起缓冲无功能量的作用，为了给交流侧向直流侧反馈的无功能量提供通道，电压型变流器各桥臂功率器件必须反并联一个反馈二极管。

电压源型变流器常见的拓扑结构有以下类型：

1）单相半桥、全桥电压型变流器拓扑结构。单相半桥电压型变流器主电路拓扑结构如图 4-9（a）所示，它有两个桥臂，一个桥臂由可控功率器件和一个反并联二极管组成，另一桥臂由两个相互串联的足够大的电容组成，两个电容的联结点便成为直流电源的中点。负载或交流侧电源连接在直流电源中点和两个功率器件联结点之间。半桥电路的优点是简单，使用的器件数少，成本低。其缺点是输出交流电压的幅值 U_m 仅为 $U_d/2$，在相同的交流侧电路参数条件下，要使单相半桥获得和单相全桥同样的交流侧电流特性，半桥电路直流电压应是全桥电路直流电压的两倍，因此功率器件耐压要求相对提高；另外，为使半桥电路中电容中点电位基本不变，工作中还要控制两个电容电压的均衡。因此，半桥电路常用于几千瓦以下的低成本、小功率应用场合。

单相全桥电压型变流器主电路拓扑结构如图 4-9（b）所示，该拓扑结构采用了具有 4 个功率开关的"H"桥结构，负载或交流侧电源连接在"H"桥之间，直流侧只需并联一个电容。单相全桥电路虽然采用的功率器件数比半桥多一倍，但其电压利用率和控制策略都优于半桥，因此是单相电路中应用最多的一种。

2）三相半桥、全桥电压型变流器拓扑结构。如图 4-10（a）为三相半桥电压型变

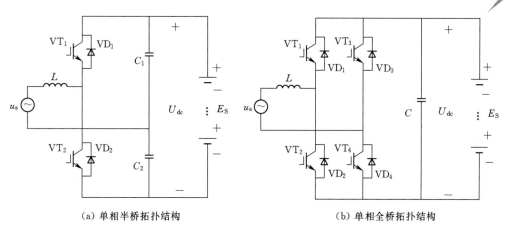

（a）单相半桥拓扑结构　　　　　　（b）单相全桥拓扑结构

图 4-9　单相电压型变流器拓扑结构

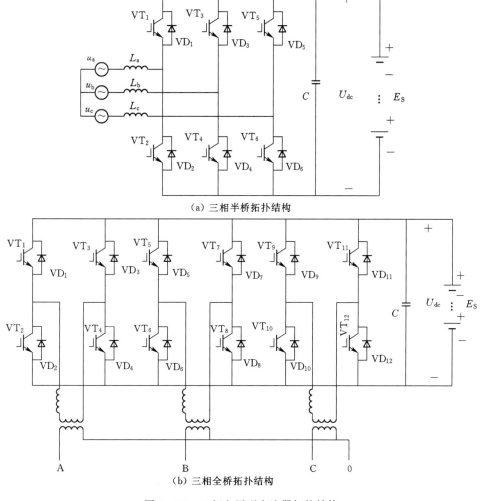

（a）三相半桥拓扑结构

（b）三相全桥拓扑结构

图 4-10　三相电压型变流器拓扑结构

流器主电路拓扑结构。其交流侧采用三相对称的无中线连接方式，并采用 6 只功率器件，这是一种最常用的三相变流器，通常所谓的三相桥式电路即指三相半桥电路。三相半桥较适用于三相电网平衡系统。当三相电网不平衡时，其控制性能将恶化，甚至使其发生故障。

为克服三相半桥的不足可采用三相全桥设计，其拓扑结构如图 4-10（b）所示。其特点是：公共直流母线上连接了三个独立控制的单相全桥，并通过变压器联接至三相四线制电网。因此，三相全桥变流器实际上是由三个独立的单相全桥变流器组合而成的，当电网不平衡时，不会严重影响变流器控制性能，由于三相全桥电路所需的功率器件是三相半桥电路的一倍，因而三相全桥电路一般较少采用。

3）三电平电压型变流器拓扑结构。以上所述的变流器拓扑结构属常规的两电平拓扑结构。这种拓扑结构的不足之处在于，当其应用于高压场合时，需使用高反压的功率器件或将多个功率器件串联使用。此外，由于交流侧输出电压总在两电平上切换，当开关频率不高时，将导致谐波含量相对较大。为解决这些问题，设计出了多电平电路。图 4-11 所示为三相三电平电压型变流器电路拓扑结构，这种电路也叫中点钳位型电路。该电路有三个桥臂，直流侧有两个串联的电容，每半个桥臂由两个带反并联二极管的全控型功率器件串联构成，两个串联器件的中点通过钳位二极管和直流侧电容的中点相连接。该逆变电路的输出相电压有多种电平，其波形更接近正弦波，且通过适当的控制，输出电压谐波可大大少于两电平电路。显然，三电平在提高耐压等级的同时有效地降低了交流谐波电压、电流，从而改善了其网侧波形品质。但是，三电平电路的不足之处是所需功率开关与两电平电路相比成倍增加，并且控制也相对复杂。

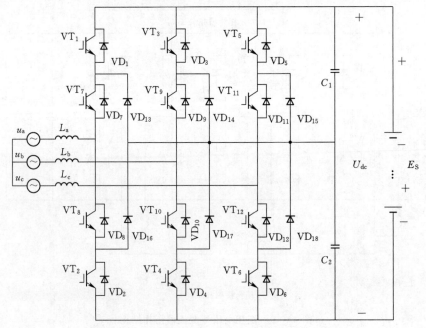

图 4-11 三相三电平电压型变流器拓扑结构

为了更好地适应高压大功率应用，并降低交流输出电压，用三电平类似的方法，还可设计出采用多个二极管钳位的多电平电压型变流器拓扑结构。

（3）电流型变流器拓扑结构。电流型变流器拓扑结构最显著的特征就是直流侧采用电感进行直流储能，从而使直流侧呈高阻抗的电流源特性。电流型变流器有以下主要特点：

1）交流侧可连接交流电压源或负载，交流输出侧并联有电容器，用于吸收换流时负载电感中存储的能量。

2）直流侧串联有大电感，相当于电流源，直流侧电流基本无脉动，直流回路呈现高阻抗特性。

3）电路中开关器件的作用仅是改变直流电流的流通途径，因此交流侧输出电流为矩形波，并且与负载阻抗角无关。而交流侧输出电压波形和相位则因负载阻抗情况的不同而不同。

4）当交流侧为阻感负载时需要提供无功功率，直流侧电感起缓冲无功能量的作用。因为反馈无功能量时直流电流并不反，因此不必像电压型逆变电路那样要给开关器件反并联二极管。

电流型变流器常采用的拓扑结构有单相、三相两种。图 4 - 12（a）和（b）分别为单相全桥式和三相半桥式电流型变流器拓扑结构，交流侧电感和电容构成 LC 二阶滤波电路，直流侧串联大电感进行储能。一般需在电流型变流器功率开关支路上顺向串联二极管，其主要目的是阻断反向电流，并提高功率开关管的耐反压能力。

目前大功率变流器的应用是以电压型为主，这不仅是因为通常的电力能源例如发电机、电网、电池等均属电压源，而且电压型变流器中的储能元件电容器与电流型变流器中的储能元件电感器相比，储能效率和储能器件的体积、价格都具有明显的优势。随着超导技术的发展和应用，尤其是高温超导技术突破性的发展并进入实用化，超导技术将解决电流型变流器中的储能电感储能效率问题，同时电力超导储能系统中储能线圈具有电流源特性，因而电流型变流器在未来超导储能中将具有广泛的应用前景。本节将重点介绍电池储能系统中应用最多的三相半桥电压型变流器的数学模型。

4.1.3.3 三相电压型变流器数学模型

储能系统中双向 AC/DC 变流器一般采用电压型变流器，三相电压型变流器的主电路拓扑如图 4 - 13 所示。作如下假设：

（1）电网为理想电压源。

（2）三相回路等效电阻和电感相等。

（3）忽略开关器件的导通压降和开关损耗。

（4）忽略分布参数影响。

数学模型有：

（1）三相静止坐标系下的数学模型。定义三相整流桥开关函数为

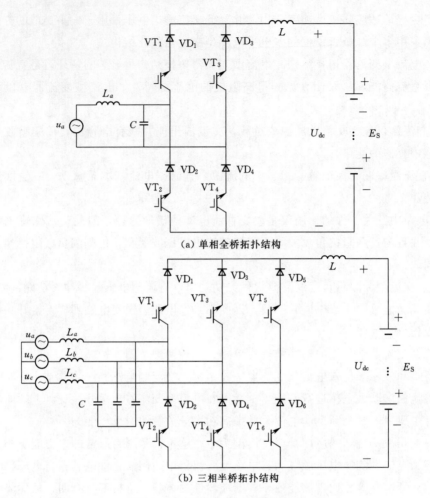

(a) 单相全桥拓扑结构

(b) 三相半桥拓扑结构

图 4-12 电流型变流器拓扑结构

$$S_k = \begin{cases} 1, \text{上桥臂导通，下桥臂关断} \\ 0, \text{下桥臂导通，上桥臂关断} \end{cases} \qquad (4-24)$$

其中，$k=a$、b、c，正常工作时，上下桥臂有且只有一个导通。

取图 4-13 中 O 点为零电位，根据基尔霍夫电压和电流定律，可得

$$\begin{cases} u_a = Ri_a + Lpi_a + S_a U_{dc} + u_{NO} \\ u_b = Ri_b + Lpi_b + S_b U_{dc} + u_{NO} \\ u_c = Ri_c + Lpi_c + S_c U_{dc} + u_{NO} \end{cases} \qquad (4-25)$$

$$CpU_{dc} = S_a i_a + S_b i_b + S_c i_c - I_{do} \qquad (4-26)$$

式中 p——微分算子。

在三相平衡系统中，

$$\begin{cases} u_a + u_b + u_c = 0 \\ i_a + i_b + i_c = 0 \end{cases} \qquad (4-27)$$

将式(4-25)三相相加，代入式(4-27)得

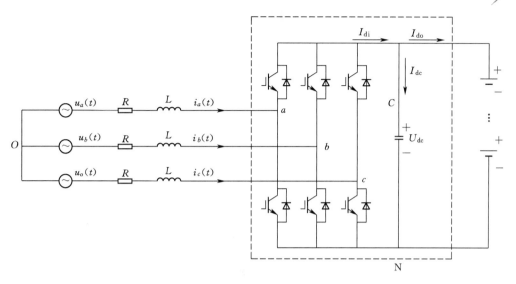

图 4 - 13 三相电压型变流器数学模型

$$u_{NO} = -\frac{S_a + S_b + S_c}{3}U_{dc} \tag{4-28}$$

将式（4-28）代入式（4-25），联合式（4-26）可得

$$\begin{cases} Lpi_a = u_a - Ri_a - \left(S_a - \dfrac{S_a + S_b + S_c}{3}\right)U_{dc} \\[2mm] Lpi_b = u_b - Ri_b - \left(S_b - \dfrac{S_a + S_b + S_c}{3}\right)U_{dc} \\[2mm] Lpi_c = u_c - Ri_c - \left(S_c - \dfrac{S_a + S_b + S_c}{3}\right)U_{dc} \\[2mm] CpU_{dc} = -I_{do} + S_a i_a + S_b i_b + S_c i_c \end{cases} \tag{4-29}$$

当开关频率远大于电网频率时，开关函数 S_k 可以用上桥臂在一个开关周期内的导通时间所占百分比 d_k（占空比）代替，可得三相静止坐标系下变流器状态空间的数学模型：

$$\boldsymbol{Z}px = Ax + u \tag{4-30}$$

其中 $\boldsymbol{Z} = \mathrm{diag}[L \quad L \quad L \quad C]$，$\boldsymbol{x} = [i_a \quad i_b \quad i_c \quad U_{dc}]^\mathrm{T}$，$\boldsymbol{u} = [u_a \quad u_b \quad u_c \quad -I_{do}]^\mathrm{T}$

$$\boldsymbol{A} = \begin{bmatrix} -R & 0 & 0 & -\left(S_a - \dfrac{S_a + S_b + S_c}{3}\right) \\[3mm] 0 & -R & 0 & -\left(S_b - \dfrac{S_a + S_b + S_c}{3}\right) \\[3mm] 0 & 0 & -R & -\left(S_c - \dfrac{S_a + S_b + S_c}{3}\right) \\[3mm] S_a & S_b & S_c & 0 \end{bmatrix}$$

（2）同步旋转坐标系下的数学模型。采用 4.1.1 节的公式对式（4-30）进行旋转

坐标变换可得 dq 坐标系下变流器数学模型：

$$\boldsymbol{Z}p\boldsymbol{x} = \boldsymbol{A}\boldsymbol{x} + \boldsymbol{u} \tag{4-31}$$

其中 $\quad \boldsymbol{Z} = \text{diag}[L \quad L \quad C], \ \boldsymbol{x} = [i_d \quad i_q \quad U_{dc}]^{\mathrm{T}}, \ \boldsymbol{u} = [u_d \quad u_q - I_{do}]^{\mathrm{T}}$

$$A = \begin{bmatrix} -R & wL & -d_d \\ -wL & -R & -d_q \\ d_d & d_q & 0 \end{bmatrix}$$

将式（4-31）展开变换得变流器在两相同步旋转 dq 坐标系下的电压方程为

$$u_d = Ri_d + L\frac{\mathrm{d}i_d}{\mathrm{d}t} - \omega_e Li_q + u_{dl} \tag{4-32}$$

$$u_q = Ri_q + L\frac{\mathrm{d}i_q}{\mathrm{d}t} + \omega_e Li_d + u_{ql} \tag{4-33}$$

式中 $\quad u_{dl} = d_d udc, \ u_{ql} = d_q udc$——变流器前端电压。

这里，将同步坐标系的 d 轴定向在空间矢量上，即在旋转坐标系下，d 轴与 u_d 重合，$u_q = 0$，变流器前端电压方程为

$$u_{dl} = -\left(Ri_d + L\frac{\mathrm{d}i_d}{\mathrm{d}t}\right) + wLi_q + u_d \tag{4-34}$$

$$u_{ql} = -\left(Ri_q + L\frac{\mathrm{d}i_q}{\mathrm{d}t}\right) - wLi_d \tag{4-35}$$

定义交叉耦合项为

$$u_{dlc} = wLi_q + u_d \tag{4-36}$$

$$u_{qlc} = -wLi_d \tag{4-37}$$

定义控制系统 PI 调节的输出电压为

$$u'_{dl} = -\left(Ri_d + L\frac{\mathrm{d}i_d}{\mathrm{d}t}\right) \tag{4-38}$$

$$u'_{ql} = -\left(Ri_q + L\frac{\mathrm{d}i_q}{\mathrm{d}t}\right) \tag{4-39}$$

由式（4-32）～式（4-39）可见，通过不同的控制方法控制输入电流的大小以控制输入功率变换的能量，也就控制了直流侧输出电压。因此，通常采用双闭环 PI 调节实现上述变流器控制。外环根据控制目标采用恒功率或恒压控制，内环采用交流输入电流控制。外环的作用是保证控制目标的稳定性，电流内环作用是用于提高系统的动态性能和实现限流保护。外环调节的输出即为内环输入电流的参考值，比较得到电流误差后，对电流误差进行 PI 调节，用以减缓电流在动态过程中的突变。得到调节后的 dq 坐标系下的两相电压，再通过 4.1.1 节的反变换公式，变换到 ABC 坐标系或 $\alpha\beta$ 坐标系下，采用合适的 PWM 调制技术，即可生成相应 6 路驱动脉冲控制三相整流桥 IGBT 的通断。

4.1.4 双向 DC/DC 变换器原理及数学模型

4.1.4.1 原理概述

将一个不受控制的输入直流电压变换成为另一个受控的输出直流电压称之为 DC/DC 变换。所谓双向 DC/DC 变换器就是 DC/DC 变换器的双象限运行，它的输入、输出电压极性不变，但输入、输出电流的方向可以改变，在功能上相当于两个单向 DC/DC 变换器。变换器的输出状态可在 $V-I$ 平面的一、二象限内变化。变换器的输入、输出端口调换仍可完成电压变换功能，功率不仅可以从输入端流向输出端，也能从输出端流向输入端。图 4-14 为双向 DC/DC 变换器的二端口示意图。从各种基本的变换器拓扑来看，用双向开关代替单向开关，就可以实现能量的双向流动。

图 4-14 双向 DC/DC 变换器的二端口示意图

4.1.4.2 变换器分类及拓扑结构

DC/DC 变换器按输入与输出之间是否有电气隔离可分为隔离式和非隔离式两种，下面简要介绍两种基本拓扑结构。

（1）非隔离式基本拓扑结构。典型非隔离式双向 DC/DC 变换器有六种基本拓扑结构：降压式（Buck）变换器、升压式（Boost）变换器、升降压式（Buck-Boost）变换器、Cuk 变换器、Zeta 变换器、Sepic 变换器，它们是双向 DC/DC 变换器的基本单元。由于现有可控功率器件（如 Power MOSFET、IGBT 等）的体二极管存在存储电荷多、反向恢复特性差等问题，在非隔离式变换器中，软开关技术研究较多。图 4-15 为非隔离式 Buck-Boost 变换器的基本拓扑结构。

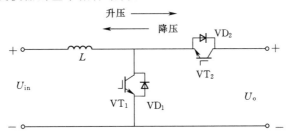

图 4-15 非隔离双向 DC/DC 变换器基本拓扑

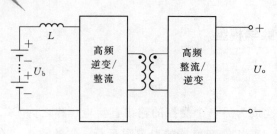

图 4-16　隔离双向 DC/DC 变换器基本拓扑

（2）隔离式基本拓扑结构。在实际应用中，基于电压等级的变换、安全、隔离、系统串、并联等原因，开关电源的输入与输出之间往往需要电气隔离，这时可在非隔离型的 DC/DC 变换器电路中加入高频变压器，就可以得到隔离型的 DC/DC 变换器。图 4-16 为隔离型 Buck-Boost 变换器的基本形式，其中高频整流/逆变单元和高频逆变/整流单元可以由全桥、半桥、推挽等电路拓扑构成。

4.1.4.3　双向 Buck/Boost 变换器工作原理

储能系统要求能量双向流动，所用的 DC/DC 变换器要具备升降压双向变换功能，即升降压斩波电路。因此本节对升降压斩波电路的原理进行详细介绍。储能系统的 Boost-Buck 双向 DC/DC 变换器等效电路如图 4-17 所示。图中，L 为斩波电感，C_1 为直流母线电容，C_2 为滤波电容，VT_1、VT_2 为储能系统的升降压斩波 IGBT，VD_1、VD_2 为续流二极管。假设电路中电感 L 值很大，电容 C_1 也很大。

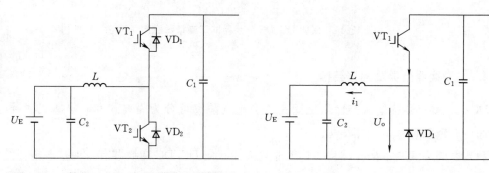

图 4-17　储能双向 DC/DC 变换器等效电路　　　图 4-18　降压等效电路

（1）Buck 电路控制原理。图 4-17 中，VT_1 和 VD_2 构成 Buck 降压斩波电路。降压时，储能系统充电，如图 4-18 所示，交流侧电源经整流后作为输入电源 U_d，U_E 为蓄电池电压，U_o 为输出电压。

当 VT_1 导通时，由直流母线向储能装置充电，输出电压 $U_o = U_d$，电感电流 i_1 按指数曲线上升。当 VT_1 关断时，电感 L 中电流通过二极管 VD_2 续流，输出电压近似为零，电感电流呈指数曲线下降。为了使电流连续且脉动小，通常串联 L 值较大的电感。

至一个周期结束，再驱动 VT_1 导通，重复上一周期的过程。当电路工作于稳态时，输出电压的平均值为

$$U_o = \frac{t_{on}}{t_{on} + t_{off}} U_d = \frac{t_{on}}{T} U_d = D U_d \qquad (4-40)$$

式中　t_{on}——VT_1 处于通态的时间；

t_{off}——VT$_1$ 处于断态的时间；

T——开关周期；

D——导通占空比，简称占空比或导通比。

由式（4-40）可知，$D = t_{\text{on}}/T \leqslant 1$，输出电压平均值最大为 U_{d}，若减小占空比 D，则 U_{o} 随之减小，因此将此电路称为降压斩波电路。

（2）Boost 电路控制原理。图 4-16 中，VT$_2$ 和 VD$_1$ 构成 Boost 升压斩波电路。升压时，储能系统放电，如图 4-19 所示，直流侧蓄电池作为输入电源 U_{E}，经升压后输出直流母线电压 U_{d}。

当 VT$_2$ 处于通态时，储能装置向电感 L 充电，充电电流基本恒定为 i_1，同时电容 C_1 上的电压向直流母线供电，因 C_1 值很大，基本保持母线电压 U_{d} 为恒值。设 VT$_2$ 处于

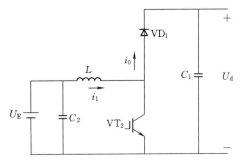

图 4-19　升压等效电路

通态的时间为 t_{on}，此阶段电感 L 上积蓄的能量为 $U_{\text{E}}i_1t_{\text{on}}$。当 VT$_2$ 处于断态时，U_{E} 和 L 共同向电容 C_1 充电，以维持母线电压恒定。设 VT$_2$ 处于断态的时间为 t_{off}，则在此期间电感 L 释放的能量为 $(U_{\text{d}} - U_{\text{E}})i_1t_{\text{off}}$。当电路工作于稳态时，一个周期 T 中电感 L 积蓄的能量与释放的能量相等，即

$$U_{\text{E}}i_1t_{\text{on}} = (U_{\text{d}} - U_{\text{E}})i_1t_{\text{off}} \tag{4-41}$$

化简得

$$U_{\text{d}} = \frac{t_{\text{on}} + t_{\text{off}}}{t_{\text{off}}}U_{\text{E}} = \frac{T}{T - t_{\text{on}}}U_{\text{E}} = \frac{1}{1 - D}U_{\text{E}} \tag{4-42}$$

同样，式（4-42）中，t_{on} 为 VT$_1$ 处于通态的时间，t_{off} 为 VT$_1$ 处于断态的时间，T 为开关周期，D 为导通占空比。因 $0 < D \leqslant 1$，$1/(1-D) \geqslant 1$，输出电压高于输入电压，故称其为升压斩波电路。

图 4-17 中，若 VT$_1$ 和 VT$_2$ 同时导通，将导致超级电容短路，因此必须防止这种情况。

Boost-Buck 控制系统是一个双闭环的控制系统，其中外环是电压控制环，采样得到的输出电压与电压给定值相减，根据电压误差信号进行电压环 PI 运算，输出得到电感电流的给定信号；内环是电流控制环，采样得到的电感电流与电感电流给定值相减，根据电流误差信号进行电流环 PI 运算，输出得到开关元件的占空比信号，并输出给变换器主回路中的 IGBT 开关元件。

根据对输出电压进行调制的方式不同，斩波电路可有三种控制方式：

（1）保持开关周期 T 不变，调节开关导通时间 t_{on}，称为脉冲宽度调制（PWM）或脉冲调宽型。

（2）保持开关导通时间 t_{on} 不变，改变开关周期 T，称为频率调制或调频型。

（3）t_{on} 和 T 都可调，使占空比改变，称为混合型。

其中第一种方式应用最多。

4.1.5　储能系统典型拓扑结构

电池储能系统由储能电池、电池管理系统和能量转换装置组成。根据能量转换装置的不同组合方式，电池储能系统有以下两种典型的拓扑结构。

4.1.5.1　单级拓扑结构

只采用 AC/DC 变流器的单级变换储能系统拓扑结构，如图 4-20 所示。双向 AC/DC 变流器直流侧直接连接储能装置，交流侧连接电源（该电源可以是电网或其他分布式电源）或负载。储能系统充电时，AC/DC 工作在整流状态，由交流侧电源经三相全控整流桥给储能装置充电（若储能系统离网单独给负荷供电，交流侧只接负载，需要另外配备充电装置给储能系统充电）；储能系统放电时，AC/DC 工作在逆变状态（可为有源逆变，也可为无源逆变），由储能装置经三相全控逆变桥向电网送电，或给负载供电。

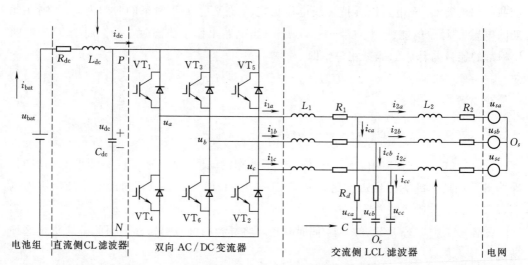

图 4-20　单级并网系统拓扑图

单级变换拓扑技术具有以下特点：

（1）电路结构简单，能量转换效率高，整体系统损耗小。

（2）设备成本造价较低，易实现标准化制造生产。

（3）控制系统简单，单台 AC/DC 的控制器即可实现有功、无功的统一控制。

（4）控制策略简单，较易工程实现，并网到离网的双模式切换易实现，易于和上级监控系统接口并实现各种高级控制策略。

（5）直流侧存在二倍频低频纹波和高频开关纹波，LC 滤波器设计难度较大，电池侧纹波较大，控制精度较低，充放电转换时间长。

（6）直流侧电压范围窄，大容量单机设计时，电池组需要多组串并联，增加电池成组难度；单组电池因故障更换后，会降低整组系统性能指标。

（7）交流侧或直流侧出现故障时，电池侧会短时承受冲击电流，降低电池使用寿命。

4.1.5.2 双级拓扑结构

同时采用 AC/DC 变换器和 DC/DC 变换器的双级变换储能系统并网拓扑结构如图 4-21 所示。双向 AC/DC 变流器交流侧连接电源（该电源可以是电网或其他分布式电源）或负载，直流侧经双向 DC/DC 变换器连接储能装置。DC/DC 变换器有变流、调压的功能，可直接控制直流侧充放电电流和母线电压，从而控制输入输出有功；并网运行时，AC/DC 变流器实现系统和电网功率的交换，离网运行时，AC/DC 变流器提供系统的电压和频率支撑。

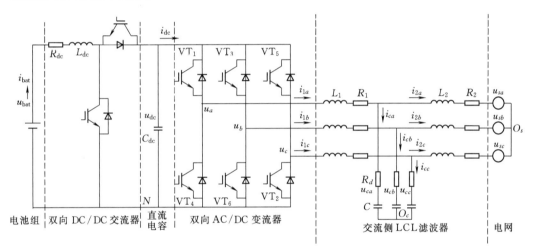

图 4-21 双级并网系统拓扑图

双级变换拓扑技术具有以下特点：

（1）电路结构相对复杂，能量转换效率稍低，整体系统损耗稍大。

（2）设备成本造价较高，不易实现统一模块化制造生产。

（3）控制系统复杂，系统有功功率控制需要通过 DC/DC 变换器控制器实现，系统无功控制需要通过 AC/DC 变流器控制器实现，和上级监控系统接口并实现各种高级控制策略时存在一定困难。

（4）控制策略相对复杂，由 AC/DC 和 DC/DC 两套控制策略实现，AC/DC 和 DC/DC 之间需协调，当直流侧存在多个 DC/DC 电路时，并网到离网的双模式切换实现较为困难。

（5）直流侧不需要复杂的 LC 滤波器，电池侧纹波小，控制精度较高，充放电转换时间短。

（6）大容量单机设计时，直流侧可采用多个 DC/DC 实现，每个 DC/DC 单元可连接独立的电池组，不需要多组电池组串并联，降低了电池组的配置难度；单组电池因故障更换后，不会降低整组系统性能指标。

（7）交流侧或直流侧出现故障时，因存在 DC/DC 电路环节，可有效保护电池，避免电池承受冲击电流，延长电池使用寿命。

4.2　并网运行控制技术

储能系统并网运行时，直接采用电网频率和电压作为支撑，储能系统运行在电流源模式。对输入输出功率、直流侧电压或充放电电流进行控制。根据储能并网系统的不同拓扑结构，可采用的控制方式也不同。单级拓扑变换系统由 AC/DC 变流器实现系统的有功和无功功率控制，由 4.1.3 节可知采用双闭环实现储能系统的并网控制，内环控制储能系统的输入输出电流，外环根据控制目标可选择恒功率（P/Q）控制或恒压控制。双级拓扑并网系统可以有如下两种组合控制方式：一是以交流侧输出功率为主要控制对象，实现交流侧的恒功率输出，AC/DC 变流器采用 P/Q 控制，控制储能系统的输入输出功率，DC/DC 变换器采用恒压控制，控制直流母线电压，以维持直流母线电压稳定；二是以直流侧电压为主要控制对象，实现直流侧电压的稳定，AC/DC 变流器采用恒压控制，维持直流母线电压恒定，DC/DC 变换器采用恒流控制，控制直流侧储能装置的充放电功率，实现恒流充放电。下面分别介绍在不同的控制组合中 AC/DC 变流器和 DC/DC 变换器的具体控制方法。

4.2.1　AC/DC 变流器控制

AC/DC 变流器采用双闭环控制，内环控制储能系统的输入输出电流，外环根据控制目标的可采用 P/Q 控制或恒压控制。

4.2.1.1　P/Q 控制

AC/DC 变流器 P/Q 控制的目的是使储能系统输出的有功和无功功率维持在其参考值附近。储能系统并网运行时，直接采用电网频率和电压作为支撑，根据上级控制器发出的有功和无功参考值指令，储能变流器按照 P/Q 控制策略实现有功、无功功率控制，其有功功率控制器和无功功率控制器可以分别调整有功和无功功率输出，按照给定参考值输出有功和无功功率，以使储能系统的输出功率维持恒定。P/Q 控制框图如图 4-22 所示。

图中，P_{ref}、Q_{ref} 分别为功率给定参考值；P、Q 分别为功率实测值；i_{dref}、i_{qref} 分别为交流侧电流 dq 轴分量的参考值；i_d、i_q 分别为交流侧电流 dq 轴分量的实际值；u_d、u_q 分别为逆变器输出电压 dq 轴分量的实际值；u_{dl}、u_{ql} 分别为逆变器输出电压 dq 轴分量的参考值；L 为交流侧耦合电感；θ 为电压初始相位角。

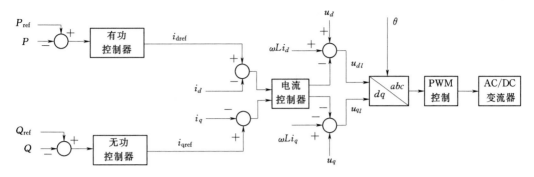

图 4-22 AC/DC 的 P/Q 控制框图

要实现上述控制，首先要进行有功和无功的解耦，利用 4.1.1 节介绍的坐标变换公式，将 AC/DC 变流器输出的三相 ABC 坐标系中的电压电流分量变换到同步旋转 dq 坐标系中的分量，并使 q 轴电压分量 $u_q=0$，则逆变器输出功率可以表示为

$$\begin{cases} P = u_d i_d + u_q i_q = u_d i_d \\ Q = u_d i_q - u_q i_d = u_d i_q \end{cases} \qquad (4-43)$$

功率给定参考值 P_{ref}、Q_{ref} 与实际测量值 P、Q 之间的差值在 PI 调节器作用下，为逆变器输出电流提供参考值 i_{dref}、i_{qref}。输出电流参考值和电流实际值 i_d、i_q 的差值在 PI 调节器作用下，为逆变器输出电压提供参考分量，同时，根据逆变器出口滤波电感参数 L，计算 dq 轴电压耦合分量 $\omega L i_d$、$\omega L i_q$，通过叠加，得到逆变器输出电压参考值 u_{dl}、u_{ql}，再经过坐标变换，将其转化为三相 abc 坐标分量，对逆变器进行控制。

4.2.1.2 恒压控制

AC/DC 变流器恒压控制的目的是使储能系统直流母线电压维持在参考值附近，以维持直流母线电压恒定。外环采用直流电压 PI 调节，维持电池电压的恒定。电压给定值为储能电池允许的电压值，电压实际值由测量元件直接测得直流母线电压。直流电压外环调节经过限幅后，输出量作为电流内环有功电流的给定值。恒压控制框图如图 4-23 所示。

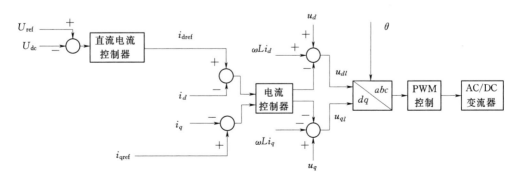

图 4-23 AC/DC 的恒压控制框图

图 4-23 中，U_{ref} 为直流电压参考值；U_{dc} 为直流电压实测值；i_{dref}、i_{qref} 分别为交流侧电流 dq 轴分量的参考值；i_d、i_q 分别为交流侧电流 dq 轴分量的实际值；u_d、u_q 分别为逆变器输出电压 dq 轴分量的实际值；u_{dl}、u_{ql} 分别为逆变器输出电压 dq 轴分量的参考值；L 为交流侧耦合电感；θ 为电压初始相位角。

电流内环无功电流的参考值由有功电流参考值和功率因数求取：

$$i_{qref} = \frac{\sqrt{(1-\lambda^2)}}{\lambda} i_{dref} \qquad (4-44)$$

直流电压参考值 U_{ref} 与实际测量值 U_{dc} 之间的差值在 PI 调节器作用下，为逆变器输出 d 轴电流提供参考 i_{dref}。Q 轴电流参考值由式（4-44）计算得到。输出电流参考值和电流实际值 i_d、i_q 的差值在 PI 调节器作用下，为逆变器输出电压提供参考分量，同时，根据逆变器出口滤波电感参数 L，计算 dq 轴电压耦合分量 $\omega L i_d$、$\omega L i_q$，通过叠加，得到逆变器输出电压参考值 u_{dl}、u_{ql}，再经过坐标变换，将其转化为三相 abc 坐标分量，对逆变器进行控制。

4.2.2　DC/DC 变换器控制

DC/DC 变换器控制是实现直流侧输入输出有功功率的控制，根据控制目标的不同，可采用恒压控制或恒流控制。

4.2.2.1　恒压控制

DC/DC 的恒压控制框图如图 4-24 所示。图中，U_{ref}、U_{dc} 分别为直流母线电压参考值和实测值；I_{ref}、I_{dc} 分别为直流储能装置侧充放电电流的参考值和实测值。

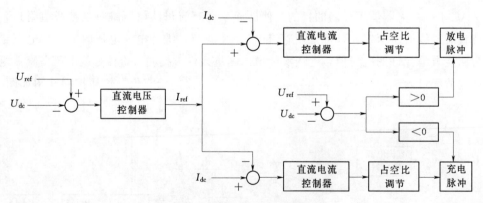

图 4-24　DC/DC 的恒压控制框图

图 4-24 的控制原理如下：直流母线电压参考值 U_{ref} 与实际测量值 U_{dc} 之间的差值在 PI 调节器作用下，为储能侧充放电电流提供参考值 I_{ref}。其中，当 $U_{ref} > U_{dc}$ 时，储能装置放电，使母线电压升高；当 $U_{ref} < U_{dc}$ 时，储能装置充电，使母线电压下降。直流充放电电流参考值 I_{ref} 和实际值 I_{dc} 的差值在 PI 调节器作用下，输出调制度，和三角

载波相比较进行占空比调节，输出控制脉冲。为使充放电切换过程较平滑，一般采用两个控制器并行，根据电压差值控制充放电脉冲的切换，对 DC/DC 变换器进行控制。

4.2.2.2 恒流控制

DC/DC 变换器的恒流控制框图如图 4-25 所示。图中，I_{ref}、I_{dc} 分别为直流储能装置侧充放电电流的参考值和实测值。

图 4-25 的控制原理如下：直流储能侧充放电电流参考值 I_{ref} 与实际测量值 I_{dc} 之间的差值在 PI 调节器作用下，输出调制度，和三角载波相比较进行占空比调节，输出控制脉冲。其中，当电流参考值 $I_{ref} > 0$ 时，储能系统放电；当电流参考值 $I_{ref} < 0$ 时，储能系统充电。为使充放电切换过程较平滑，一般采用两个控制器并行，根据电流参考值的符号控制充放电脉冲的切换，对 DC/DC 变换器进行控制。

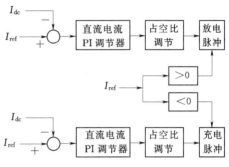

图 4-25 DC/DC 变换器的恒流控制框图

4.2.3 孤岛检测

4.2.3.1 孤岛效应分析

孤岛效应就是当电力公司的供电系统，因故障事故或停电维修等原因停止工作时，安装在各个用户端的新能源并网发电系统或储能系统未能及时检测出停电状态而不能迅速将自身切离市电网络，而形成的一个由新能源发电系统或储能系统向周围负载供电的一种电力公司无法掌控的自给供电孤岛现象。

一般来说，孤岛效应可能对整个配电系统设备及用户端的设备造成以下不利影响：

（1）危害电力维修人员的生命安全。

（2）影响配电系统上的保护开关动作程序。

（3）孤岛区域所发生的供电电压与频率的不稳定性质会对用电设备带来破坏。

（4）当供电恢复时造成的电压相位不同步将会产生浪涌电流，可能会引起再次跳闸或对光伏系统、负载和供电系统带来损坏。

（5）发电系统因单相供电而造成系统三相负载的欠相供电问题。

由此可见，作为一个安全可靠的并网逆变装置，储能变流器必须具备快速检测孤岛且立即断开与电网连接的能力，其防孤岛保护应与电网侧线路保护相配合。

逆变器并网运行时，输出电压是由电网控制的，逆变器所能控制的只是输入电网的电流，包括电流幅值、相位和频率。其中频率和相位应与电网电压相同，实际系统中一般都是通过与公共耦合点电压过零点同步来实现的，幅值都是根据实际系统来调节的。

因为在研究孤岛检测技术时，并不需要关心逆变电源内部控制是如何实现的，关心的只是逆变电源的输出特性。所以，在研究孤岛检测技术时，逆变电源可以等效为一个幅值可调、频率和相位都跟踪电网的受控电流源，如图 4-26 所示。

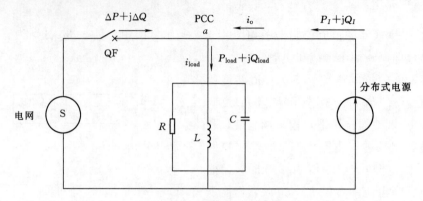

图 4-26 典型孤岛系统模型

图 4-26 中，当并网开关 QF 闭合时，逆变系统向公共连接点 a 提供的功率为 $P_I +$ jQ_I，负载消耗的功率为 $P_{load} + jQ_{load}$，电网向负载提供的功率为 $\Delta P + j\Delta Q$，此时，公共连接点电压的幅值和频率由电网决定。其中：

$$\Delta P = P_{load} - P \tag{4-45}$$

$$\Delta Q = Q_{load} - Q \tag{4-46}$$

当 $\Delta P \neq 0$，$\Delta Q \neq 0$ 时，如果电网断开，公共连接点（Point of Common Coupling，PCC）电压、频率和幅值就会发生变化，所以把 ΔP、ΔQ 称为功率不匹配程度。

4.2.3.2 被动孤岛检测

被动孤岛检测通过直接检测逆变器输出端电压、频率、相位或谐波的变化，来判断孤岛现象的发生。该方法不需要增加硬件电路，也不需要单独的保护继电器，在检测中，对输出电能质量无影响，对电网没有干扰，具有原理简单、容易实现和检测速度快的特点。但当并网系统输出功率与局部负载功率平衡时，则被动式检测方法将失去孤岛效应检测能力，存在较大的非检测区域（Non-Detection Zone，NDZ）。被动式孤岛检测主要有以下方法：

（1）过/欠压和过/欠频检测法。IEEE Recommended Practice for Utility Interface of Photovoltaic（PV）Systems（IEEE Std. 929—2000）标准规定，并网发电系统必须具有过电压保护（Over Voltage Protection，OVP）、欠电压保护（Under Voltage Protection，UVP）、过频保护（Over Frequency Protection，OFP）和欠频保护（Under Frequency Protection，UFP）功能，并且规定了相应的保护阈值范围。过/欠电压和过/欠频检测法是在公共耦合点的电压幅值和频率超过正常范围时，停止逆变器并网运行的一种检测方法。逆变器工作时，电压、频率的工作范围要合理设置，允许电网电压和频率的正常波动，一般对 220V/50Hz 电网，电压和频率的工作范围分别为 $194V \leqslant U \leqslant$

242V、49.5Hz≤f≤50.5Hz。如果电压或频率偏移达到孤岛检测设定阀值，则可检测到孤岛发生。然而当逆变器所带的本地负荷与其输出功率接近于匹配时，则电压和频率的偏移将非常小甚至为零，因此该方法存在检测盲区。这种方法的经济性较好，但由于检测盲区较大，所以单独使用 OVP/UVP/OFP/UFP 孤岛检测是不够的。

（2）电压谐波检测法。电压谐波检测法（Harmonic Detection，HD）通过监测公共连接点电压的总谐波畸变率（Total Harmonic Distortion，THD），判断 THD 是否超出设定的阈值范围以此来检测孤岛现象的发生。在并网逆变系统中，公共连接点电压的谐波来源于两个方面，如图 4-26 所示：一是电网电压畸变引起的 a 点电压畸变；另一方面是高频开关产生的电流谐波引起的 a 点电压畸变。通常电网电压的谐波畸变较小，并且基本保持不变。逆变系统并网工作时，其输出电流谐波将通过公共耦合点 a 点流入电网，由于电网的网络阻抗很小，因此 a 点电压的总谐波畸变率通常较低，一般此时的 THD 总是低于阈值（一般要求并网逆变器的 THD 小于额定电流的 5%）。当电网断开时，逆变系统输出的电流谐波流入负载，由于负载阻抗通常要比电网阻抗大得多，因此逆变器输出电流谐波在 a 点将产生较大的电压谐波（谐波电流与负载阻抗的乘积），通过检测电压谐波或谐波的变化就能有效地检测到孤岛效应的发生。

理论上，电压谐波检测方法在一定范围内提高了孤岛现象检测的可靠性。但是在实际应用中，由于非线性负载等因素的存在，电网电压本身具有较大的谐波，而并网逆变器输出电流的总谐波畸变率要满足小于 5% 的标准，因此，谐波检测的动作阀值不容易确定，并且在非线性负载投入或开关动作时，容易引起误动作。因此，该方法具有局限性。

（3）电压相位突变检测法。电压相位突变检测法（Phase Jump Detection，PJD）是通过检测并网逆变器的输出电压与电流的相位差变化来检测孤岛现象的发生。逆变系统并网运行时，公共连接点 a 点的电压由电网电压所钳位，应使逆变系统输出电流与电压（电网电压）同频同相，以使系统工作在单位功率因数模式。此时负载电流由 a 点电压决定，即由电网电压决定，当电网断开后，出现了光伏并网发电系统单独给负载供电的孤岛现象，此时，a 点电压由输出电流 i_o 和负载阻抗 Z 所决定。由于锁相环的作用，i_o 与 a 点电压仅仅在过零点发生同步，在过零点之间，i_o 跟随系统内部的参考电流而不会发生突变，因此，对于非阻性负载，a 点电压的相位将会发生突变，从而可以采用相位突变检测方法来判断孤岛现象是否发生。

相位突变检测算法简单，易于实现。但当负载阻抗角接近零时，即负载近似呈阻性，由于所设阀值的限制，该方法失效。通常相位突变检测需要与过电压、欠电压检测结合应用，以减小检测盲区，提高孤岛检测的可靠性。

4.2.3.3 主动孤岛检测

主动式孤岛检测方法是指通过控制逆变器，使其输出功率、频率或相位存在一定的扰动。电网正常工作时，由于电网的平衡作用，检测不到这些扰动。一旦电网出现故

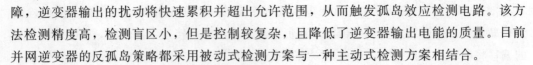

障，逆变器输出的扰动将快速累积并超出允许范围，从而触发孤岛效应检测电路。该方法检测精度高，检测盲区小，但是控制较复杂，且降低了逆变器输出电能的质量。目前并网逆变器的反孤岛策略都采用被动式检测方案与一种主动式检测方案相结合。

（1）周期电流扰动检测法。周期电流扰动法（Alternate Current Disturbances，ACD）是一种主动式孤岛检测法。通过给并网逆变器施加周期性的电流扰动，以破坏逆变器和负载之间的功率平衡，达到检测孤岛现象的目的。对于电流源控制型的逆变器来说，每隔一定周期，减小并网逆变器输出电流，则改变其输出有功功率。当逆变器并网运行时，其输出电压恒定为电网电压；当电网断电时，逆变器输出电压由负载决定。每到达电流扰动时刻，输出电流幅值改变，则负载上电压随之变化，当电压达到欠电压范围即可检测到孤岛发生。电流扰动法通常需要与过电压、欠电压检测相结合使用。

周期电流扰动检测法具有原理简单、容易实现、电流谐波小的特点。但是，并网电流周期性变化对逆变系统输出功率影响较大，对系统的动态性能要求较高。而且在多台逆变系统并网运行时，单台逆变器的电流扰动对公共连接点电压的影响减弱，降低了孤岛现象检测的可靠性。

（2）频率偏移检测法。频率偏移检测法（Active Frequency Drift，AFD）是目前一种常见的主动扰动检测方法。通过使逆变器输出电流的频率发生一定的偏移，来检测孤岛现象的发生。并网运行时，每个周期逆变器输出电流的初始相位都跟踪电网电压的相位，因此，微小的电流偏移对系统的正常运行不会产生明显的影响。当孤岛现象发生时，公共连接点电压的频率会由于电流的偏移而发生改变，并产生一定的正反馈，从而加大电压的频率偏移，以形成一个连续改变频率的趋势，最终导致输出电压和电流超过频率保护的界限值，从而达到反孤岛效应的目的。

AFD 检测法在阻性负载情况下，当电网跳闸时，公共连接点的电压波形会跟随逆变器输出的电流波形，当超出预设的阈值时，可以检测到孤岛的发生。在感性负载情况下，因为感性负载在断网后有使连接点电压频率上升的趋势，使其更快地超出频率保护阈值，从而检测出孤岛的发生。但当应用于容性负载时，因为容性负载在断网后有使连接点电压频率下降的趋势，如果频率下降的趋势和逆变器输出电流产生频率上升的趋势相抵消，则这种检测方法会失效。

（3）滑模频率偏移检测法。滑模频率漂移检测法（Slip - Mode Frequency Shift，SMS）是一种主动式孤岛检测方法。它控制逆变器的输出电流，使其与公共点电压间存在一定的相位差，以期在电网失压后公共点的频率偏离正常范围而判别孤岛。正常情况下，逆变器相角响应曲线设计在系统频率附近范围内，单位功率因数时逆变器相角比RLC 负载增加的快。当逆变器与配电网并联运行时，配电网通过提供固定的参考相角和频率，使逆变器工作点稳定在工频。当孤岛形成后，如果逆变器输出电压频率有微小波动，逆变器相位响应曲线会使相位误差增加，到达一个新的稳定状态点。新状态点的频率必会超出 OFP/UFP 动作阀值，逆变器因频率误差而停机。此检测方法实际是通过移相达到移频，与 AFD 一样具有实现简单、无需额外硬件、孤岛检测可靠性高等优

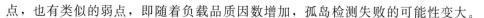

点，也有类似的弱点，即随着负载品质因数增加，孤岛检测失败的可能性变大。

（4）频率突变检测法。频率突变检测法（Frenquency Jump，FJ）是对 AFD 的修改，与阻抗测量法相类似。FJ 检测在输出电流波形（不是每个周期）中加入死区，频率按照预先设置的模式振动。例如，在第四个周期加入死区，正常情况下逆变器电流引起频率突变，但是电网阻止其波动。孤岛形成后，FJ 通过对频率加入偏差，检测逆变器输出电压频率的振动模式是否符合预先设定的振动模式来检测孤岛现象是否发生。这种检测方法的优点是：如果振动模式足够成熟，使用单台逆变器工作时，FJ 防止孤岛现象的发生是有效的，但是在多台逆变器运行的情况下，如果频率偏移方向不相同，会降低孤岛检测的效率和有效性。

4.2.4 低电压穿越

低电压穿越要求在电网故障或扰动引起并网点电压跌落时，在一定的电压跌落范围和时间间隔内，储能系统能够保证不脱网连续运行，并且向电网提供一定的无功功率，支持电网恢复，直到电网电压恢复，从而"穿越"这个低电压时期（区域），这就是低电压穿越（Low Voltage Ride Through，LVRT）。

储能系统的低电压穿越一般在高压大容量储能电站中才要求，储能变流器 PCS 装置应具有低电压穿越能力。储能变流器低电压穿越能力的技术要求如图 4 - 27 所示。

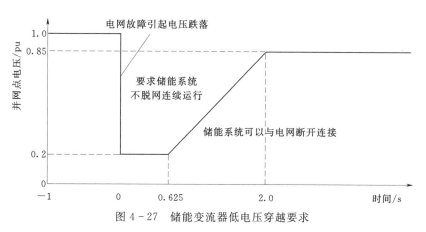

图 4 - 27　储能变流器低电压穿越要求

（1）储能系统具有在并网点电压跌至 20％额定电压时能够保证不脱网连续运行 625ms 的能力。

（2）储能系统并网点电压在发生跌落后 2s 内能够恢复到额定电压的 85％时，储能变流器能够保证不脱网连续运行。

对于电网发生不同类型故障的情况，对储能系统低电压穿越的要求如下：

（1）当电网发生三相短路故障引起并网点电压跌落时，储能系统并网点各线电压在图 4 - 27 中电压轮廓线及以上的区域内时，储能系统必须保证不脱网连续运行；储能系统并网点任意线电压低于或部分低于图中电压轮廓线时，储能系统允许从电网切出。

（2）当电网发生两相短路故障引起并网点电压跌落时，同理。

（3）当电网发生单相接地短路故障引起并网点电压跌落时，储能系统并网点各相电压在图 4-27 中电压轮廓线及以上的区域内时，储能系统必须保证不脱网连续运行；储能系统并网点任意相电压低于或部分低于图中电压轮廓线时，储能系统允许从电网切出。

4.3　离网运行控制技术

储能系统离网运行时，独立给负荷供电或在微网中作主电源运行，要为负荷提供电压和频率支撑，维持微网电压和频率的稳定。因此，无论是在单级变换拓扑还是双级变换拓扑中，AC/DC 变流器都要控制交流侧的电压和频率，采用电压/频率（V/f）控制方法。而双级变换拓扑中，DC/DC 变换器的作用主要是控制直流母线电压和直流侧充放电电流，同并网系统中一样，采用恒压或恒流控制，参见 4.2.2 节，此处不再累述。V/f 控制的基本思想是无论储能系统的输出功率如何变化，其出口电压的幅值和频率均不会发生变化，主要为储能系统离网运行时提供强有力的电压和频率支撑，并具有一定负荷功率的跟随特性。根据采用的控制变量和方式的不同，常见以下几种 V/f 控制方法。

4.3.1　V/f 控制

4.3.1.1　电压单闭环控制

电压单闭环控制只对一种电压量做闭环控制，该电压量可以采用电压有效值、电压瞬时值、或经坐标变换解耦的电压向量。电压有效值单闭环控制框图如图 4-28 所示。图中，U_{CA}、U_{BC}、U_{AB} 为实测三相线电压信号；U_{ref} 为电压有效值参考值；f 为给定频率指令。根据实际测量的电压瞬时值，通过傅氏变换求得三相电压的有效值，与电压有效值的参考值比较，差值通过 PI 调节后，输出三相电压的调制度幅值。分别和三相电压的相位相乘，得到三相调制波。选择合适的载波信号，通过 PWM 调制算法，生成控制脉冲，控制 AC/DC 变流器。由于有效值闭环的存在，当 PI 参数调节适当时，输出电压有效值会跟随给定值变化。

频率控制采用开环控制，频率指令经过积分后，得到调制波的相位，使调制波的频率为给定频率，从而保证输出电压的频率为给定频率，ABC 三相相位互差 120°。

电压瞬时值单闭环控制框图如图 4-29 所示。图中，U_{CA}、U_{BC}、U_{AB} 为实测三相线电压信号；U_{ref} 为电压参考幅值；f 为给定频率指令。由给定电压幅值和给定电压相位相乘，得到电压瞬时给定值。由实际测量的电压瞬时值，与电压瞬时给定值比较，通过 PI 调节，得到调制波的幅值输出，通过选择合适的 PWM 控制算法，生成控制脉冲，

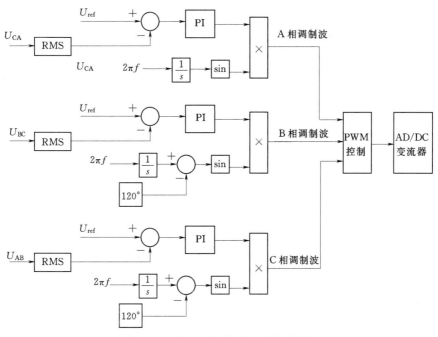

图 4-28 电压有效值单闭环控制框图

控制 AC/DC 变流器。由于电压瞬时给定值是正弦信号，通过闭环控制，可使输出电压也维持正弦，从而保证输出电能质量。

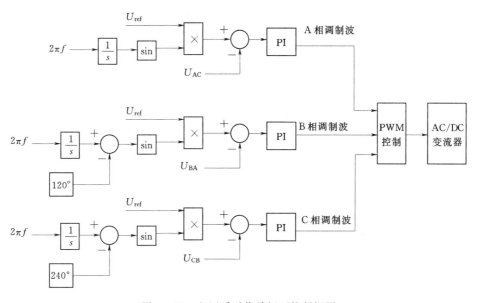

图 4-29 电压瞬时值单闭环控制框图

频率控制采用开环控制，频率指令经过积分后，得到调制波的相位，使调制波的频率为给定频率，从而保证输出电压的频率为给定频率。ABC 三相相位互差 120°。

由上可知，储能系统在采用电压单闭环控制时只采集逆变器端口电压信息，通过调节逆变器调制系数进行电压调节。

4.3.1.2　电压双闭环控制

电压双闭环控制对两种不同的电压量分别做外环和内环控制，电压有效值瞬时值双闭环控制框图如图 4-30 所示。图中，U_{CA}、U_{BC}、U_{AB} 为实测三相线电压信号；U_{ref} 为电压参考幅值；f 为给定频率指令。根据实际测量的电压瞬时值，通过傅氏变换求得三相电压的有效值，与给定有效值比较，经过 PI 调节后，输出电压瞬时给定值的参考幅值，与给定相位相乘，得到电压瞬时给定值，与实际电压瞬时值比较，经过 PI 控制后，得到调制波的幅值输出，通过选择合适的 PWM 控制算法，生成控制脉冲，控制 AC/DC 变流器。频率仍然采用开环控制方式。

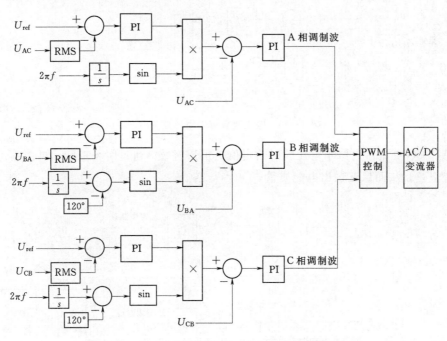

图 4-30　电压有效值瞬时值双闭环控制框图

这种控制方式，既能对电压有效值进行控制，又能对电压瞬时值进行控制，使输出电压维持正弦性。在保证输出电压有效值为给定值的基础上，防止非线性负载带来的电能质量下降。

4.3.1.3　电压电流双闭环控制

电压电流双闭环控制以输出电压为外环控制，滤波电感电流为内环控制，如图 4-31 所示。图中，u_{ref} 为给定电压参考值；u_{dref}、u_{qref} 分别电压参考值的 dq 分量；i_{dref}、i_{qref} 分别为交流侧电流 dq 轴分量的参考值；i_d、i_q 分别为交流侧电流 dq 轴分量的实际值；v_d、v_q 分别为逆变器输出电压 dq 轴分量的实际值；v_{sd}、v_{sq} 分别为逆变器输出电

压 dq 轴分量的参考值；L_s 为交流侧耦合电感；f 为给定频率指令；ω 为电压初始电角度；θ 为电压相位角。

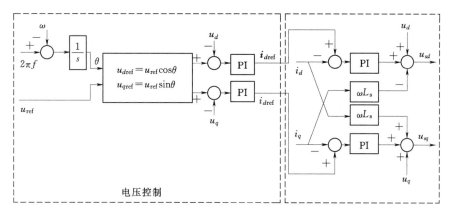

图 4-31 电压电流双闭环控制框图

这种控制策略，在电压闭环的基础上，又增加了电流内环，实现了既对输出电压有效值进行控制，又对输出电流的波形进行控制。电压外环控制为交流侧提供电压支撑，电感电流内环控制能够快速跟踪负荷变化，提高动态响应速度。

4.3.2 黑启动控制

所谓黑启动（Black Start），是指供电系统因故障停运后，系统全部停电，处于全"黑"状态，不依赖别的网络帮助，通过系统中具有自启动能力的机组启动，带动无自启动能力的机组，逐渐扩大系统恢复范围，最终实现整个系统的恢复。

对于电力系统的黑启动问题，目前国内外已开展较多研究，但大多针对传统电网。而新能源发电和储能系统的黑启动，主要在新能源发电和储能系统构成微网的情况下应用，所以本节重点介绍含储能系统的新能源发电微电网的黑启动问题。

微网系统在离网运行过程中，存在因故障而发生系统失电重启的情况，为了提高对负荷的供电可靠性，用户要求微网系统在离网运行状态下应具有黑启动功能。微网多集中在中低压配电网，其内部电源包含了大量逆变器型电源，这些电力电子装置控制更为灵活，响应速度更快，但过载能力、故障穿越能力和单机发电容量均远小于传统旋转机械类电源，所以微网的黑启动控制要求更高。作为微网系统黑启动进程的关键执行单元之一，黑启动微源应兼具电压源输出特性和黑启动功能，因此，储能系统理所当然成为黑启动电源的首选。

微网离网黑启动时，储能系统采用 V/f 控制，建立起微网系统的电压和频率。储能系统 V/f 启动时，如果直接全压启动，若系统内带有感性负载或者系统带有隔离变压器启动，在电抗器或隔离变压器突加较大的电压时，会产生很大的涌流，导致逆变器型电压源过流保护。因此采用恒频变压的软启动控制方法，在开始启动的若干个周波内，调制度由 0 逐步增加到额定电压对应的调制度，加在隔离变/感性负载/容性负载上的电压逐步增大，能减小电抗器或变压器上的电流变化。当系统的电压和频率都建立起来且达到额定值时，判断黑启动成功，切换到恒压恒频的 V/f 控制模式。黑启动控制的切换框图如图 4 - 32 所示。

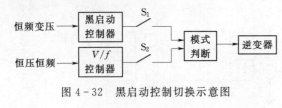

图 4 - 32　黑启动控制切换示意图

储能系统黑启动还需要解决控制系统在市电失电情况下的供电问题，常规的解决方式是采用 UPS 给控制系统供电，但是 UPS 供电存在如下一些问题：①配备 UPS 导致系统成本上升；②UPS 保障供电的时间有限，而且容量随着使用时间而逐步衰减；③如果 UPS 电池耗竭，则需要柴油机等发电设备给 UPS 充电才能重新工作。因此采用 UPS 作为失电时候的供电电源对于微电网系统可能存在的长时间失电状况会有很多问题。所以储能系统的黑启动采用从储能系统电池单元自取电方式，通过宽幅变换电压，提供微电网系统的临时紧急供电，保障了微电网的黑启动供电电源，也有效解决 UPS 供电存在的一些缺陷。

4.3.3　多机并联协调控制

多个储能系统并联运行时，各系统之间的协调控制策略主要有两种：主从控制和对等控制。本节对这两种控制策略进行说明，并以典型并联系统进行分析。本节所述的控制策略是指并联系统之间的控制关系，确定了协调控制策略后，各单机的控制技术根据所属关系及状态采用 4.2 和 4.3 节对应的控制方法。

4.3.3.1　主从控制

主从控制法是对各个储能系统采取不同的控制方法，并赋予不同的职能。其中，一个（或几个）储能系统作为主电源，检测电网中的各种电气量，根据电网的运行情况来采取相应的调节手段，通过通信线路来控制其他"从属"电源的输出，来达到整个系统内的功率平衡，使电压频率稳定在额定值。

主从型控制策略主要在储能系统处于孤岛状态时采用。当储能系统并网运行时，由于储能系统的总体容量相对于电网来说较小，电压和频率都由电网来支持和调节。各个储能系统只需按实际需要控制输出功率的大小。而当储能系统孤岛运行时，储能系统与电网连接断开，此时储能系统所在的微电网内部要保持电压和频率稳定，就需要其中一个或多个储能系统担当电网的角色，维持电压和频率稳定。这个储能系统被称为主电源，或者参考电源。当多机并联的储能系统与电网断开时，一种方案是采用一个储能系统作为主电源采用 V/f 控制，提供参考电压和频率，其他所有的处于从属地位的储能系统采用 P/Q 控制；另一种方案是采用多个主储能系统同步运行，表现出单一电压源的性质，从模块仍采用 P/Q 控制。

一种常见的主从控制结构如图 4 - 33 所示。在系统中，主电源采用 V/f 控制逆变器持续产生稳定的正弦电压，从电源采用 P/Q 控制逆变器跟随控制中心分配的功率，它们通过相互之间的通信分配功率，保证了良好的功率均分效果。

主从控制具有很多良好特性，其中的逆变器不需要配置锁相环进行同步控制，而且负载均分的效果很好。连接线的线路阻抗不影响负载均分，系统扩容方便；系统内的电能质量控制的较好，若采用 $N+1$ 的运行方式（即增加一个额外的电源，以保证失去任何一个电源后，系统都能保持功能上的完整性），整个系统的可靠性、稳定性还将有所增强。然而，主从控制也有其缺点，由于设定了主电源，整个系统是通过主电源来协调控制其他电源，要求主

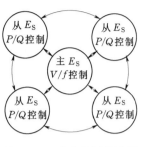

图 4-33　主从控制示意图

电源有一定的容量，而一旦主电源出现故障将影响整个系统运行，所以大部分系统并没有实现真正的冗余。而且，所有这些主从控制技术都需要进行通信互联，系统的可靠性在一定程度上依赖于通信的可靠性，通信设备也增加了系统的成本和复杂性。

4.3.3.2　对等控制

对等控制法是对各个储能系统采取相同的控制方法，顾名思义，各储能系统之间是"平等"的，不存在从属关系。所有的储能系统以预先设定的控制模式参与有功和无功的调节，从而维持系统电压频率的稳定。离网运行时，对等控制策略下的各储能系统都要参与电压和频率的调节，采用 V/f 或下垂控制技术。无联络线并联模式中，各并联储能系统通过输出端的交流母线相连，常用的是频率电压下垂控制技术。所谓下垂控制，主要是指储能系统中的电力电子逆变器模拟传统电网中的有功—频率曲线和无功—电压曲线的调节特性，通过解耦有功—频率与无功—电压之间的下垂特性曲线进行系统电压和频率调节的方式。它通过检测储能系统输出端的电压和频率，并与给定的参考值比较，根据下垂特性曲线调节储能系统的输出有功和无功，以对储能系统的输出电压和频率进行控制。目前对逆变器采用的下垂控制方法主要有两种，一种与传统同步发电机调节相似，采用有功—频率（$P—f$）和无功—电压（$Q—V$）调差率控制方式，另一种则是采用有功—电压（$P—V$）和无功—频率（$Q—f$）反调差率控制方式。两者虽然从形式上相差较大，但其根本原理相似，只是需要根据不同线路参数特性的需要，进行下垂控制策略的选择。

设一条线路上的有功、无功潮流由 A 点流向 B 点，如图 4-34 所示。

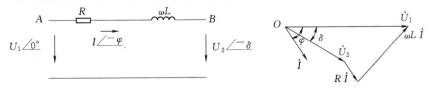

图 4-34　功率流动及向量示意图

$$\begin{cases} P = \dfrac{U_1}{R^2 + X^2}\left[R(U_1 - U_2\cos\delta) + XU_2\sin\delta\right] \\ Q = \dfrac{U_1}{R^2 + X^2}\left[-RU_2\cos\delta + X(U_1 - U_2\cos\delta)\right] \end{cases} \tag{4-47}$$

对于高压线路，线路参数中感抗远大于电阻（$X \gg r$），当 δ 较小时可近似认为 $\sin\delta \approx \delta$，$\cos\delta \approx 1$，则式（4-47）可以写为

$$\begin{cases} P = \dfrac{U_1 U_2}{X}\delta \\ Q = \dfrac{U_1^2 - U_1 U_2}{X} \end{cases} \tag{4-48}$$

式（4-48）说明有功功率与功角有关，而电压差值与无功功率有关。因此有功功率控制可以通过功角进行控制，即频率控制可以通过功角进行控制，而电压差值可以直接通过无功功率进行控制。

对于中、低压配电线路，线路参数中感抗与电阻接近或远小于电阻，则方程可以改写为

$$\begin{cases} P = \dfrac{U_1^2 - U_1 U_2}{R} \\ Q = \dfrac{U_1 U_2}{R}\delta \end{cases} \tag{4-49}$$

从式中可以看出电压差值与有功功率有关，而功角与无功功率有关，即频率与无功功率有关。因此，可以根据线路实际情况选择合理的下垂控制方式。

图 4-35 所示为典型的频率下垂特性和电压下垂特性曲线。

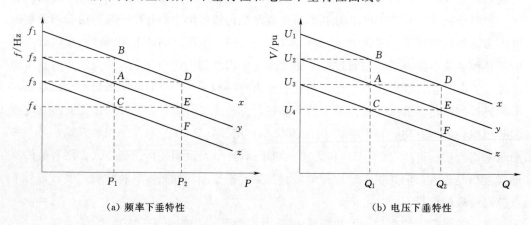

（a）频率下垂特性　　　　　　　　　　（b）电压下垂特性

图 4-35　下垂控制策略示意图

下垂控制过程描述如下：在图 4-35（a）中，设当前采用下垂曲线为 y，当微电源运行频率为 f_3 时，储能系统供出 P_1 的有功功率，且储能系统运行在频率下垂特性曲线 y 上的 A 点；若储能系统供出的有功功率增加，例如变为 P_2，则下垂控制将使储能系统的运行点由 A 沿着频率下垂特性曲线 y 移动到 E 点，这时储能系统的出口频率则

降低到了 f_4，若频率偏离过低，则要通过通信发送指令，将下垂曲线向上平移，采用曲线 x，将出口频率重新调整到 f_3，此时储能系统运行在频率下垂特性曲线 x 上的 D 点。微电源的无功与电压的控制过程也与之一样，如图 4-35（b）所示。由此可以看出，下垂控制作用下的储能系统与传统电网中的常规电源具有一样的运行特性。

（1）传统下垂控制。当逆变器输出阻抗主要呈感性时，基本的下垂控制方程为

$$\begin{cases} \omega = \omega_0 - mP \\ U = U_0 - nQ \end{cases} \tag{4-50}$$

式中　ω 和 ω_0——逆变器输出角频率和初始角频率；

　　U 和 U_0——逆变器输出电压幅值和初始幅值；

　　m 和 n——有功和无功功率的下垂系数。

实际中，由于频率信号便于测量，可采用频率控制代替相角控制。

（2）频率电压反下垂控制。反下垂控制的方程如下式：

$$\begin{cases} P_s^* = K_\upsilon (\upsilon_{\mathrm{ref}} - \upsilon_q) \\ q_s^* = K_\omega (\omega_{\mathrm{ref}} - \omega) \end{cases} \tag{4-51}$$

式中，$\omega_{\mathrm{ref}} = \omega^*$，$\upsilon_{\mathrm{ref}} = \upsilon^*$，当输出阻抗主要呈阻性时，这种控制方法的负载均分效果是可以接受的。但是当线路电感与变流器输出滤波电感为同一个数量级时，电能质量会大幅下降，主要表现在电压扰动方面。电能质量受到的影响主要来自 LC 滤波电路，其中 LC 滤波器是由线路电感和变流器交流侧电容组成的。而且，与较高的电压等级相连时，这种方法并不适用，通常是使用传统下垂方程。

下垂控制利用本地测量的电网状态变量作为控制参数，实现了冗余，系统的可靠运行不依赖于通信。这种控制策略具有很多理想的特性，如可扩展性、模块化、冗余性及灵活性。利用下垂控制策略，当某个储能系统因故障退出运行时，其余的储能系统仍能够不受影响地继续运行，系统可靠性高；实现了"即插即用"，当系统需要进行扩容时，只需对新加入的储能系统设置同样的控制策略，即可接入系统，无需对其余模块进行调整，且不受地理位置的约束，安装维修更加方便，并联运行更加可靠。然而，这种方法的不足之处是存在频率和幅值的偏差，暂态响应慢，由于各逆变器输出侧与负载总线之间线路阻抗不匹配或是由于电压/电流感应器测量值存在误差，导致逆变器之间容易产生环流；低压配电网中电阻值远大于电抗值（$R \gg X$），与输电网不同，此时必须考虑线路阻抗的影响；当三相微网系统运行状态改变（如主动孤岛运行），控制模式也要作出相应调整，尤其是线性和非线性负载同时存在时，用下垂控制策略不能解决这些问题。所以，目前下垂控制即无互联线并联方式在实际中很少应用，应用较广的仍是有互联线控制的并机产品。基于目前的硬件发展水平及控制技术，在均流响应速度、稳定性等方面，有互联线控制相比无线控制具有明显优势。

若采用对等型控制策略，储能系统只需测量输出端的电气量，从而独立地参与到电压和频率的调节过程中，不用知道其他储能系统的运行情况，整个过程无须通信。而且，当某一个储能系统因故障退出运行时，其余的储能系统仍然能够不受影响地继续运

行，系统的可靠性高。当需要增加新的储能单元时只需要对新的单元设置同样的控制策略，直接接入系统而不用对系统中的其他部分进行改动，实现"即插即用"，方便了系统扩容。对等型控制策略也有一些缺点：系统的整体电能质量（电压，频率，谐波）没有主从型控制稳定。

4.3.3.3　典型并联系统分析

（1）并联系统一。如图 4-36 所示为多个 AC/DC 变流器单级变换拓扑组成的并联系统，多个 AC/DC 变流器在交流侧并联。图示系统离网运行时，可采用主从控制或对等控制。主从控制时，由一个或某几个 AC/DC 储能变流器充当主电源采用 V/f 控制，维持系统的电压和频率，其余的 AC/DC 变流器采用 P/Q 控制，由主电源采集总功率信号进行均分。对等控制时，所有 AC/DC 变流器均采用 V/f 或下垂控制，共同参与系统电压和频率的调节。

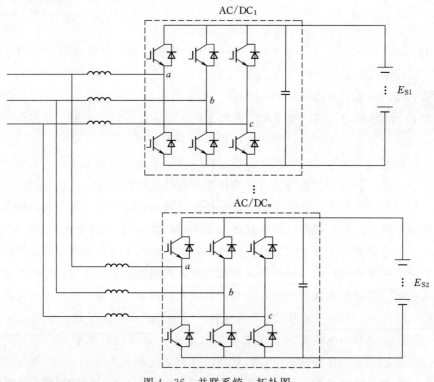

图 4-36　并联系统一拓扑图

（2）并联系统二。图 4-37 所示为多个 AC/DC 带 DC/DC 的双级变换拓扑并联组成的系统。图示系统离网运行时，可采用主从控制或对等控制。主从控制时，由一个或某几个储能系统充当主电源，维持系统的电压和频率，充当主电源的储能系统的 AC/DC 变流器采用 V/f 控制，DC/DC 变换器采用恒压或恒流控制；其他从属储能系统的 AC/DC 变流器采用 P/Q 控制，由主电源采集总功率信号进行均分，DC/DC 采用恒压或恒流控制。对等控制时，所有储能系统的 AC/DC 变流器均采用 V/f 或下垂控制，

DC/DC 变换器均采用恒压或恒流控制。

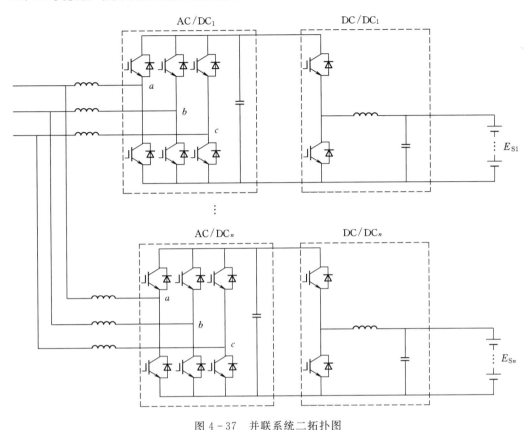

图 4 - 37 并联系统二拓扑图

（3）并联系统三。如图 4 - 38 所示为一个 AC/DC 变流器并联多个 DC/DC 变换器的系统，多个 DC/DC 变换器在直流侧并联。图示系统在离网运行时，为提供系统的电压和频率支撑，公共的 AC/DC 必须采用 V/f 控制，协调控制策略的选择在 DC/DC 之间进行，各并联的 DC/DC 可采用主从控制或对等控制。对等控制时，各 DC/DC 均采用恒压或恒流控制；主从控制时，由一个或某几个 DC/DC 采用恒压控制，其余 DC/DC 采用恒流控制，由主控单元采集总电流信号进行均分。

根据前面的论述可以看出，要制定出适合于所有系统通用的统一控制策略是困难的，每一种控制方法都有其优点和局限性。主从配置方案的缺点之一是系统的稳定性取决于其中从模块的数量，并联模块的数量与系统稳定性以及动态响应之间的关系十分复杂，针对不同的并联控制方式这种关系亦有区别，理清这一关系是今后研究工作的重要方向之一。主从控制虽然未能实现冗余，但比较容易应用到实际系统当中。与之形成对比的是下垂控制技术，采用下垂控制的并联系统实现了冗余，但该系统的电压和频率会随着负载的变化而变化，无法保证电能质量，目前所采用的动态补偿方法效果亦不理想，因此，采用下垂控制的并联储能系统的电能质量控制问题还有待深入研究。综上所述，需要根据实际应用场合以及负载的种类等多因素综合考虑，选取单一或混合的控制

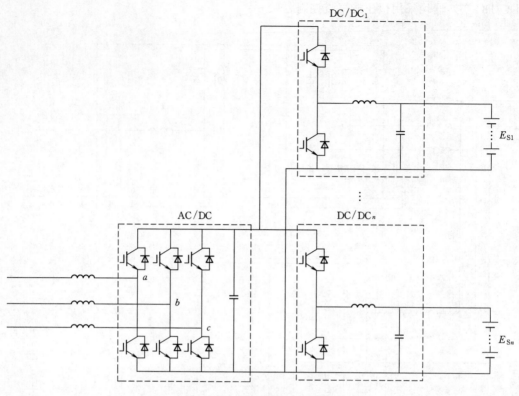

图 4 - 38　并联系统三拓扑图

策略，用来保证多个储能系统并联运行的可靠性和稳定性。

4.4　双模式切换控制技术

储能系统的双模式切换主要指并网运行模式和离网运行模式之间的切换。由 4.2 节和 4.3 节可知，在并网模式下，AC/DC 变流器采用 P/Q 控制或恒压控制；在离网模式下，AC/DC 变流器采用 V/f 控制；而无论是并网还是离网模式，DC/DC 变换器都工作在恒压或恒流状态，不随系统运行模式的切换而改变。所以，储能系统的并离网切换主要是 AC/DC 变流器控制方式的切换。

4.4.1　并网转离网切换控制

储能变流器从并网切换到离网的过程主要是 AC/DC 变流器从 P/Q 控制模式或恒压控制模式切换到电压/频率（V/f）控制模式。并网转离网切换主要发生在电网计划性停电或电网突发性故障时，要求储能系统不掉电，继续给负载供电。要求无缝切换，在电网掉电过程中重要敏感负荷不掉电，微网中其他分布式电源不跳闸；切换后 PCS 控制的电压频率稳定。

当大电网突然出现故障或者因人为需要切断储能系统和外电网时，AC/DC 变流器应迅速改变控制策略，实现并网转离网平滑切换。此时，变流器检测切换过程前一时刻的电网电压相位，作为变流器离网模式下电压型变换器控制的电压相位初始值，在并网开关断开瞬间，同时切换变流器为 V/f 电压型控制方式。

由此可得变流器由并网向离网过渡切换的控制逻辑与步骤：

（1）监视脱网调度指令或"孤岛"状态信息。

（2）一旦确认脱网要求，变流器转换为 V/f 控制，输出电压相位对外电网电压相位进行跟踪。

（3）发出分断并网开关指令。

（4）延时等待并网开关可靠关断。

（5）变流器以标准电压、频率为基准，进行 V/f 控制。

控制流程图如图 4-39 所示。

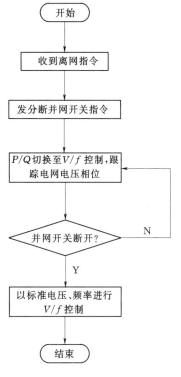

图 4-39　并网转离网切换流程

并网转离网的主动切换：当电网进行计划检修而需要停电时，控制器接收到停电指令后，能够主动地转至离网运行模式，以确保微网内负荷的供电连续性，维持微电源的正常运行。变流器从并网状态到离网状态的主动切换中，并网开关在电网正常的情况下受人为控制断开。储能系统收到主动离网指令，在断网前，跟踪电网电压的幅值和相位。在断网时刻，为了使负载上的电压不突变，变流器控制方式转换为电压频率控制，电压有效值和频率采用配电网标准值（380V/50Hz），输出电压相位应当延续断网前负载电压相位。

并网转离网的被动切换：当电网出现故障时，储能系统能够快速识别故障并迅速切换到离网运行模式，切换的时间应足够短，最大限度地减少电网故障对微网负荷和微电源的影响。要实现这种切换过程的平滑无冲击需要做到快速准确检测电网故障，变流器应能由并网工作模式快速转换到离网工作模式。为实现系统检测电网的准确性和快速性，采用频率检测和幅值检测相结合的方法判断电网的故障。在被动切换中，由于电网故障检测模块固有的延迟，逆变器在电网断电后迅速启动，负载电压不会像主动切换过程中那样平滑，会存在短时间的下降。

4.4.2　离网转并网同期控制

储能变流器从离网到并网的切换过程主要是 AC/DC 变流器从电压/频率（V/f）控制模式切换到 P/Q 控制模式或恒压控制模式。储能系统从离网切换到并网称为"同期"，由专门的同期装置控制。

由于离网供电工作模式下，储能变流器输出电压是与系统内建基准信号同步，而在电网失电条件下，储能变流器无法从电网获取同步标准，电网恢复正常后，变流器输出的电压幅值、频率和相位都有可能与电网不一致。所以，在并网开关闭合前，必须首先通过锁相环跟踪控制，使变流器输出电压在幅值、频率和相位上都与电网电压匹配。否则，并网开关闭合时存在较大的电压差，从而产生并网冲击电流，同时对变流器的安全造成威胁。考虑到线路连接电感等影响，应控制电网电流的上升速度，避免引起负载端过电压尖锋或者对负载可能的电流冲击。

由此可得变流器由离网向并网过渡切换的控制逻辑和步骤：

（1）检测变流器所在电网是否满足并网条件。

（2）实现变流器输出电压对电网电压的锁相跟踪，保持在幅值、频率、相位上与电网电压的一致。

（3）闭合并网开关。

（4）渐增变流器功率控制量至给定功率值。

控制流程图如图 4 - 40 所示。

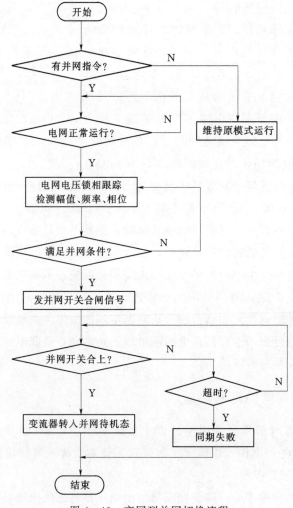

图 4 - 40　离网到并网切换流程

上层监控系统发出并网指令，当储能系统收到并网指令时，变流器仍然以 V/f 控制方式运行，电压指令为配电网电压有效值，频率指令为小于电网频率 0.1Hz，进行并网调节。此时变流器输出电压与配电网电压一致，频率比配电网频率低 0.1Hz，进行同期检测。储能变流器接收同期装置发来的电网电压和频率信号，根据电网电压和频率调整变流器输出电压和频率，使其和电网电压频率达到一致。同期装置分别检测配电网和储能变流器输出的电压、频率和相位，当储能变流器输出电压与配电网电压相比满足并网要求时，发出并网开关合闸信号。并网要求为：电压差小于 5%，频率差小于 0.15Hz，相位差小于 5°。同期装置检测同期并网成功后，储能系统转入并网模式待机状态，等待监控发出功率或电压控制指令。在规定的时间内没有完成并网，则判"同期失败"。

4.5 案例分析

4.5.1 试验系统

针对本章所述的储能系统运行控制技术，下面以中国电科院新能源研究所分布式储能系统实验室研究成果为例加以阐述。新能源研究所分布式微电网系统原理图如图 4 - 41 所示。整个实验室主要包含多类型储能系统、直流微电网系统、交直流混合系统、

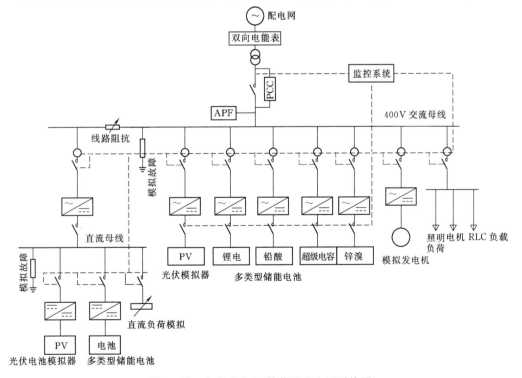

图 4 - 41 分布式发电/储能及微电网系统图

多级嵌套分布式发电系统、线路模拟、可调模拟负载及照明负荷等几个部分。在已有试验平台的基础上，结合本章所做的理论研究，开展了直流微网运行控制技术、交直流微网协调控制技术、混合储能系统控制、基于改进下垂控制的多机并联技术、光/柴/储一体化联合运行控制技术等储能系统关键技术研究。实验室现有储能电池包括 $40kW/75kW \cdot h$ 铁锂电池、$30kW/60kW \cdot h$ 铁锂电池、$40kW/100kW \cdot h$ 铅酸电池、$25kW/50kW \cdot h$ 的锌溴电池、两台 $50kW \times 10s$ 超级电容，能量转换装置包括两台 $100kW$ 和四台 $50kW$ 的 AC/DC 储能变流器（以下简称 PCS），两台 $100kW$ 的 DC/DC 直流变换器，还有一台 $100kW$ 光伏模拟器和 $30kW$ 模拟柴油发电机以及部分试验和照明负荷。

4.5.2　功能验证

本章所述的微电网运行控制技术在新能源所分布式微电网实验室进行了实验验证，下面将所做的一些关键试验进行展示。主要包括双级式储能系统充放电试验、离网黑启动试验、多机并联试验、并离网无缝切换控制试验、锌溴配合超级电容混合储能试验。

（1）双级式储能系统充放电试验。在实验室交直流微电网试验平台上开展了双级式储能系统充放电满功率试验，如图 4-42 所示。采用一台 $100kW$ 的 PCS，一台 $100kW$ 的 DC/DC 直流变换器，选择锂电池作为储能电池。进行了双级额定功率式储能系统 $100kW$ 充放电切换试验测试。图 4-42（a）为储能系统 $100kW$ 额定功率充电切换为放电时三相交流电压和 A 相交流电流波形。图 4-42（b）为储能系统 $100kW$ 额定功率放电切换为充电时三相交流电压和 A 相交流电流波形。图 4-43 为额定功率切换时 DC/DC 直流侧电压波形。

（2）离网黑启动试验。在一些极端情况发生时，如出现主动孤岛过渡失败或微电网失稳而完全停电等情况时，需要利用分布式电源的自启动和独立供电特点，对微电网进行黑启动，以保证能够给负荷重新供电。针对双级式储能供电系统分别单独带冲击性负荷和添加 $20kW$ 阻性负荷进行启动试验。

图 4-44（a）为带冲击性负荷（$7.5kW$ 电机）启动波形，图 4-44（b）为带冲击性负荷和 $20kW$ 阻性负荷共同启动的试验波形。

（3）多机并联试验。由于采用单台 PCS 存在容量限制，当系统的负荷增加时，系统的扩容存在困难。需要采用多台变流器并联运行，针对目前变流器多机并联运行过程中存在功率不均分和环流较大等问题，开展了试验研究。试验中采用两台 $50kW$ PCS 和一台 $100kW$ PCS 并联运行，电池选用 $40kW/100kW \cdot h$ 铅酸电池和 $40kW/75kW \cdot h$ 铁锂电池。

图 4-45 表示两台 $50kW$ PCS，一台 $100kW$ PCS 并联运行，投入 $36kW$ 可调 RLC 负载。此时三台 PCS 功率分别为：A 台 $10.6kW$，B 台 $10.4kW$，C 台 $15kW$。运行工况为交流母线电压 $220V$，频率 $49.85Hz$。首先 C 台切出，A、B 两台功率立即增大均分；其后 C 台投入后，A、B 两台功率减小，三台功率均分稳定运行。

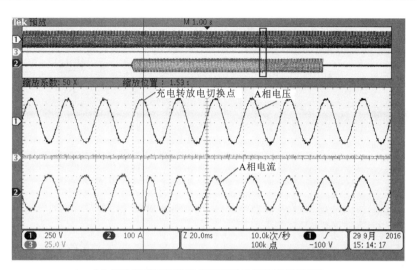

(a) 100kW 充电切换到 100kW 放电时电压电流波形

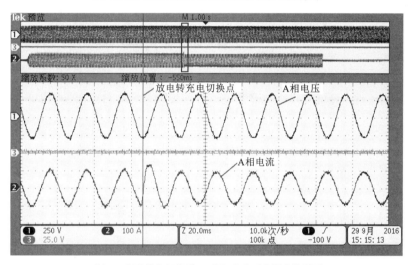

(b) 100kW 放电切换到 100kW 充电时电压电流波形

图 4-42 储能系统 100kW 满功率充放电切换时交流侧试验波形

图 4-46 表示 A、B、C 三台带 36kW 电阻负荷并联运行，投入电动机负荷，冲击电流较小，电压波动低，且三台 PCS 实现了冲击性负荷投入时的功率均分和平稳运行。

（4）并离网无缝切换控制实验。并网转离网无缝切换：当电网出现故障时，储能系统能够快速识别并迅速切换到离网运行模式，切换的时间应足够短，最大限度地减少电网故障对供电系统内负荷和电源的影响。切换过程如图 4-47 所示。

并网转离网分为主动离网和被动离网。主动离网是先发出离网信号，控制模式切换的同时断开断路器，切换过程平滑无缝，切换波动如图 4-47（a）所示。

被动离网是检测到并网点开关断开信号后再进行控制模式的切换，试验共使用 3 种开关做了对比试验，图 4-47（b）为普通塑壳断路器切断电网电压的波形，可以看出：①并网转离网的时间较长；②切换的波形有畸变。

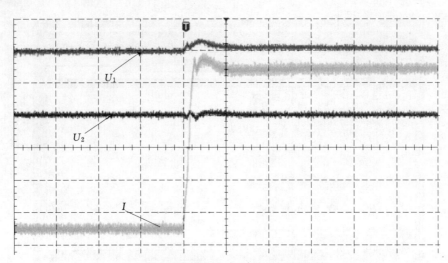

(a) 满功率充电到放电 DC/DC 电压电流波形

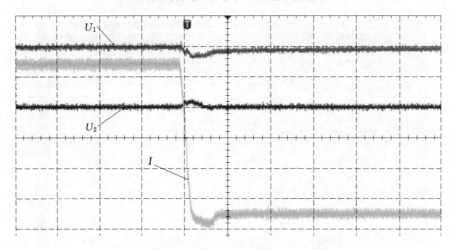

(b) 满功率放电到充电时 DC/DC 电压电流波形

图 4-43　储能系统 100kW 满功率充放电切换时直流侧波形

U_1—高压侧电压，幅值为 700V；U_2—低压侧电压，幅值为 280V；

I—电流值，在 $-140A$ 到 $140A$ 之间切换

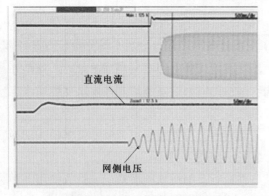

(a) 带冲击性负荷(7.5kW 电机)黑启动　　　(b) 带冲击性负荷及 20kW 阻性负荷黑启动

图 4-44　储能系统离网黑启动试验

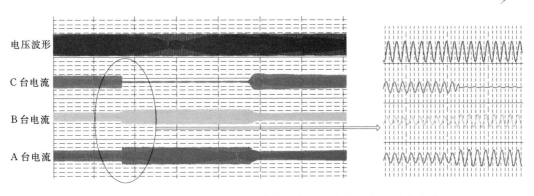

图 4-45 三台 PCS 并联运行，其中一台 PCS 切出和投入试验波形

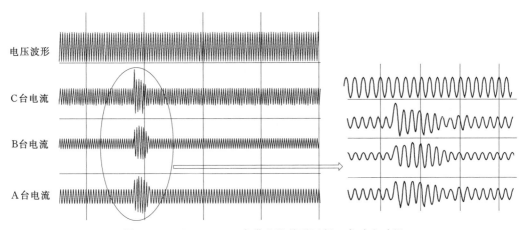

图 4-46 A、B、C 三台带电阻并联运行，启动电动机

图 4-47 (c) 为使用框架断路器试验波形，波形要明显好于普通塑壳断路器。

图 4-47 (d) 为使用静态开关试验波形，波形最优，切换时间极短，波形几乎没有畸变，几乎等同于主动离网试验效果。

离网转并网同期控制：储能变流器从离网到并网的切换过程中，实现控制模式从电压/频率（V/f）控制模式切换到恒功率控制模式。并网前储能变流器必须首先通过锁相环跟踪控制，使变流器输出电压在幅值、频率和相位上都与电网电压匹配。否则，并网开关闭合时存在较大的电压差，从而导致并网冲击电流过大，对变流器的安全造成威胁。切换过程如图 4-48 所示。

（5）混合储能试验。本书以锌溴电池和超级电容为例开展混合储能的试验研究，锌溴电池在充放电切换过程中会有 40ms 的电压失控时间，并联超级电容后，可以有效起到瞬时功率支撑作用，有效保障系统安全稳定运行。

25kW/50kW·h 锌溴电池与 50kW×10s 超级电容并联运行时开展 15kW 充电切换 15kW 放电试验。如图 4-49 为单独采用锌溴电池时 15kW 充电切换 15kW 放电切换波形，由图可看出切换时刻电压短暂下降，且切换后电压在一段时间内略偏低。

图 4-50 为混合储能系统功率切换试验波形，由试验波形可看出切换时刻直流电压

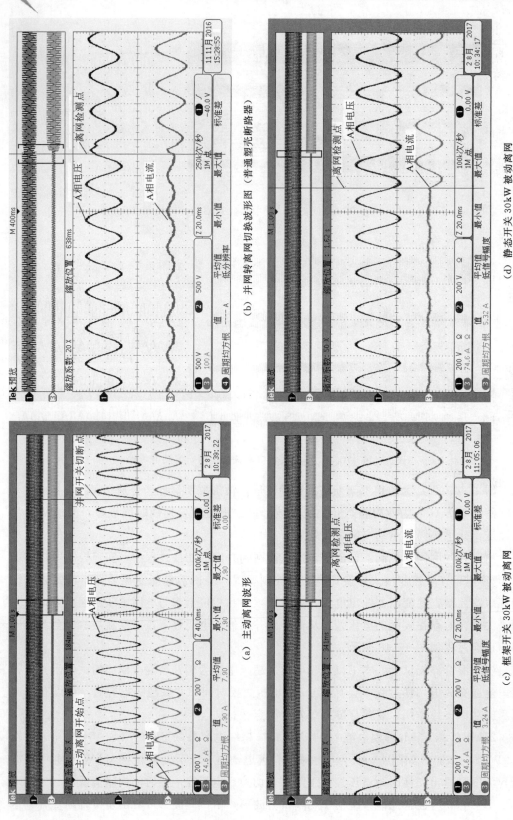

(a) 主动离网波形

(b) 并网转离网切换波形图（普通塑壳断路器）

(c) 框架开关 30kW 被动离网

(d) 静态开关 30kW 被动离网

图 4 - 47　并网转离网切换波形图

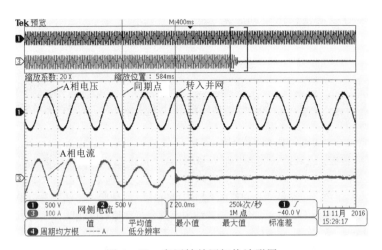

图 4-48　离网转并网切换波形图

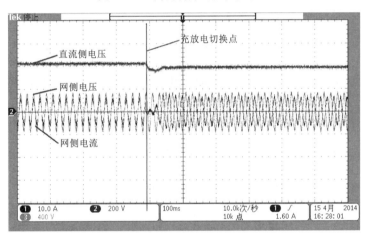

图 4-49　锌溴电池 15kW 充电切换 15kW 试验波形

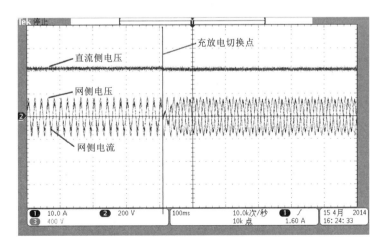

图 4-50　锌溴电池并联超级电容时 15kW 充电切换 15kW 试验波形

较为平滑，切换后电压很快恢复到原来水平。

参　考　文　献

［1］　王成元，夏加宽，杨俊友，等．电机现代控制技术（第 1 版）　［M］．北京：机械工业出版社，2006.

［2］　王兆安，黄俊．电力电子技术（第 4 版）［M］．北京：机械工业出版社，2000.

［3］　张兴．PWM 整流器及其控制策略的研究［D］．合肥：合肥工业大学，2003.

［4］　徐金榜．三相电压源 PWM 整流器控制技术研究［D］．武汉：华中科技大学，2004.

［5］　熊宇．电流型多电平边路器拓扑和控制策略的研究［D］．杭州：浙江大学，2004.

［6］　许海平．大功率双向 DC－DC 变换器拓扑结构及其分析理论研究［D］．北京：中国科学院研究生院，2005.

［7］　张方华．双向 DC－DC 变换器的研究［D］．南京：南京航空航天大学，2004.

［8］　童亦斌，吴峣，金新民，等．双向 DC－DC 变换器的拓扑研究［J］．中国电机工程学报，2007，27（13）：81－86.

［9］　桑丙玉，杨波，李官军，陶以彬．分布式发电与微电网应用的锂电池储能系统研究［J］．电力电子技术，2012，46（10）：57－59，99.

［10］　Zhihong Ye, Amol Kolwalkar, Yu Zhang etc. Evaluation of Anti-Islanding Schemes Basedon Nondetection Zone Concept. IEEE TRANSACTIONS ON POWER ELECTRONICS，2004，19（5）.

［11］　王立乔，孙孝峰，等．分布式发电系统中的光伏发电技术（第 1 版）［M］．北京：机械工业出版社，2010：213－221.

［12］　郑竞宏，王燕廷，李兴旺，等．微电网平滑切换控制方法及策略［J］．电力系统自动化，2011，35（18）：17－24.

［13］　张建华，黄伟．微电网运行控制与保护技术（第 1 版）［M］．北京：中国电力出版社，2010：41－122.

［14］　黄杏，金新民，马琳．微网离网黑启动优化控制方案［J］．电工技术学报，2013，28（4）：182－189.

［15］　唐西胜，邓卫，李宁宁．基于储能的可再生能源微网运行控制技术［J］．电力自动化设备，2012，32（3）：99－103.

［16］　张庆海，彭楚武，陈燕东．一种微电网多逆变器并联运行控制策略［J］．中国电机工程学报，2012，32（25）：126－131.

第5章 储能系统的集成应用及经济性分析

近年来，以钠硫电池、液流电池、锂离子电池和铅酸电池为代表的电化学储能关键技术相继取得突破，各类储能系统在全世界范围内共建设了200多个兆瓦级以上示范工程，展示了巨大的应用潜力。示范工程表明，电池储能技术具有能量转换效率高、系统设计灵活、充放电转换迅速、选址自由等诸多优势，可在电力系统的不同环节中发挥作用。

以美国为代表的西方国家对于大规模储能电站建设的投入巨大，在加利福尼亚、宾夕法尼业等州建立了大量不同类型的储能电站，其应用涵盖发电、输配电、用户端、分布式发电与微网、大规模可再生能源并网、辅助服务等领域；日本在储能技术方面处于国际领先水平，注重风/储、光/储的集成技术并实施了多项大型风/储和光/储联合发电示范工程，同时也在用户侧的小型光/储联合应用领域上取得很大成果。中国对于大规模储能系统及储能电站的研究起步较晚，但在系统集成和功能验证等前期基础应用方面发展迅速，并逐步建设了数个大规模电池储能电站。

结合多个储能电站示范工程的建设，储能系统的架构和集成逐渐有了明确的定义和方法。由于电池储能系统构成复杂，其集成技术十分具有代表性，概念和方法可应用到其他类型的储能系统中。本章以电池储能系统的集成技术为例，介绍储能系统的集成设计方法；归纳储能系统在电力系统不同应用环节中的典型应用模式；通过储能系统的典型应用场景分类提出了单一用途下的收益模型，最后分析了我国电力市场环境下储能系统的综合效益。

从集成设计方面看，电池储能系统由储能电池、电池管理系统（BMS）、储能变流器（PCS）、储能监控系统、低压接入开关或升压变单元构成，如图5-1所示。储能监控系统接收上级管理系统的调度指令，结合上传的储能系统实时运行数据，完成各储能子系统的实时数据处理、分析、图形化显示、数据存储、调度功率分配、历史数据查询等功能。储能变流器（PCS）是连接储能电池和电网的装置，实现交流与直流的双向转换，接收储能监控系统的控制命令，按指定的工作模式进行充放电，并与电池管理系统进行信息交互，确保储能系统在安全稳定的状态下进行工作。电池管理系统（BMS）负责监视储能电池的运行状态，采集电池的电压、电流、温度等信息，并能对储能电池实现实时均衡和保护功能。储能电池是储能系统的能量存储单元。

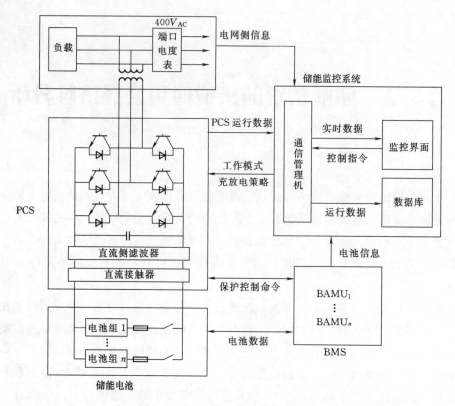

图 5-1　电池储能系统的基本组成

5.1　储能系统的集成设计方法

5.1.1　定义

储能单元由一台储能变流器（PCS）、电池堆（BP）和电池管理系统（BMS）构成。储能单元功率一般结合整个储能电站的容量大小选取，可以为 50kW、100kW、250kW 等。

储能支路由 1 个储能单元和 1 个低压接入开关构成。在特定应用场合下，可以通过升压变单元接入更高电压等级（如 10kV 或 35kV）。构建大功率电池储能系统的储能支路功率一般为 250kW 或 500kW，构建小功率电池储能系统的储能支路功率一般为 50kW 或 100kW。

储能回路由多条并联储能支路、1 个升压变单元和对应的储能回路监测单元构成，每条储能回路的功率为 1MW 或 2MW。储能支路是储能回路的最小组成单元；升压变单元主要由低压侧断路器、并网侧断路器、升压变压器及其测控保护装置组成；储能回路监测单元汇集各个储能支路中 PCS 和 BMS 的信息，以及升压变单元的运行信息，上送到储能集中监控系统。

5.1.2 电池成组应用技术

（1）设计方法。电池堆是储能电站的核心单元，由单体电池的串并联组合而成，即传统意义上的电池成组。目前，单体电池的容量有几安时到几百安时不等，而储能电站的总体容量可达到兆瓦到几十兆瓦，因此，构成储能电站的单体电池数量将达到成千上万只。科学合理的电池成组设计不仅可以提高电池连接的可靠性、安全性，同时方便储能电站的监控、管理和维护。

电池堆的集成过程可以表示为：单体电池（Cell）→单元电池（Unit）→电池模块（Module）→电池串（Series）→电池堆（Pile）。

单体电池由电极、电解质和隔膜构成，是一个独立的封闭体，作为电池的最小单元，不可分割。图 5-2 是单体电池的典型结构示意图。

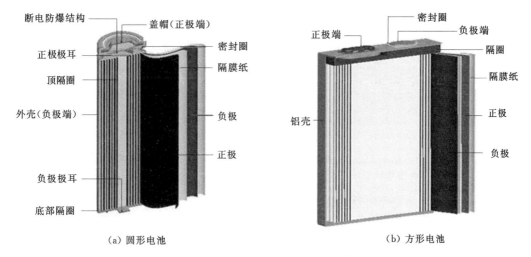

（a）圆形电池　　　　　　　　　（b）方形电池

图 5-2　单体电池的示意图

为了满足一定电压范围内电池组的容量需求，将多个单体电池并联构成单元电池，如图5-3所示。单元电池中单体电池的并联数量一方面取决于单体电池的容量，另一方面取决于电池连接的安全可靠性。为了避免单元电池的均流控制问题，应尽量减少单体电池的并联数。

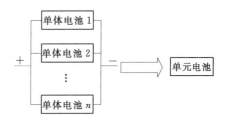

图 5-3　单元电池成组示意图

为了实现电池的模块化设计，由多个单元电池串联组成电池模块，如图 5-4 所示。单元电池的串联数目以方便电池模块的管理为原则，同时结合电池模块管理单元（BMMU）的接口数目进行设计。通常一个 BMMU 管理一个电池模块，将电池模块和对应的 BMMU 设计在同一电池箱内，称为电池箱，满足模块化管理。目前，电池模块以 12 个单元电池串联为主，少数为 8 个或 10 个。为了满足电池组的工作电压范围要求和利用 BMMU 的所有接口通道，电池模块中单元电池的串联数和 BMMU 的接口数量可相互协调。

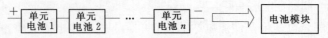

图 5-4　电池模块成组示意图

为了达到系统的功率（工作电压/电流），由多个电池模块串联组成电池串，如图 5-5 所示。电池串中电池模块的串联数一方面需要满足储能变流器的工作电压范围，另一方面考虑充放电会造成电池容量的不一致性，应尽量减少电池模块的串联数。已建或在建的电池储能系统中，电池串的额定电压为 500～800V。由于电池模块的规格不同，电池串中电池模块的串联数有 17、20 和 25 等。

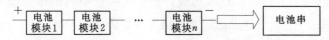

图 5-5　电池串成组示意图

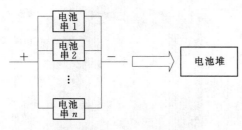

图 5-6　电池堆成组示意图

为了满足储能系统的容量要求，由多个电池串并联组成电池堆，如图 5-6 所示。电池堆中电池串的并联数量取决于储能系统的总容量、冗余度和工作模式。

国内的某 300kW×5h 磷酸铁锂电池储能示范电站其电池成组设计方法如图 5-7（a）所示。由 10 个 200Ah 磷酸铁锂单体电池串联组成电池模块，20 个电池模块串联组成电池串，3 个电池串并联组成电池堆，整个电站共含有 600 节单体电池。另外某 1MW×2h 的磷酸铁锂电池储能示范电站，采用了 60Ah 单体电池，通过 3 只单体电池并联构成单元电池，12 个单元电池串联组成电池模块，20 个模块串联成电池串，15 串并联构成电池堆，其成组设计方法如图 5-7（b）所示。

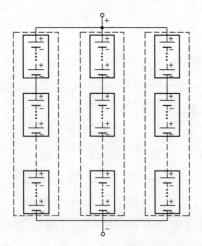

（a）300kW×5h 系统的电池堆设计

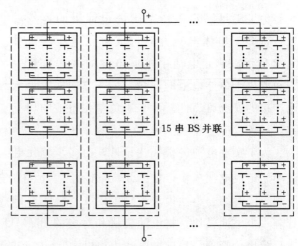

（b）1MW×2h 系统的电池堆设计

图 5-7　国内储能示范工程的电池成组设计

（2）评价指标。电池成组设计的主要评价指标有一致性、放电容量和循环寿命。

1）一致性。一致性指数用于描述电池成组后的一致性特征，它由组成电池模块、电池组或电池堆的各单体电池在规定的荷电状态、充电或放电电流条件下的一致性指数来表示。通常，一致性指数由两个字段组成：极差系数 R 和标准差系数 δ。电池组内单体电池的极差系数 R 要求不大于 4%；标准差系数 δ 要求为 E 级。

第一个字段由两位整数组成，表示组成电池模块、电池串或电池堆的单体电池的极差系数，单位为%。表达式为

$$R = \frac{U_{\max} - U_{\min}}{U_{p}} \times 100\% \tag{5-1}$$

式中　$U_{\max}$——最高单体电池电压；

　　　$U_{\min}$——最低单体电池电压；

　　　U_{p}——单体电池的平均电压。

第二个字段，表示组成电池模块、电池组或电池堆的单体电池的标准差系数，代码为 A～F。标准差系数 δ 参考《电动汽车用锂离子蓄电池》（QC/T 743—2006）标准差系数计算公式来计算，涉及单体电池和电池模块的一致性分析。

对于单体电池的一致性分析，以 24 只单体电池为例，其放电容量的标准差系数 δ 计算如下：

$$标准差 \delta = \sqrt{\frac{\sum_{n=1}^{24}(C_n - \overline{C})^2}{23}} \tag{5-2}$$

$$标准差系数 C_{\delta} = \frac{\delta}{C} \tag{5-3}$$

式中　C_n——第 n 个单体电池的容量；

　　　$\overline{C}$——24 个单体电池的平均容量。

对于电池模块的一致性分析，以 10 个单体电池构成的电池模块为例，采用一定的模拟工况试验得到的放电电压计算标准差系数为

$$标准差 \delta = \sqrt{\frac{\sum_{n}^{10}(U_n - \overline{U})^2}{9}} \tag{5-4}$$

$$标准差系数 U_{\delta} = \frac{\delta}{U} \tag{5-5}$$

上两式中　U_n——第 n 个单体电池第 m 个放电阶段的放电终止电压；

　　　　　$\overline{U}$——10 个单体电池的第 m 个放电阶段放电终止电压的平均值。

根据不同阶段的放电数据，可以分析不同阶段电池模块的一致性。

标准差系数代码分为 5 级，用代码 A～F 表示，见表 5-1。

表 5-1　　　　　　　　　　　　标 准 差 系 数 代 码

代码	A	B	C	D	E	F
标准差/%	≤1.5	2±0.5	3±0.5	4±0.5	5±0.5	≥5.5

2）放电容量。由于单体电池之间存在不一致性问题，电池成组后的放电容量会产生不同程度的下降。造成电池放电容量下降的因素不仅包括制造工艺，还受运行条件影响，如放电温度、放电电流等。因此，电池成组后的放电容量应根据上述因素分别测试，其测试方法尚未形成标准，目前应根据各电池厂家提供的具体测试条件和测试方法进行。

3）循环寿命。电池寿命包括储存寿命和循环寿命。储存寿命指在搁置/储存条件下电池性能衰减到某个程度时所经历的时间，如美国能源部提出的 PNGV、Freedom CAR 发展计划中制定的目标是 15 年。循环寿命指在使用条件下性能衰退到某个特定指标时所经历的时间。

目前，由于储能领域的研究时间不长，针对储能应用的电池寿命测试方法和结果均较少，电池寿命测试主要用于动力电池。纯电动汽车（EV）和混合动力汽车（HEV）对动力电池的要求不同，所以它们的寿命测试方法也有所区别。一般而言，车用动力蓄电池生产厂家将以下两种情况中的任意一种作为电池寿命终结的判别标准：一是把蓄电池仅能释放出电池额定容量的 80% 的时刻定义为电池寿命的终结；二是把电池实际内阻达到其额定内阻的 150% 的时刻作为电池寿命的终结。

影响电池组循环寿命的因素不仅包括成组方式，还包括使用工况，如放电深度、放电倍率、电池温度、充放电策略、交流电电能质量等因素。

（3）影响成组性能的主要因素。由于电池连接和集成技术的限制，电池组在比能量、比功率等参数上远远不能达到单体电池的水平。更为严重的问题是电池组内容易发生单体电池的过充、过放、过流和超温现象，伴随着明显的容量衰减现象，不仅导致电池组寿命比单体电池缩短数倍或十几倍，增加电池系统的使用和维护成本，甚至可能发生严重的燃烧等安全问题。目前，单体锂离子电池的循环寿命可达 3000 次以上，但成组后性能较好的也只有 1500 次。影响电池成组性能的主要因素概括为：单体电池的不一致性、串并联方式、连接技术、运行状况。

1）单体电池不一致性。构成电池组的单体电池初始性能存在一定程度的差异。在电池的使用过程中，充放电过程、自放电现象将使不一致性趋于恶化。以容量不一致的单体电池为例，容量大的单体电池处于小电流浅充浅放，容量小的处于大电流过充过放，容易出现部分电池长期充电不足而钝化，部分电池长期过放而受损害，加速电池组的容量衰减，循环寿命急剧缩短。不一致性引发电池组容量衰减、寿命下降，还增加了电池状态识别的复杂性，不利于电池管理。

2）串并联方式。不同的串并联组合方式会导致电池组的连接内阻、组间电池容量自消耗不同。

"先并后串"可促进并联单体电池间的容量自均衡，保持电池组连接的可靠性，但在充放电控制上要防止并联电路电流不均衡的现象。小容量电池系统采用"先并后串"，其容量衰减系数小于"先串后并"方式。

3）连接技术。电池的串并联连接电路中，连接端子是成组设计的关键，其腐蚀问题是连接技术的瓶颈。在电池的使用过程中，连接端子由于长时间的氧化腐蚀，接触面电阻也相应变大，产生压降影响电池电压的均衡性，降低了电池组的高效性和安全性。目前，解决连接端子腐蚀问题的方法有电芯外表面包覆膜等技术。

4）运行工况。保持合理的充电方式、放电功率和放电深度对于保证电池组长寿命稳定运行十分重要。过充、过放都将严重影响电池组的使用寿命，电池组在长期大电流、深放电的工作特性下的容量衰减系数更大。

温度是影响电池电化学性能的重要因素，过高或过低的温度都不利于电池发挥应有性能。在允许温度范围之外应尽量避免储能系统的充放电，防止造成永久性容量衰减和安全问题。

5.1.3 典型储能系统设计

5.1.3.1 支路型

支路型储能系统的功率等级包括 30kW、50kW、100kW、250kW 和 500kW，放电时间一般为 2~4h，系统通过并网开关柜直接接入 400V 低压电网。

支路型储能系统由 1 个储能单元单独组成，100kW 支路型储能系统的拓扑结构如图 5-8 所示。

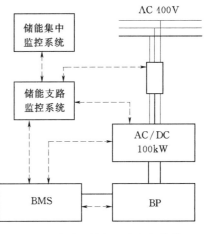

图 5-8 支路型储能系统拓扑结构图

5.1.3.2 回路型

回路型储能系统的功率等级包括 200kW~1MW，放电时间为 2~4h，构成储能回路的支路功率规格可分为三个等级：100kW、250kW 和 500kW。回路型储能系统的电网接入方式包括：①通过并网开关柜直接接入 400V 低压电网；②通过升压变单元接入 10kV 或 35kV 电压等级。

回路型储能系统由若干储能支路并联，可通过升压变接入中压电网的储能系统。500kW 回路型储能系统的拓扑结构如图 5-9 所示。

5.1.3.3 电站型

电站型储能系统的功率等级通常为数兆瓦到数十兆瓦，典型功率为 10MW 和

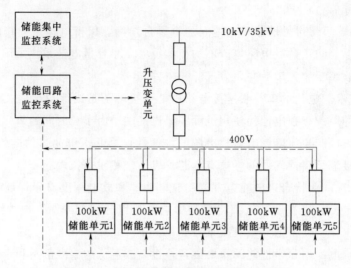

图 5 - 9　500kW 回路型储能系统拓扑结构图

20MW，放电时间为 15min～4h，其中构成电站型储能系统的回路功率等级为 1MW 或 2MW。电站型储能系统接入 10kV 及以上电压等级（35kV、110kV）电网。

电站型储能系统由若干储能回路并联组成，通过高压母线汇流，并可再次升压接入更高电压等级运行的储能系统，其拓扑结构如图 5 - 10 所示。

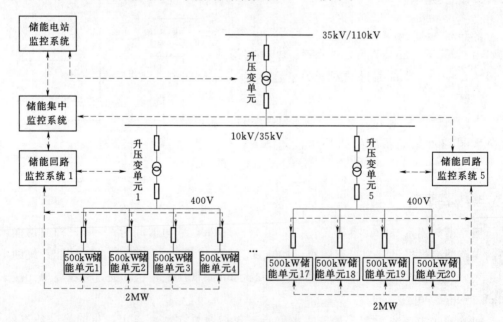

图 5 - 10　电站型储能系统拓扑结构图

5.1.3.4　系统集成设计举例

（1）接入方式。本设计案例以 10MW/40MW·h 铁锂电池储能系统为对象，分别采用的储能回路功率为 1MW，储能支路功率为 500kW，储能单元容量为 500kW/2MW·h。因此，10MW/40MW·h 的储能系统由 10 条 1MW/4MW·h 储能回路构成，每条储能回路由两条 500kW/2MW·h 储能支路直接接入 400V 母线，通过 0.4/35kV 升压变接入 35kV 母线，如图 5-11 所示。

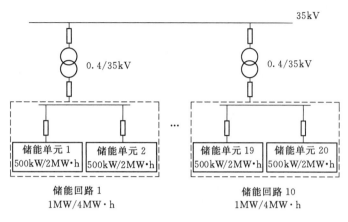

图 5-11　10MW/40MW·h 铁锂电池储能系统接入方式

（2）储能单元设计。构成系统的储能单元为 500kW/2MW·h 电池堆、500kW 储能变流器和电池管理系统。如图 5-12 所示，储能变流器含 1 套 500kW AC/DC 交直变流器 PCS 和 10 套 50kW DC/DC 直直变换器；500kW/2MW·h 电池堆由 10 个 50kW/200kW·h 电池串并联组成，每个电池串分别配置 1 套电池阵列管理单元（BAMU），由 1 台 50kW DC/DC 直直变换器实现独立充放电控制。

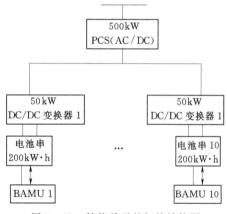

图 5-12　储能单元的拓扑结构图

根据电池成组的设计方法，每个 50kW/200kW·h 的电池串可由 25 个 25.6V/320A·h 电池模块串联组成，工作电压范围为 500～730V，额定电压为 640V；每个 25.6V/320A·h 电池模块由 8 个 3.2V/320A·h 单元电池串联构成；每个 3.2V/320A·h 的单元电池可以根据电芯容量计算并联数量，如 3.2V/20A·h 可并联 16 个，3.2V/40A·h 可并联 8 个，依此类推。

（3）储能监控系统设计。根据系统容量和性能要求，10MW/40MW·h 电池储能系统应配置电站型储能监控系统，含储能电站监控系统和就地监测系统两级结构，如图 5-13 所示。

就地监测系统含就地监测单元、电池管理系统、储能变流装置等就地控制器，监控多条回路的运行状态信息（PCS、电池堆、并网开关、升压变等），并上传至储能电站监控系统；储能电站监控系统由前置管理机、实时/历史服务器、数据库服务器、运行

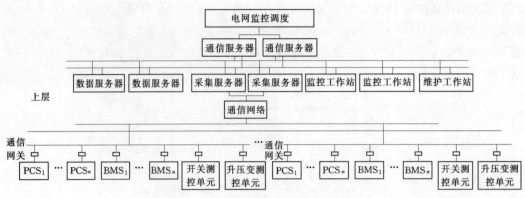

图 5 - 13　储能电站监控系统的结构图

人员工作站、工程师工作站组成，通过网络与就地监测系统通信和交换信息，与远方有电网调度/监控自动化系统进行数据和信息交换，接受调度指令并实现功率分配的优化。

5.1.4　储能系统的可靠性评估指标

如前所述，储能系统由储能电池、电池管理系统（BMS）、储能变流器（PCS）、储能监控系统、低压接入开关或升压变单元、集电系统构成。其中，集电系统包括连接电缆、馈线线缆和母线等。储能系统的可靠性应由相应的指标进行评估，包括电量损失预计值（Energy Loss Expectation）、平均故障频率指数（Average Fault Frequency Index）、平均故障持续时间指数（Average Fault Duration Index）、平均可用率指数（Average Availability Index）、平均不可用率指数（Average Unavailability Index）。下面分别对上述可靠性评估指标的算法进行介绍。

5.1.4.1　电量损失期望值（Energy Loss Expectation）

$$ELE = \sum_{i=1}^{m} \lambda_i D_i P_i \tag{5-6}$$

式中　　λ_i——第 i 个元件的故障率，次/年；

$\quad\quad D_i$——第 i 个元件故障时储能电池组的故障持续时间，h；

$\quad\quad P_i$——第 i 个元件故障时储能电池组的损失功率，MW；

$\quad\quad m$——储能电站的元件总数；

$\quad ELE$——储能电站的总能量损失值，MW·h/年。

5.1.4.2　平均故障频率指数（Average Fault Frequency Index）

$$AFFI = \frac{1}{n} \sum_{i=1}^{m} \lambda_i S_i \tag{5-7}$$

式中　　λ_i——第 i 个元件的故障率，次/年；

$\quad\quad S_i$——由于元件 i 故障导致储能电池组故障的数量；

n——储能电池组的总数；

　　　　m——储能电站的元件总数；

　　$AFFI$——储能电站中每组储能电池组的平均故障次数，次/年。

5.1.4.3 平均故障持续时间指数（Average Fault Duration Index）

$$AFDI = \frac{1}{n} \sum_{i=1}^{m} \left(\lambda_i \sum_{j=1}^{S_i} d_{ij} \right) \tag{5-8}$$

式中　　λ_i——第 i 个元件的故障率，次/年；

　　　d_{ij}——由于元件 i 故障导致储能电池组 j 的故障持续时间，h，$j=1$，2，…；

　　　S_i——由于元件 i 故障导致储能电池组故障的数量；

　　　n——储能电池组的总数；

　　　m——储能电站的元件总数；

　　$AFDI$——储能电站中每组储能电池组的平均故障持续时间，h/年。

5.1.4.4 平均可用率指数（Average Availability Index）

$$AAI = \frac{8760 - AFDI}{8760} \tag{5-9}$$

式中　AAI——储能电站的可用率，指所有储能电池组都处于正常工作状态的概率。

5.1.4.5 平均不可用率指数（Average Unavailability Index）

$$AUI = 1 - AAI = \frac{AFDI}{8760} \tag{5-10}$$

式中　AUI——储能电站的不可用率，指任一储能电池组不处在正常工作状态的概率。

5.2　典型应用模式下的储能系统集成

5.2.1　新能源发电侧

　　风力发电和光伏发电具有波动性和间歇性，大规模并网运行会对电网的稳定运行和负荷调配带来很多问题，特别是当并网运行的风力发电和光伏发电的规模超过一定比例以后，对局部电网产生明显冲击，严重时会引发大规模恶性事故。研究表明，风电装机占装机总量的比例在 10% 以内，可以依靠传统电网技术以及增加水电、燃气机组等手段保证电网安全；当所占比例达到 20% 甚至更高，电网的调峰能力和安全运行将面临巨大挑战。

　　将大规模储能系统应用到新能源发电侧，利用储能装置平抑风/光出力的波动或将风能、太阳能发电储存起来然后平稳输出，可以消除风能、太阳能发电波动性对电网稳定性的危害，弥补风能、太阳能发电的间隙性对电网负荷调配的影响，还可以提供快速的有功支撑，增强电网调频能力，使大规模风电及太阳能发电稳定可靠地并入常规电网。因此，将储能系统应用于新能源发电中，可以优化整个系统的电源结构。本节以储能在风力发电系统中的应用为例进行介绍。

（1）技术需求。风电场中的储能系统可发挥输电削减、时移、补偿预测与实际出力之差、电网频率支撑和抑制功率波动的具体作用，每种应用情况下的储能技术需求见表5-2。

表 5-2　　　　　　　　不同应用场合下的储能技术需求

技术参数 ＼ 应用场景	储能在风电场中的具体作用				
	输电削减	时移	补偿预测和实际出力误差	电网频率支撑	抑制风电功率波动
储能系统功率/MW	2～200	10～500	2～200	2～200	2～50
接入电压等级/kV	10～35	10～35	10～35	10～35	10～35
全功率放电时间	5～12h（大容量压缩空气储能除外），取决于储能技术类型			10～30min	数秒
每次放电能量	50～120MW·h			0.2～25MW·h	10～200MJ
放电周期	参考风电出力曲线，结合各种储能技术进行优化			24 次/年 1 次/天	连续三角波，充放电 90 循环/h
系统响应时间	<1min	<1min	<20ms	<20ms	<20ms
经济效益	根据所选系统的成本/效益、市场规则和电价机制进行综合分析				

1）输电削减。在该应用场景中，当输电线路受限时，储能可以存储风电场发出的电能；当输电线路容量满足时，储能释放存储的电能。这种情况可能发生在偏远的风电场，同时输电容量又接近上限。储能系统要求能在 1min 内响应，并能在输电不受限制时发挥其他功能；储能系统的工作周期和风力发电曲线相关。该应用场合下的储能系统不仅可以提高风电场的发电电量和交付能力，还能避免输电线路升级改造所需的大量投资。用于输电削减的储能系统容量为兆瓦至百兆瓦，放电时间为数小时。

2）时移。在该应用场景中，储能系统可以在负荷低谷时将风力发电存储起来，在负荷高峰时将电能释放，储能系统的作用应被充分发挥，只有当用电低谷且风力发电不足时，才从电网购电给储能充电。储能系统应在 1min 内响应，并能兼容并行其他功能。该应用场景下的储能可按照电力市场交易时间获取价值，还可避免调峰发电的成本而产生效益。用于风电时移的储能系统容量为兆瓦至百兆瓦，放电时间为数小时。

3）补偿风电场预测与实际出力误差。在该应用场景中，储能系统需要在风电场发电量超过投标数量时存储电能，在风电场发电量小于投标数量时释放电能，并且能实时完成。同样，该应用场景下需要储能系统被充分利用，在发电量过剩时，即在非高峰时段对储能充电。储能系统需要在 20ms 内响应，并能兼容并行其他功能。用于补偿风电场预测与实际出力误差的储能系统容量为兆瓦至百兆瓦，放电时间为数小时。

4）电网频率支撑。在该应用场景中，储能系统应发挥旋转备用的作用，迅速缓和风力发电和负载之间的不平衡，这种不平衡在风电功率出力突然降低到 50％以下或风电渗透率高于 20％时可能出现。储能系统必须迅速检测到扰动，在 20ms 内响应，并能持续注入长达 30min 的有功功率。这种情况的特征描述方法为 15min 全功率放电、每天 1 次、一年 24 次。用于电网频率支撑的储能系统容量为数十兆瓦，放电时间为数十分钟。

5）抑制风电功率波动。在该应用场景中，储能系统需要根据风电出力的波动连续响应，在寿命周期内的响应频率可达每小时 90 次。用于抑制风电功率波动的储能系统容量为兆瓦至数十兆瓦，放电时间为数 10s。该应用中的储能系统循环次数统计困难，系统可按满足需求运行 15 年进行设计，实际循环次数取决于风资源、风场群效应、控制区域并网需求等。同时，风电场的功率变化不规则，导致储能每个循环的能量变化也是不规则的。为了简化寿命需求，储能系统应说明相当于全能量的循环次数，如 1000 次全能量循环。若储能系统的性能随着使用时间和循环次数老化，系统设计时应考虑预期使用条件，确保在寿命结束时仍能满足能量需求。如在 10MW·h 储能系统初期设计时，应考虑到 15 年预期寿命结束时仍能传输 10MW·h 能量。

(2) 接入方式。若储能系统用于平抑特定风场功率变化，应安装在风电场附近；若储能系统用于支撑大电网，安装地点可随意，可与输电或配电网连接。

以 10MW/40MW·h 电池储能系统为例，其系统集成设计参照 5.1.3.4 节的图 5-11。

升压变压器按照 1.2 倍储能变流器的容量计算，为 1.2MW，取额定容量为 1250kVA，升压变比为 0.4/35kV，升压变的测控保护系统（温控装置等）集成在变压器配置中。0.4kV 断路器和 35kV 并网断路器配置有控制单元和通信单元，其测控保护系统（TV、TA、保护装置等）分别集成安装在断路器柜中。

(3) 运行模式。新能源侧安装的储能系统可按以下几种模式运行，每种模式相互独立，不要求同时实现多种功能：

1）功率变化率限制：通过实时测量风电场输出功率，将功率变化率限制在一定范围内。当风电场输出功率快速上升，储能系统充电；当风电场输出功率快速下降，储能系统放电，满足并网点变化率要求。这种模式要求储能系统安装在风电场附近。

2）电网功率变化支撑：通过接受电网调度指令，进行充电或放电，为电网提供额外的灵活调节，不是为某个指定风电场服务。这种模式不要求储能与风电场在同一地点安装。

3）电压调节：根据实时输电电压的调节要求进行无功的吸收或释放。

4）频率调节：储能系统可响应每秒接受的信号进行充放电；在支撑频率时，储能系统可请求长期维持在设定 SOC 值下运行。

5）低电压穿越：通过电力电子装置与储能联合发挥低电压穿越功能。大部分风电场并入了电力电子装置，具有此项功能，无需额外支撑。

（4）电气接口。

1）接口标准：系统应满足安全、电气设计、电气连接、谐波、直流分量注入、绝缘等国际公认的标准。

2）断路器：断路器能断开满功率系统，可手动或远动操作，要求适应短路电流和正常的脉冲值。

3）接触器：系统应包括接触器，按运行模式进行操作。

（5）通信与数据管理。

1）通信：系统应满足多种通信方式，如以太网、Modbus、CAN 等。通信方式的选择可取决于电网要求，也可由电网公司明确规定。典型的控制接口规约有分布式网络规约 IEC61850。

2）集成接口：系统应遵循电网通信标准，和分布式电源通信规范等保持一致；系统可接受风电场控制中心或上级调度的指令，取决于系统拥有权和操作权，输电电压的就地测量和风电场的功率输出必须发送给储能控制系统；储能系统应向上级控制中心提供状态信息，如 SOC、运行功率等。

3）数据和事件：系统应记录一定时间内的重要运行数据，至少能存储分钟级的传输数据；系统应对事件进行记录，如运行模式变化、接收指令、故障、关机等；所有数据均可采用电脑接口或无线进行远动或就地下载。

（6）安装维护。系统设计可按照变电、配电和承包商的要求进行安装、运行和维护，应提供充分的说明文件和培训材料，应附标准的电气工具或提供特殊的操作工具。

若电力电子模块、存储单元等子系统可能被更换或去除，应由供应商将其分类为故障状态；所有的消耗和老化部件应按照替换间隔进行分类。

（7）安全。系统在内部故障或电网故障时应具备自保护功能；系统应考虑电网公共安全标准；系统应最大程度地避免人身和公共伤害；系统应最大程度减小对环境的破坏；系统可通过明确的流程进行再生；断开开关可被锁定。

5.2.2　电网侧

随着经济的发展和居民生活质量的提高，白天用电高峰和夜间用电低谷之间的负荷差，以及季节性的峰谷差越来越大。特别是我国经济发达的大中型城市，到了夏天用电高峰季节电力供应的缺口较大。由于发电厂的建设规模必须与高峰用电相匹配，从建设成本和资源保护的角度出发，通过新增发、输、配电设备来满足日益增长的高峰负荷的需求变得越来越困难。随着峰谷差的加大，发电设备的负荷率快速下降，谷期时间段内电力设备效率降低、产能闲置，企业的经济效益也受到严重影响。在电网侧安装储能电站，可以在电网负荷低谷时候作为负荷从电网获取电能充电，在电网负荷峰值时向电网输送电能，有效缓解电网的供需矛盾，减少新建用作备用容量的发电厂的压力，满足日益增长的高峰负荷的需求。以上海市为例，2004—2006 年间，全市每年尖峰负荷只有

183.25h。但是为了满足这么短时间的用电需要，电网侧的相关投资每年就超过 200 亿元，导致输配电能力的年平均利用率不到 2%。采用大容量储能技术应对同样的尖峰负荷投资会成倍减少，而且储能设施效率高且不产生有害物质排放，节能减排效果显著。抽水蓄能电站是目前电网侧常用的蓄能设施之一，但抽水蓄能电站的建设受地理条件的限制无法普及。随着电池储能技术的发展，采用大容量电池储能作为电网侧储能技术具有很大的优势，如占地少、建设规模灵活，建设周期短等。

电网侧安装储能系统可发挥负荷管理、区域电网频率调节和控制、提供发电能力、无功支撑和故障时重要负荷供电等作用，一般安装在变电站附近。

（1）技术需求。

1）功率等级和放电时间。用于低压电网中负荷管理的储能系统，功率等级约为 1MW，可持续放电时间为 2~6h；用于中压电网中负荷管理的储能系统，功率等级约为数兆瓦，可持续放电时间为 2~6h，存储时间可根据区域负荷的峰谷持续时间而定；在电网调频应用模式中，储能系统对电网进行有功或无功补偿，可提高电网的电能质量，其典型容量为数十兆瓦，放电时间为 15min~1h。

2）系统额定值。系统的净功率等级可按照恒定值放电 4h 定义（kW 或 MW），其他的功率等级如脉冲功率应具体说明；系统净能量等级按照在额定功率下持续放电的时间进行定义（kW·h 或 MW·h）；系统的无功容量以 kvar/Mvar 或功率因数进行定义；孤岛运行时，系统可以在带冲击负荷或 2.5~3 倍过电流条件下以额定功率运行 2~3s，同时可在用户负载变化时保持恒定电压。

3）系统循环寿命。系统应具备 15 年日历寿命或 1500 次满循环。若储能系统性能随着使用时间和次数老化，系统设计时应考虑预期使用条件，在寿命结束时仍能满足能量需求；若产品寿命与放电深度有关，系统应考虑容量冗余，在给定放电深度下，寿命结束时系统能满足能量需求，此放电深度应结合厂家建议选定，满足循环寿命要求。

（2）接入方式。以 2MW/8MW·h 的储能系统为例，可由两条 1MW/4MW·h 储能回路构成，每条储能回路由两条 500kW/2MW·h 储能支路组成，通过低压 400V 断路器，0.4/35kV 升压变单元和并网断路器接入 35kV 母线，接入方式如图 5-14 所示。

升压变压器按照 1.2 倍储能变流器容量计算为 1.2MW，取额定容量为 1250kVA，升压变比为 0.4/35kV，升压变的测控保护系统（温控装置等）集成在变压器配置中。400V 断路器和 35kV 并网断路器配置有控制单元和通信单元，其测控保护系统（TV、TA、保护装置等）分别集成安装在断路器柜中。

（3）运行模式。电网侧的储能系统可根据具体用途选择对应的控制模式，主要包括以下：

1）负载跟踪模式：储能系统可根据控制信号以不同的功率大小进行放电，可结合远动设置的阈值计算出电能需求。

2）调频模式：储能系统可响应每秒接受的信号进行充放电；在支撑频率时，储能系统可请求长期维持在设定 SOC 值下运行。

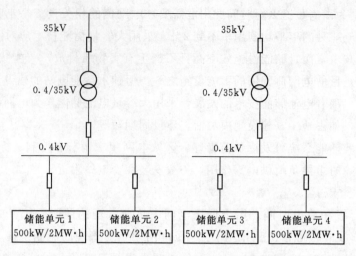

图 5-14　2MW/8MW·h 储能系统接入示意图

3）恒定功率充电模式：储能系统可在指定功率下充电。

4）恒定功率放电模式：储能系统可在指定功率下放电。

5）无功模式：储能系统可吸收或释放无功，作为恒功率充电、放电功能的一部分。

6）自训练充电模式：储能系统可根据自身的优化方法在规定时间内进行充电，达到设定的稳定状态。

7）自维护模式：储能系统可根据需求进行自维护。

8）待机模式：系统既不充电也不放电，辅助器件处在备用状态，接触器处于闭合状态。

9）关机模式：系统的接触器断开，不与电网连通。

10）孤岛模式：一旦感知大电网失电，系统立即关机。若预先确定电力中断，系统需根据电网命令恢复负荷供电。

（4）电气接口。

1）接口标准：系统应满足安全、电气设计、电气连接、谐波、直流分量注入、绝缘等国际公认的标准。

2）断路器：断路器能断开满功率系统，可手动或远动操作，要求适应短路电流和正常的脉冲值。

3）接触器：系统应包括接触器，按运行模式进行操作。

（5）通信与数据管理。

1）通信：系统应满足多种通信方式，如以太网、Modbus、CAN 等。通信方式的选择可取决于电网要求，也可由电网公司明确规定。典型的控制接口规约有分布式网络规约 IEC61850。

2）集成接口：系统可在不同模式下运行，能响应负荷变化的信号等。系统应具备必要的通信和遥测设备，支持通信协议，有效地提供服务。

3）数据和事件：系统应记录一定时间内的重要运行数据，至少能存储分钟级的传输数据；系统应对事件进行记录，如运行模式变化、接收指令、故障、关机等；所有数据均可采用电脑接口或无线进行远动或就地下载。

（6）安装维护系统设计可按照变电、配电和承包商的要求进行安装、运行和维护，应提供充分的说明文件和培训材料，应附标准的电气工具或提供特殊的操作工具。

若电力电子模块、存储单元等子系统可能被更换或去除，应由供应商将其分类为故障状态；所有的消耗和老化部件应按照替换间隔进行分类。

（7）安全。系统在内部故障或电网故障时应具备自保护功能；系统应考虑电网公共安全标准；系统应最大程度地避免人身和公共伤害；系统应最大程度减小对环境的破坏；系统可通过明确的流程进行再生；断开开关可被锁定。

5.2.3 用户侧

电网供电的可靠性对于用户十分重要，电网停电可能给用户带来巨大的经济损失。对于一些高新技术类型的企业，0.1s 的停电可能会导致大量产品的报废，损失可达千万元之巨；而对于涉及公众生命安全的一些公共场合，突然停电会造成意外的事故，如大型医院。2006 年，上海电网用户平均用电可靠性为 99.973%，即每户每年停电约 2.324h，按用户装机容量 35000MVA，95% 的停电电量转移到其他时段继续创造产值估算，上海电网 2006 年总停电电量约为 400 万 kW·h，减少 GDP 产值约 1 亿元（上海每 1kW·h 电量约创造 25 元 GDP）。因此，对供电可靠性要求高、负荷峰谷差大的大用户，可以采用储能系统作为 UPS，在供电突然中断时以毫秒级的切换速度迅速转入储能系统供电状态，保证用电设备的不间断供电。同时大用户安装储能系统后，可以降低为提高供电可靠性而增加的配电系统冗余度，节省容量投资，而且在两部制电价下，每月所需支付的容量电价减少，一方面可以减少容量电费，另一方面通过多购入低价电、少购入高价电而减少购电成本。用户侧安装储能系统可发挥峰值负荷管理、提高供电质量、作为后备电源提高供电可靠性等作用，可直接安装在家庭或楼宇内，也可安装在配变电低压侧。

（1）技术需求。

1）功率等级和放电时间。用户侧储能系统功率等级为数千瓦至二百千瓦，可持续放电时间为 2~4h。户用储能模式的储能装置一般用于满足家庭用户 2~4h 的供电需求，功率一般为 1~10kW；社区储能系统的安装容量可结合配电变压器容量按照一定比例进行配置，通常功率为 25~200kW，存储时间为 2~4h；大工商业用户储能系统功率等级为数十至上百千瓦，存储时间为 2~4h。

2）系统额定值。系统的净功率等级按恒定值持续放电 4h 定义（kW），其他的功率等级如脉冲功率应具体说明；系统净能量等级按照在额定功率下持续放电的时间进行定义（kW·h）；系统的无功容量以 kvar/Mvar 或功率因数进行定义；孤岛运行时，系统可以在瞬间过载运行，如 2.5~3 倍过电流条件下以额定功率运行 2~3s，同时保持恒定电压。

3）系统循环寿命。系统应具备 15 年日历寿命，若储能系统性能随着使用时间和次数老化，应满足以下要求：用于峰值负荷管理的储能系统至少有 2250 次循环次数（全充全放）；若产品寿命与放电深度有关，系统应考虑容量冗余，在给定放电深度下，寿命结束时系统能满足能量需求，此放电深度应结合厂家建议选定，满足循环寿命要求。

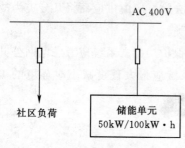

图 5-15　50kW/100kW·h 储能系统接入示意图

（2）接入方式。户用储能系统功率一般直接接入单相 220V 线路；社区储能系统可接入三相 380V 线路；大工商业用户储能系统可接入单相 220V 或三相 380V 线路。

以 50kW/100kW·h 储能系统为例，系统由一个低压开关和一个 50kW/100kW·h 储能单元直接接入低压 400V 母线，如图 5-15 所示。

（3）运行模式。用户侧储能系统可按以下几种模式运行，每种模式相互独立，不要求同时实现多种功能。

1）峰值负荷管理模式：系统根据用户设定，可在用电低谷时充电，用电高峰时放电，且功率可调。

2）恒定功率充电模式：储能系统可在指定功率下充电。

3）恒定功率放电模式：储能系统可在指定功率下放电。

4）自训练充电模式：储能系统可根据自身的优化方法在规定时间内进行充电，达到设定的稳定状态。

5）自维护模式：储能系统可根据需求进行自维护。

6）待机模式：系统既不充电也不放电，辅助器件处在备用状态，接触器处于闭合状态。

7）关机模式：系统的接触器打开，不与电网连通。

8）孤岛模式：储能系统可检测公共电网的异常，断开接触器，孤网运行（参考 IEEE P1547.4）。当公共电网恢复，储能系统可检同期并网。

9）快速切换模式：储能系统应快速响应（如半周波），自动切换到孤岛模式。

10）可延时切换模式：储能系统可延时转换到孤岛模式（如分钟），在孤岛之前允许其他电网设备动作。

（4）电气接口。

1）接口标准：系统应满足安全、电气设计、电气连接、谐波、直流分量注入、绝缘等国际公认的标准。

2）断路器：断路器能断开满功率系统，可手动操作，电网侧有全部的操作和控制权限。

（5）通信与数据管理。

1）通信：系统应满足多种通信方式，如 CAN、MODBUS、以太网等。通信方式的选择可取决于电网要求，也可由公共电网明确规定。

2）集成接口：系统应遵循电网通信标准，和分布式电源通信规范等保持一致；公共电网通过操作中心对储能系统进行监控；储能系统可在不同模式下运行，并能合理响应负荷信号；系统应具备必要的通讯和遥测设备，支持通信协议，有效地提供服务。

3）数据和事件：系统应记录一定时间内的重要运行数据，至少能存储分钟级的传输数据；系统应对事件进行记录，如运行模式变化、接收指令、故障、关机等；所有数据均可采用电脑接口或无线进行远动或就地下载。

（6）安装维护。系统设计可按照变电、配电和承包商的要求进行安装、运行和维护，应提供充分的说明文件和培训材料，应附标准的电气工具或提供特殊的操作工具。

若电力电子模块、存储单元等子系统可能被更换或去除，应由供应商将其分类为故障状态；所有的消耗和老化部件应按照可更换的物理间隔进行分类。

（7）安全。系统在内部故障或电网故障时应具备自保护功能；系统应考虑电网公共安全标准；系统应最大程度地避免人身和公共伤害；系统应最大程度减小对环境的破坏；系统可通过明确的流程进行再生；断开开关可被锁定。

5.2.4 微电网侧

微电网是集发电和用电为一体的微型配用电网。微电网采用就地发电就地使用的形式，不仅可以减少电力输配损耗、提高能源利用效率，而且可以减少用户对电网的依赖性，提高用电的可靠性和安全性，是未来智能电网的重要组成部分之一。不过，作为大电网的一种补充，微电网的运行必须依托大电网，实质上还是电网的一种特殊用户。微电网中主电源一般为分布式燃气三联供机组，也可以包括小型风机、小型光伏等分布式小型电源，尤其是小型的太阳能、风能或者生物质能发电设备可以不再与大电网直接联系，有利于推广应用。由于微电网中分布式电源的波动性和随机性，以及微电网内用户负荷的不确定性，在微电网内安装储能系统，可平抑电源的波动，为用户提供平稳可靠的电源。

（1）技术需求。在微电网中，储能系统可以平滑光伏和风力发电的波动性，在分布式电源投入和退出过程中对有功进行紧急平衡控制，从而保证重要负荷的电压稳定。微电网中储能系统的典型功率为数十至数百千瓦，运行时间为 2～4h。从微电网的规模、特点等方面来看，适用于微电网的储能技术主要有电池类储能、超级电容器储能、飞轮储能等。

（2）接入方式。微电网侧的储能系统一般直接接入低压 400V 母线，以 100kW/400kW·h 的储能系统为例，由 1 条储能回路构成，直接由微网能量管理系统进行监控，如图 5-16 所示。

（3）运行模式。微电网侧储能系统可按以下几种模式运行，每种模式相互独立，不要求同时实现多种功能。

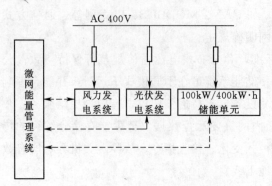

图 5-16　微网中储能系统接入示意图

1）恒定功率充电模式：储能系统可在指定功率下充电。

2）恒定功率放电模式：储能系统可在指定功率下放电。

3）待机模式：系统既不充电也不放电，辅助器件处在备用状态。接触器处于闭合状态。

4）孤岛模式：储能系统可检测公共电网的异常，断开接触器，孤网运行（参考 IEEE P1547.4）。当公共电网恢复，储能系统可检同期并网。

5）快速切换模式：储能系统应快速响应（如半周波），自动转到孤岛模式。

6）可延时切换模式：储能系统可延时转化到孤岛模式（如分钟），在孤岛之前允许其他电网设备动作。

7）频率调节模式：储能系统可响应每秒接受的信号进行充放电；在支撑频率时，储能系统可请求长期维持在设定 SOC 值下运行。

（4）电气接口。

1）接口标准：系统应满足安全、电气设计、电气连接、谐波、直流分量注入、绝缘等国际公认的标准。

2）断路器：断路器能断开满功率系统，可手动操作，电网侧有全部的操作和控制权。

3）接触器：系统应包括接触器，按运行模式进行操作。

（5）通信与数据管理。

1）通信：系统应满足多种通信方式，如 CAN、MODBUS、以太网等。通信方式的选择可取决于电网要求，也可由公共电网明确规定。

2）集成接口：系统应遵循电网通信标准，和分布式电源通信规范等保持一致；公共电网通过操作中心对储能系统进行监控；储能系统可在不同模式下运行，并能合理响应负荷信号；系统应具备必要的通信和遥测设备，支持通信协议，有效地提供服务。

3）数据和事件：系统应记录一定时间内的重要运行数据，至少能存储分钟级的传输数据；系统应对事件进行记录，如运行模式变化、接收指令、故障、关机等；所有数据均可采用电脑接口或无线进行远动或就地下载。

（6）安装维护。系统设计可按照变电、配电和承包商的要求进行安装、运行和维护，应提供充分的说明文件和培训材料，应附标准的电气工具或提供特殊的操作工具。

若电力电子模块、存储单元等子系统可能被更换或去除，应由供应商将其分类为故障状态；所有的消耗和老化部件应按照替换间隔进行分类。

（7）安全。系统在内部故障或电网故障时应具备自保护功能；系统应考虑电网公共安全标准；系统应最大程度地避免人身和公共伤害；系统应最大程度减小对环境的破坏；系统可通过明确的流程进行再生；断开开关可被锁定。

5.3 储能系统在典型应用场景中的经济性分析

5.3.1 储能系统的典型应用场景分类

目前，储能造价较为昂贵，不同应用场景下的储能系统的经济性分析受到国内外的关注，是推动储能技术大规模发展的重要影响因素。美国 Sandia 国家实验室对各类储能技术的成本进行了分析比较，并对大容量储能系统、分布式储能、电能质量具体应用场合中各类储能成本和放电时间之间的关系开展了详细的研究。美国 Sandia 国家实验室对储能技术在整个电力系统中的应用进行了具体分类，并对各种应用场景中储能的收益进行了计算，如低储高发套利、调频收益、备用收益、减少输电阻塞、延缓输配电建设投资等，从而更加客观地评估了储能系统应用的各项效益。储能在具体应用场合下的收益可分为以下 12 类：

（1）能量交易。电能需求少、电价低的时候充电，电能需求多、电价高的时候售电。

（2）集中发电。储能可替代新增发电厂，减少购买新增发电厂的发电容量，或减少在电力市场租赁发电容量。

（3）辅助服务。辅助服务类别很多，包括提前安排发电和交易，实时调整部分电源维持发电和负荷平衡；无功支撑/电压控制，确保输电系统电压在允许范围内工作；进行分钟级的调控，保持供电/负载平衡在公共电网标准要求范围内；在线备用，补偿发电或输电中断，其中"频率响应"的在线备用指 10s 内响应维持系统频率，离线备用指 10min 内响应补偿发电或输电中断；以小时为单位，纠正实际和计划的能量交易差；负载跟踪，满足小时和日负荷波动；后备电源，可供 1h 内的发电备用，或做市场交易；补偿输配电系统的损耗；动态调整，即实时调整发电输出或负载的范围值；黑启动，即在大电网中断的时候，无外界援助下启动部分电网；维持电网稳定性，即对系统扰动能实时响应，确保系统稳定和安全。

（4）输电支撑。提高动态稳定性，增加承载能力；在次同步振荡时提供有功和无功补偿，提高线路容量；减小瞬时的电压跌落，改善动态电压稳定性；在大电网受到扰动时，减少低频下的负载切除。

（5）减小输电容量扩容需求。

（6）减少输电阻塞。减少高峰用电时由于输电阻塞增加的成本。

（7）延缓输电和配电的升级改造投资。减少地方纳税人的成本，增加公共资产利用率，资金可用来建设更重要的工程，同时减少投资后设备利用率降低的风险。

（8）电量成本管理。类似能量交易，指用户侧的低充高放，根据用户的电价机制进行操作。

（9）容量收费管理。避免峰值用电造成月电价或年电价的提高。

（10）用电服务可靠性。若用于顺序关闭，放电至少为小时级；若用于传输到就地发电厂，放电时间为小时级。

（11）用电服务电能质量。应对电压波动、频率波动、低功率因数、谐波、服务中断等电能质量问题。

（12）确保可再生能源按合同发电。电能需求低的时候将可再生能源发电储存，电能需求高的时候放电，确保可再生能源按合同要求供电。

5.3.2 储能系统的成本/收益分析方法

储能装置在日本、美国、欧洲部分国家已经获得了较多的应用，我国目前还处在试验和示范阶段。针对储能系统的价值评估，国内外已经开展了较为全面和具体的研究。

目前对储能价值评估主要根据应用场合的不同，归纳起来主要分为：电网侧、用户侧和新能源发电侧。储能装置可以延缓电网升级投资、减少输电阻塞、提供辅助服务、提高供电可靠性，从而带来相应的收益，同时在峰谷电价机制下，储能装置还可以通过低储高发实现套利。储能在电网中应用所产生的效益是多方面的，这些收益一般不全部属于投资主体，需根据储能系统的用途进行分析。

在输配电侧，大量文献对储能系统的收益方法进行了建摸和分析。文献对钒电池储能系统用于延缓电网升级、减少阻塞成本和低储高发套利三个方面的效益进行了研究，以收益最大为优化目标，通过遗传算法和线性规划进行了求解；也有文献综合考虑储能系统延缓电网升级、提供辅助服务、提高输电网设备利用率、负荷和发电优化管理等方面的价值，获取了净现值最大、成本最小的多目标优化模型；文献还通过比较收益和成本，综合考虑系统的频率波动曲线和电池的充/放电特性，以储能系统产生的年收益最大为目标，建立了电网中用于一次调频的电池储能系统的数值仿真模型，从而得到系统的最佳电池储能容量值；另外，文献以延缓电网升级产生的效益最大化为目标函数，对蓄电池储能、燃料电池、柴油发电机和光伏发电等几种可用于延缓电网升级的优化方案进行比较分析，采用动态规划方法求解获取不同方案中的最佳规模和经济可行的单位造价。

对于功率和容量已经确定的储能系统，也可以经济最优为目标，对系统的调度和运行策略开展研究。文献在计及低储高发套利、备用和调频收入的情况下，以收益最大为目标，建立了 10MW/70MW·h 的钒电池和钠硫电池储能系统优化运行调度的混合整数非线性规划模型，利用通用代数模型系统（GAMS）求得储能系统的优化运行策略；还有文献考虑了低储高发套利和调频收入，计算了 1MW/10MW·h 钠硫电池储能系统和 1MW/0.25MW·h 飞轮储能系统在不同运行方案下的净收益，并对其经济性进行评估；也有文献对延缓电网升级、低储高发套利和调频收入的净现值开展建模仿真，对几种主要的电池储能技术（铅酸、镍镉、钠硫和钒电池）的经济性进行了分析和比较；还有文献通过计算地区电网中用于旋转备用、负荷调节和频率控制的电池储能系统在不同规模下的经济效益，对三种应用模式下的经济效益进行了比较，分析了收益随储能规模的变化趋势。

在新能源发电侧配备储能装置，可以平抑新能源出力波动，还可以将可再生能源发电进行时移，从而获得更多效益。从发电商的角度出发，考虑的收益主要是峰谷上网电价下储能系统低储高发所获得的套利，但由于安装储能后，新能源发电并网所需购买的备用容量会减少，但并未计入由此会带来的比较大的社会收益。很多文献针对新能源发电侧安装储能的设计方法和运行技术进行了研究和报道；通过模拟在工厂、商务楼和购物中心等不同的负荷点，增加光伏—电池储能联合系统，计算不同的规模组合下所产生的总成本和二氧化碳排放的减少情况，分析了光储联合发电系统的最佳规模和经济性；通过计算风/光—储能联合、柴油机组供电的独立供电系统为保证可靠供电所需的储能容量，对各种储能技术（包括抽水蓄能、压缩空气储能、电池储能等）的单位发电成本进行计算和比较，得出经济性最佳的储能技术；通过建立微电网的总运行成本最小的动态经济调度模型，采用动态规划算法进行求解，分析了含有风电、光伏发电、燃料电池、柴油机组和蓄电池储能的微网动态经济调度结果，确定系统所需的最佳储能规模及对应的经济性。

储能系统应用于用户侧，主要用于调节负荷以节省电费、提供不间断供电等。如文献考虑储能系统节省用户电量电费和容量电费方面的效益，以用户投资蓄电池储能系统的投资回报率最大为目标建立了储能系统的规划模型，采用多步动态规划和专家知识库规则进行求解，得到用户的最佳储能规模和最优合同容量。也有文献以用于调节负荷的电池储能系统节省电费产生的净收益最大为目标，采用动态规划方法对储能规模和运行策略进行仿真优化。目前相关的研究文献都着重于储能系统节省电费方面的价值，而没有计及其作为不间断电源减少用户缺电成本方面的价值，不能充分体现储能装置在用户侧使用的真实价值。

5.3.2.1 经济术语

（1）贴现值。贴现值是将未来的一笔钱按某种利率折算成现在值。复利计算的方法是第一年的利息与本金之和作为第二年的本金，然后反复计息，第 n 年末的本利和为

$$A = A_0(1+r)^n \qquad (5-11)$$

式中　A_0——本金；

　　　r——年利率；

　　　n——年数；

　　　A——本利和。

由此可得：

$$A_0 = \frac{A}{(1+r)^n} \qquad (5-12)$$

A_0 即为贴现值，A 为未来某年的一笔收益，n 为年数，r 为贴现率，$(1+r)^n$ 为复贴现率。通过式（5-11），即可计算出投资者未来的投资收益的贴现值。

（2）等年值。一般来说，投资的收益并不是在某一年一次性体现，而是在未来的若干年，每年都获得一笔收益，称为支付流，支付流现值的计算如下：

$$A_0 = \frac{A_1}{(1+r)} + \frac{A_2}{(1+r)^2} + \cdots + \frac{A_n}{(1+r)^n} \qquad (5-13)$$

式中 $\dfrac{A_i}{(1+r)^i}$——第 i 年所获收益的贴现值，$(i=1, 2, \cdots, n)$；

A_0——支付流的现值。

若当 $A_1 = A_2 = \cdots = A_n = A$ 时，被称为等年值现值，计算公式为

$$A_0 = \frac{A}{r}\left[1 - \left(\frac{1}{1+r}\right)^n\right] \qquad (5-14)$$

式中 A_0——等年值现值；

A——每年的收益；

r——贴现的利率；

n——年数；

$\dfrac{1}{r}\left[1 - \left(\dfrac{1}{1+r}\right)^n\right]$——等年值现值系数。

（3）盈亏平衡点。盈亏平衡点又称零利润点、盈亏临界点。以盈亏平衡点为界限，当收益高于盈亏平衡点时储能系统可获利。盈亏平衡点可以用总收益来表示，即盈亏平衡点的总收益需求；也可以用单位收益来表示，即盈亏平衡点的单位收益需求。

5.3.2.2 储能系统成本计算方法

（1）投资总成本。储能系统的成本包括两部分：①固定设备成本，包括储能本体、PCS 和辅助设施；②运行维护成本。

固定设备成本中储能本体和辅助设施的成本与存储的能量有关，PCS 的成本与释放能量的功率峰值有关，计算公式为

$$C_{\text{system}} = C_{\text{energy}} \cdot E_{\text{system}} / \eta + C_{\text{power}} \cdot P_{\text{system}} \qquad (5-15)$$

式中 C_{energy}——系统每单位存储能量的成本，元/kW·h；

E_{system}——系统存储总能量，kW·h；

η——储能系统效率；

C_{power}——能量转换系统的功率成本，元/kW；

P_{system}——系统的功率大小，kW。

储能电站建成后，要进行定期或不定期的检修与维护等工作，以减少设备故障，保证电池组的可用性。运行维护成本与电站规模、电池种类、充放电工况、电池老化程度等相关，本节简化成：

$$C_{\mathrm{OM,s}} = C_{\mathrm{o}} \cdot P_{\mathrm{system}} + C_{\mathrm{m}} \cdot P_{\mathrm{system}} \tag{5-16}$$

式中 C_{o}——系统单位功率年运行费用，元/(kW·年)；

        C_{m}——系统单位功率年维护费用，元/(kW·年)。

储能系统的成本与应用场合有关，美国电科院对大容量储能系统、分布式储能系统和改善电能质量三类应用场合下的各类储能系统成本现状进行了调研，结果见表 5-3～表 5-5。

表 5-3   大容量储能系统的各类成本

类型	能量成本 /[美元·(kW·h)⁻¹]	功率成本 /(美元·kW⁻¹)	配套设施 /[美元·(kW·h)⁻¹]	效率/% (AC/AC)	固定运行维护成本 /[美元·(kW·年)⁻¹]
富液式铅酸	150	125	150	0.75	15
阀控密封铅酸	200	125	150	0.75	5
钠硫电池	250	150	50	0.7	20
压缩空气	3	425	50	0.73	2.5
抽水蓄能	10	1000	4	0.75	2.5

表 5-4   分布式储能系统的各类成本

类型	能量成本 /[美元·(kW·h)⁻¹]	功率成本 /(美元·kW⁻¹)	配套设施 /[美元·(kW·h)⁻¹]	效率/% (AC/AC)	固定运行维护成本 /[美元·(kW·年)⁻¹]
富液式铅酸	150	175	50	0.75	15
阀控密封铅酸	200	175	50	0.75	5
Zn/Br	400	175	0	0.60	20
钠硫电池	250	150	0	0.7	20
锂离子	500	175	0	0.85	25
全钒液流	600	175	30	0.7	20
地上压缩空气	120	550	50	0.79	10
高速飞轮	1000	300	0	0.95	1000

表 5-5   改善电能质量的储能系统各类成本

类型	能量成本 /[美元·(kW·h)⁻¹]	功率成本 /(美元·kW⁻¹)	效率/% (AC/AC)	固定运行维护成本 /[美元·(kW·年)⁻¹]
铅酸	300	250	0.75	10
锂离子	500	200	0.85	10
微型超导磁	50000	200	0.95	10
高速飞轮（150kW×15min）	1000	300	0.95	5
高速飞轮（120kW×20s）	24000	333	0.95	5
低速飞轮	50000	300	0.9	5
超级电容	30000	300	0.95	5

（2）寿命周期内的年平均成本。储能系统寿命周期内的等年成本现值计算公式如下：

$$A = A_0 \left[r \, \frac{(1+r)^n}{(1+r)^n - 1} \right] \tag{5-17}$$

式中　A_0——寿命周期的总投资成本；

　　　r——贴现率；

　　　n——服务年限。

5.3.2.3　储能系统应用的单项收益计算方法

（1）低储高发套利。对于用户或发电企业来说，都可通过低储高发获得效益。在负荷低谷、电价较低时购电，在负荷高峰、电价较高时放电，减少高价电的使用量。对应地，产生的年收益可表示为

$$R_1 = n \sum_{i=1}^{24} (P_{\text{discharge},i} - P_{\text{charge},i}/\eta) e_i \tag{5-18}$$

式中　$P_{\text{discharge},i}$——第 i 时段储能系统的放电功率；

　　　η——储能系统效率；

　　　$P_{\text{charge},i}$——第 i 时段储能系统的充电功率；

　　　e_i——第 i 时段的电价；

　　　n——储能装置每年运行的天数。

（2）替代新增发电厂。通过安装储能装置，替代安装新增发电厂或减少租赁电力容量，对应地减少此项所需的成本，从而产生收益，年收益可以表示为

$$R_2 = C_{\text{margin}} P_E \tag{5-19}$$

式中　C_{margin}——新增发电厂的边际成本年现值，元/（kW·年）；

　　　P_E——所需新增发电厂的功率。

（3）辅助服务。储能装置可发挥多种辅助服务的作用，包括用作在线/离线备用电源、事故应急电源、调频、黑启动、无功支撑，还可确保发电按计划执行，保证按合同进行电力交易等。因此，辅助服务的价值与服务类型、放电时间、电价、使用时间、季节性等因素密切相关。本节中将此项效益简化为

$$R_3 = C_{\text{service}} P_E \tag{5-20}$$

式中　C_{service}——辅助服务价值的年现值，元/（kW·年）；

　　　P_E——所需辅助服务的功率。

（4）输电支撑。在输电侧安装储能装置，可减少传统的电压支撑和抑制次同步振荡设备的投资，同时提高电压稳定性和减少低频下的负载切除。表 5-6 列出了不同输电支撑作用下的收益年现值。将此项经济效益简化计算如式（5-21）：

$$R_4 = \sum_i C_{\text{trans},i} P_E \tag{5-21}$$

式中　$C_{\text{trans},i}$——发挥单项作用所产生收益的年现值，元/（kW·年）；

　　　　P_E——所需新增输电支撑的功率。

表 5-6　　　　　　　　　　　　　　输 配 电 支 撑 效 益

效　益　类　型	收益年现值/[美元·（kW·年）⁻¹]
输电能力增强	13
电压支撑（若采用电容器产生的资金成本）	—
低频的负载切除（按每次计算，每年 3 次）	11

（5）减小输电容量需求。发电企业需要给输电企业支付输电服务费用，包括运行成本和维护成本，对应地此项年收益即为减少的成本，表示为

$$R_5 = (C_{\text{trans},o} + C_{\text{trans},m}) P_E \tag{5-22}$$

式中　$C_{\text{trans},o}$——所需增加输电容量的单位运行成本，元/（MW·年）；

　　　　$C_{\text{trans},m}$——所需增加输电容量的单位维护成本，元/（MW·年）；

　　　　P_E——储能系统可持续运行的最大功率，MW。

（6）减少输电阻塞。首先根据具体的区域电网，对输电容量阻塞进行定价，假设输电阻塞的单位价值为 $C_{\text{trans},b}$[元/（MW·年）]，此项年收益可表示为

$$R_6 = C_{\text{trans},b} P_E \tag{5-23}$$

（7）延缓输配电升级改造。配电网中某一线路负荷逐年增长而超过承载能力时，需对配电网进行升级建设，但是高峰负荷往往只有几个小时，严重影响其建设经济性和电网利用率。配电网升级的传统方法是增建或换装变压器，或者对配电线路进行改造，此类升级成本较高。安装在靠近负荷侧的电池储能通过削峰填谷，可以实现电网调峰，提高电网设备的利用率，延缓电网升级，从而降低电网投资建设费用。储能系统减少电网扩建容量效益的年现值 R_7 的计算公式为

$$\begin{cases} R_7 = \left[C_{\text{trans}} P_N (1+\tau)^{\Delta N} + C_{\text{line}} P_N \right] \cdot \left[1 - \left(\dfrac{1}{1+d_r} \right)^{\Delta N} \right] \cdot \dfrac{d_r (1+d_r)^{N_{\text{ES}}}}{(1+d_r)^{N_{\text{ES}}} - 1} \\ \Delta N = \dfrac{\log(1+\lambda)}{\log(1+\tau)} \end{cases}$$

$$\tag{5-24}$$

式中　λ——储能的削峰率，%；

　　　τ——负荷年增长率，%；

　C_{trans}——变压器单位容量费用，万元/MW；

　　P_N——配电网额定功率，MW；

　C_{line}——线路扩容单位容量费用，万元/MW；

　ΔN——延缓电网改造的年限，a；

　　d_r——折现率，%；

　N_{ES}——储能的寿命周期。

（8）减少用户电量成本。用户通过安装储能装置，在负荷低谷、电价较低时购电，在负荷高峰、电价较高时放电，减少高价电的使用量。对应地，产生的年收益可表示为

$$R_8 = n \sum_{i=1}^{24} (P_{\text{dicharge},i} - P_{\text{charge},i}/\eta) \cdot e_i \tag{5-25}$$

式中　n——储能装置每年运行的天数。

（9）减少用户容量成本。在大中型用户安装储能系统，可以削峰填谷，减少用户高峰时的用电负荷，同时能调节负荷的无功功率，减少配电站所需的配变容量，对应地减少了用户每月所需缴纳的容量费用，年收益可以表示为

$$R_9 = \sum_{i=1}^{12} e_{\text{r},i} \eta (P_{\max} - P_{\text{a}}) \tag{5-26}$$

式中　$e_{\text{r},i}$——用户按最大容量所需缴纳的基本电费，万元/（MW·月）；

　　　$P_{\max}$——日负荷最大值，MW；

　　　P_{a}——负荷的日平均功率，MW。

（10）减少供电可靠性引起的损失。对于这类服务价值，效益需要采用两种标准进行估计：①年电力中断时间；②未提供服务电能的价值（元/kW·h）。因此，此项经济效益可表示为

$$R_{10} = C_{\text{interr}} t P_{\text{E}} \tag{5-27}$$

式中　C_{interr}——电力中断所产生的单位电能损失；

　　　t——年电力中断时间；

　　　P_{E}——储能系统的功率。

（11）减少电能质量引起的损失。由电能质量引起的经济分析很难评估，一般采用电能质量事件进行分析，如每次电能质量事件产生 C_{qual}（元/kW）的价值，商业或工业用户年电能质量事件为 N 次，此项年经济效益可表示为

$$R_{11} = C_{\text{qual}} N P_{\text{E}} \tag{5-28}$$

（12）峰谷上网电价下的可再生能源时移收益。假设以用户侧的峰谷电价为参考设置风电电价，分析上网电价峰谷差对储能建设的激励作用。对应地，在第 i 时段储能系统通过低储高发产生的效益为

$$R_{12} = e_i (P_{\text{discharge},i} - P_{\text{charge},i}/\eta) \Delta t \tag{5-29}$$

式中　e_i——第 i 时段的上网电价；

　　　Δt——根据电价机制对一天进行划分的时段长度。

5.4　我国电力市场环境下的储能效益分析

5.4.1　新能源发电侧储能装置的综合效益

（1）减少所需备用容量。以风电场为例，当系统中风力发电的比例逐渐增大，风力

发电预测误差对电网运行的影响会越来越明显，需要增加系统的正负备用功率。当风电场配置一定容量的储能装置后，可以调节风电场出力，减少预测可信度导致的偏差，并减少系统所需的备用容量。假设储能装置能满足任何时段风电场所需的备用容量，以5min为一个节点，每天有288个时段，储能系统在第 i 时段减少风电备用容量所产生的效益为

$$R_{1,i} = e_i(1-\sigma)P_{w,i} \tag{5-30}$$

式中　e_i——第 i 时段内的备用容量价格，万元/MW；

　　　σ——风电场预测技术的可信度；

　　$P_{w,i}$——风电场在第 i 时段内的出力。

（2）减少可再生能源并网通道建设容量。由于我国风资源丰富的区域远离负荷中心，需要长距离输送。当风电场规模越大，所对应的接入电网的电压等级越高，输电通道的建设成本占风电场投资成本的比例就越高。风电场群的最优输电容量往往小于风电场群的装机容量，最优输电容量应根据风电场群的实际出力情况决定。

假设风电场的并网通道按典型日出力的最大值进行规划，经过储能系统平抑风电场波动后的出力曲线更加平滑，可使风电场短时的峰功率值降低，从而减小所建设的并网通道容量，节省对应的投资。节省的成本可以表示为

$$R_2 = K[\max(P_{w,i}) - \max(P_{w,i} + P_{discharge,i} - P_{charge,i})] \tag{5-31}$$

式中　K——并网通道建设的单位造价，万元/MW；

　　$P_{w,i}$——风电场典型日出力的最大值。

（3）峰谷电价下的套利。风电的反调峰特性将会导致火电机组在负荷低谷时停运或降低出力运行，煤耗率大大增加，使得系统运行经济性大大降低。同时，由于风电大规模并网对电网的安全运行产生影响，并网受到限制。

在固定上网电价机制下，利用风电场的储能装置实现负荷低谷时蓄电，负荷高峰时放电不会对风电投资商产生经济效益，无法激励发电企业采取技术手段改善电能质量。如果能够对风电实施合理的峰谷电价，一方面可以用价格信号引导风电场参与调峰，减轻电源侧和电网的调峰压力，优化网内机组运行；另一方面，可以减少风电对电网的冲击，保证电网的安全运行，提高电网对风电的接纳规模。假设以用户侧的峰谷电价为参考设置风电电价，分析上网电价峰谷差对储能建设的激励作用。对应地储能系统产生的效益为

$$R_3 = e_i(P_{discharge,i} - P_{charge,i}/\eta)\Delta t \tag{5-32}$$

式中　e_i——第 i 时段的上网电价；

　　Δt——根据电价机制对一天进行划分的时段长度。

5.4.2　配电网侧储能装置的综合效益

（1）减少电网扩容。当某一线路负荷超过容量时，需要对配电网进行升级或增建，传统的方法包括升级或增建变电站变压器、输配电线路等。将储能装置安装在过负荷节

点处，以较小的容量即可延缓输配电网升级所需的资金投入，有利于电网公司减少总投资成本，提高设备利用率，同时减小增容的投资风险。通常适合采用安装储能装置减少电网扩容的情况如下：

1）过负荷情况出现较少，且发生的持续时间较短。

2）负荷增长缓慢。

3）配电网升级资金昂贵，小容量储能系统可以延缓较大的投资。

4）传统的改造方法受限，如无线路走廊等因素。

电网输配电容量一般根据地区最大负荷需求进行规划，所以在用电低谷时，负荷功率大大低于电网的容量，而出现尖峰负荷时，负荷功率接近电网的额定容量，甚至出现变电站和线路过载。通过在配电网安装储能装置，相当于在负荷侧安装了调峰电源。储能装置的功率和能量影响其调峰作用，假设储能的充放电功率大于尖峰负荷与平均负荷之差，且满足持续时间较长的高峰时段，实现削峰填谷的目标。对应地，在减少电网扩容方面的效益可以用式（5-24）表示。

（2）减少电网总网损。储能系统在一天的系统负荷低谷阶段进行充电，在负荷高峰时放电。充电时，储能系统相当于一个负载，使系统的负荷增加，从而使得系统谷荷时的网损有所增加。放电时可显著降低负荷高峰时配网主干线路上的电流，从而降低负荷高峰时线路和变压器损耗，使得系统峰荷时的网损减少。考虑到电能损耗是和电流的平方成正比，可以得出：在一定储能容量范围内，它所引起的网损减少量大于其导致的网损增加量。同时考虑到负荷高峰时的电价高，相应地该时段单位网损的成本也更高，所以储能系统在降低网损成本的价值方面也相当可观。储能在减少配电线路网损成本方面的年收益可表示为

$$R_2 = n \sum_{i=1}^{24} \frac{[P_i^2 + Q_i^2 - (P_i + P_{\text{discharge}, i} - P_{\text{charge}, i})^2 - (Q_i + Q_{\text{discharge}, i} - Q_{\text{charge}, i})^2] Re_i}{U^2}$$

$$(5-33)$$

式中　　　　P_i 和 Q_i——第 i 时段的负荷有功功率和无功功率；

$P_{\text{charge}, i}$ 和 $Q_{\text{charge}, i}$——第 i 时段储能系统吸收的有功功率和无功功率；

$P_{\text{discharge}, i}$ 和 $Q_{\text{discharge}, i}$——第 i 时段储能系统提供的有功功率和无功功率；

e_i——第 i 时段的电价；

n——储能装置年投运天数；

R——上一级变电站至储能安装位置的等效电阻；

U——储能装置接入点的电压。

（3）低储高发套利。在系统负荷峰谷差越来越大的形势下，峰谷电价在很大程度上反映了发电成本的差异。当储能系统大规模应用，在低谷负荷情况下，可以启动储能装置进行储能，机组可以运行在比较经济的出力区间，从而获得较高的经济效益。一定规模的储能装置可以提高低谷负荷时的机组效率，即使考虑储能系统的循环效率，每吨标准煤还可多发电 50～150kW·h。电网企业安装的储能系统在负荷低谷、电价较低时充

电，而在负荷高峰、电价较高时放电，通过低价买入、高价卖出实现经济收益。在我国电力工业中，上网电价未实行峰谷电价，所以储能装置的这方面的价值对于电网企业而言无法体现，而参照用户电价的峰谷电价机制对该方面的收益进行评估，可以间接反映储能系统带来的经济效益。同时，储能系统的大规模应用不但可以提高发电厂的经济效益，而且在相同发电量的情况下可以促进其增效减排，符合国家的能源政策，具有明显的社会效应。储能装置所产生的这部分年效益表示为

$$R_3 = n \sum_{i=1}^{24} (P_{\text{dicharge},i} - P_{\text{charge},i}/\eta) e_i \tag{5-34}$$

（4）减少系统备用容量。

1）分布式发电所需的备用容量。在节能减排的发展趋势下，分布式新能源发电（主要是风电和太阳能）的发展也比较迅速。分布式发电是指直接布置在配电网中或分布在负荷附近的小容量的发电机组，以满足特定用户的负荷需求或支持配电网的经济运行。分布式发电包括微型燃气轮机、燃料电池、可再生能源如光伏发电和风电等，其中可再生能源具有显著的间歇性和波动性，孤立运行时供电可靠性较低，并网运行时虽然可以充分利用电网的调节能力，但其波动性会给电网带来　定的扰动，尤其当分布式发电大规模接入时，需配备一定容量的可快速调节的备用电源。将储能安装在配电网中，可以作为分布式发电的备用容量，同时提高系统的运行安全性。所以储能装置代替备用容量支出的收益可表示为

$$R_4 = P_{\text{max}} e_s \tag{5-35}$$

式中　P_{max}——储能装置可持续放电的最大功率；

　　e_s——备用容量的价格，万元/（MW·年）。

2）电网可靠性所需的备用容量。电网可靠性成本，即供电部门为使电网达到一定供电可靠性水平所需增加的投资成本，也包括运行成本。而电网可靠性效益可定义为电网达到一定供电可靠性水平而使用户获得的效益。为便于衡量和计算，本节采用用户的损失来计算，即由于电力供给不足或中断引起用户缺电、停电而造成的经济损失来表示可靠性效益。单位缺电成本不变，缺电成本越低，则可靠性效益越高。将储能装置应用在配电网中可以提高电网供电可靠性，相应地也就节省了电网为达到相同的供电可靠性而所需做出的投资，可以表示为

$$R_5 = (E_1 t + E_2 N) P_E + E_3 \tag{5-36}$$

式中　E_1——电力中断所产生的单位时间损失，元/kW·h；

　　t——年电力中断时间，h；

　　E_2——每次电能质量事故造成的损失，元/（kW·次）；

　　N——年电能质量事故的次数，次/年；

　　E_3——建设后备电源所需的年成本现值；

　　P_E——储能的功率，kW。

5.4.3　用户侧储能装置的综合效益

（1）减少用户配电站建设容量。配电站规划建设时都需要根据最大负荷确定配电系统的容量，对于供电可靠性要求较高的用户，还需增加配电系统的冗余度。若在配电系统低压侧安装储能装置，满足高峰或尖峰负荷时的用电，可减小所需建设的配电系统容量，节省相应容量的投资。储能装置所产生的收益年等值现值可用式（5-24）表示。

（2）降低配变损耗费用。储能系统在谷时充电相当于增加了配变的负载率，从而使得用户谷荷时的配变损耗增加，而放电时降低了配变的负载率，使得用户峰时的配变损耗减少。对应地年收益可表示为

$$R_2 = n \sum_{i=1}^{24} \frac{\left[P_i^2 - (P_i + P_{\text{discharge}, i} - P_{\text{charge}, i})^2\right] P_k e_i}{(S_d \cos\varphi)^2} \tag{5-37}$$

式中　　P_i——第 i 时段的负荷功率；

$P_{\text{charge}, i}$——第 i 时段储能系统的充电功率；

$P_{\text{discharge}, i}$——第 i 时段储能系统的放电功率；

e_i——第 i 时段的电价；

P_k——配变的短路损耗；

S_d——配变的容量；

$\cos\varphi$——变压器负载侧的功率因数。

（3）减少用户的电量电费。在各个地区逐渐实行峰谷电价的形势下，用户在负荷低谷和负荷高峰时段的用电电费差别随峰谷电价差的增大而迅速增加。此时用户通过安装储能装置，在负荷低谷、电价较低时购电，在负荷高峰、电价较高时放电，减少高价电的使用量。对应地，产生的年收益可表示为

$$R_3 = n \sum_{i=1}^{24} (P_{\text{discharge}, i} - P_{\text{charge}, i}/\eta) e_i \tag{5-38}$$

式中　　n——储能装置每年运行的天数。

（4）减少用户的基本电费。我国现行的电价机制有两种，包括单一制电价和两部制电价。两部制电价针对大工业用户，由基本电价、电度电价和功率因数调整电费。其中，基本电价以用户设备容量（kVA）或用户最大需要容量（kW）为单位，是固定值，用户每月所交的基本电费仅与容量有关，与实际用电量无关。

大中型用户在申请专用配变后，不论用电与否，需要按照申请的最大需量缴纳每月基本电费。此时安装储能系统，可以削峰填谷，减少用户高峰时的用电负荷，同时能调节负荷的无功功率，减少配电站所需的配变容量，对应地减少了用户每月所需缴纳的容量费用，收益可以表示为

$$R_4 = \sum_{i=1}^{12} e_{r, i} \eta (P_{\max} - P_a) \tag{5-39}$$

式中 $e_{r,i}$——用户按最大容量所需缴纳的基本电费，万元/(MW·月)。

（5）减少供电可靠性和电能质量事故造成的损失。对于用户来说，停电损失包括直接损失和间接损失。直接损失指实际发生停电时承担的损失，间接损失指用户为了减少或避免停电支付的额外费用，如备用电源建设。对应地，此项收益可简化表示如下：

$$R_5 = C_1 t P_E + C_2 P_E N + E_3 \qquad (5-40)$$

式中 C_1——电力中断所产生的单位电能损失，元/(kW·h)；

　　t——年电力中断时间；

　　C_2——每次电能质量事故造成的单位损失，元/(kW·次)；

　　N——年电能质量事故的次数，次/年；

　　E_3——建设后备电源所需的年成本现值。

上述内容仅描述了储能系统在应用中所有可能产生的综合效益的计算方法，但具体效益的评估还应结合储能的运行方式进行区别计算，并不是简单加和关系。

参 考 文 献

[1] 薛金花，叶季蕾，吴福保，等．智能电网中的储能监控系统及应用进展 [J]．电气应用，2012 (21)：53-59．

[2] 薛金花，叶季蕾，张宇，等．储能系统中电池成组技术及应用现状 [J]．2013 (11)：1944-1947．

[3] 吴福保，杨波，叶季蕾，等．大容量电池储能系统的应用及典型设计 [C] //第13届中国科协年会．2011．

[4] 鞠建勇，吴福保，何维国，等．储能监控系统结构设计 [C] //第13届中国科协年会．2011．

[5] 车兆华．电池组连接方式的分析研究 [J]．机电技术，2013 (2)：109-111．

[6] 雷娟，蒋新华，解晶莹．锂离子电池组均衡电路的发展现状 [J]．电池，2007 (1)：62-63．

[7] 李索宇．动力锂电池组均衡技术研究 [D]．北京：北京交通大学，2011．

[8] 王震坡，孙逢春，林程．不一致性对动力电池组使用寿命影响的分析 [J]．北京理工大学学报，2006 (7)：577-580．

[9] 邱名义．储能电站集电系统若干问题研究 [D]．杭州：浙江大学，2012．

[10] 王兆安，黄俊．电力电子技术（第4版）[M]．北京：机械工业出版社，2000：100-165．

[11] 张方华．双向DC-DC变换器的研究 [D]．南京：南京航空航天大学，2004：5-10．

[12] 童亦斌，吴峰，金新民，等．双向DC/DC变换器的拓扑研究 [J]．中国电机工程学报，2007，27 (13)：81-86．

[13] L. D. Mears，HL. Cotschau，T. key. et al. America：Electric Power Research Instibute and Department of Energy [R]．Energy Storage for grid connected wind generation applications，2004．

[14] 颜志敏．智能电网中蓄电池储能的价值评估研究 [D]．上海：上海交通大学，2012．

[15] 毕大强，葛宝明，王文亮，等．基于钒电池储能系统的风电场并网功率控制 [J]．电力系统自动化，2010，34 (13)：72-78．

[16] Hadi B, Luo Changling, Boon T O. Impacts of wind power minute-to-minute variations on power system operation [J]．IEEE Trans on Power Systems，2008，23 (1)：150-160．

[17]　袁铁江，晁勤，李义岩，等. 基于风电极限穿透功率的经济调度优化模型研究 [J]. 电力系统
　　　保护与控制，2011，39 (1)：15-22.

[18]　赵珊珊，张东霞，印永华，等. 风电的电价政策及风险管理策略 [J]. 电网技术，
　　　2011，35 (5)：142-145.

[19]　李宏仲，段建民，王承民. 智能电网中蓄电池储能技术及其价值评估 [M]. 机械工业出版
　　　社，2012.

第6章 储能技术在新能源并网发电中的应用

由于受天气和地理条件的影响，新能源发电输出功率具有很大的波动性和随机性，在新能源发电并网运行时，这种特性将会给电力系统的稳定性和电能质量造成很大的影响。尤其是随着我国新能源并网规模的快速增长，新能源发电占全网容量比例的大幅增加，这种影响变得更加显著。有效解决大规模新能源并网问题，不仅有利于电力系统的安全稳定运行，而且有利于提高新能源并网发电的利用率，从而推动能源结构的调整。

储能装置在新能源侧可以发挥多重作用，不仅可以平抑功率波动，满足新能源发电并网要求，提高新能源发电的电能质量，增强新能源发电并网运行的可靠性；还可以提高新能源发电的可控和可调性，使其可以提供稳定的电力输出，这些都对电网的调度控制和安全经济运行有重要的意义。

6.1 储能在新能源并网中的作用

6.1.1 平滑功率波动

电力系统中日益增加的大型风电与光伏并网发电系统对传统电网的可靠性及稳定性带来了很大的冲击。当大型新能源并网后，传统机组的爬坡率往往不能满足新能源造成的大幅度、短时的功率波动调节要求，这就迫使电网对接入运行的新能源进行功率限制。随着大规模储能技术的不断成熟，利用储能系统平抑新能源功率波动，能够有效地缓解电网调频调峰的压力，提高新能源发电的可控性，保证新能源发电的连续性和稳定性，提高电网对大规模新能源并网发电的接纳能力。

储能系统通过充放电来改变新能源发电输出功率，具体体现为：在新能源发电出力骤升时吸收功率，新能源发电出力骤降时输出功率，其中储能设备依靠储能变流器的控制来实现功率吞吐。储能平抑功率波动原理与信号处理中的滤波原理类似，低通滤波器通过对输入信号的幅值进行加减处理，使输出信号变得更加平滑。储能系统通过与新能源发电的协调运行能快速跟踪新能源发电变化并调整功率输出，快速实现平滑功率波动，从而使新能源发电注入电力系统的功率波动满足系统安全稳定运行的要求。

6.1.2 减少系统调峰容量的需求

系统调峰问题涉及到电源结构和运行经济性，对电力系统的影响较大，是目前制约电力系统接纳新能源的主要因素。调峰的本质是要求系统发电量与负荷需求之间必须时

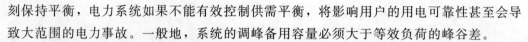

刻保持平衡，电力系统如果不能有效控制供需平衡，将影响用户的用电可靠性甚至会导致大范围的电力事故。一般地，系统的调峰备用容量必须大于等效负荷的峰谷差。

新能源发电输出的功率波动和系统负荷波动规律往往并不一致，一般比负荷的波动要剧烈得多，且风能还具有反调峰性。当新能源大规模并网发电后，不仅系统的调峰容量存在不足的风险，而且其调峰能力也面临较大的考验。新能源规模化并网增加了系统的调峰容量需求，必须要有充足的调峰机组来解决问题，这将会大大增加建设发电机组的投资。

通过建设储能设施，可以在负荷低谷时，储存过剩新能源，负荷高峰时，释放新能源，可大大减小系统新增调峰备用容量机组的需求，避免新增调峰机组面临的各种困难。

6.1.3 跟踪计划出力

新能源发电厂输出功率预测技术是解决新能源发电难以调度的重要手段之一。通过提前对新能源发电量进行预测，能够对电网运行调度提供数据支持，可以有效地减轻新能源发电接入对电网的不可预测的影响，并降低电力系统的运行成本。然而，新能源发电功率预测受到天气、气候、预测技术等多种因素的影响，不可避免存在预测误差。为保证新能源顺利并网和电力系统安全稳定运行，将储能技术应用于新能源并网中，有助于减小新能源功率预测和实际出力之间的误差，提高新能源输出的可靠性。

储能系统改善新能源发电跟踪计划出力能力是通过控制储能系统的输入/输出功率，使新能源—储能联合出力接近新能源功率预测曲线，从而提高新能源输出的可调度能力和可信度。将新能源实时发电功率与计划出力功率（预测功率）相比较，其差值若超过允许误差带宽，则控制储能系统吸收或释放该部分功率，从而缩减新能源发电功率和预测功率的误差，实现新能源—储能联合发电对下达计划出力的跟踪。储能系统与新能源发电联合应用，在一定的储能容量配置下，可以实现新能源发电的可控、可调，使得需求曲线和新能源出力曲线接近一致，弥补了新能源独立发电时预测不准确的缺点，同时减少了极端情况下预测误差超限带来的风险。

6.1.4 调节系统频率和电压

由于电力系统要求发电与用电总是平衡的，要维持这种平衡，在任何时刻系统可提供的出力变化速率都必须大于负荷变化速率。一方面，电力系统的负荷是时刻变化的，特别是在负荷高峰出现时负荷变化率较大，如果系统发电机组不能适应负荷的这种快速变化，就会导致负荷和发电功率的不匹配，影响系统供电质量；另一方面，新能源发电功率也是随机的，具有间歇性，进而难以维持系统稳定性。

储能系统用于提高新能源发电系统稳定性的本质是改善系统平衡度，主要体现在电网频率支持、阻尼振荡、惯性、电压支撑等方面。储能系统能够快速吸收或释放有功及无功功率，增强稳定性。储能系统可以通过两种方式缓解以上问题：储能系统作为备用单元，在新能源发电系统功率发生突变时，储能设备吸收或释放能量，直到常规的发电方式可以补偿这个突变。这种应用方式下，储能只需提供几分钟的能量，但需要很短的反应时间，可以由响应速度非常快的电池储能、飞轮储能等来实现。另一种方式，储能系统用来接受电网中的多种变化，有效替代电力系统里的其他调节电源。这种场合下，储能需要较大的容量以及循环寿命，可以由大型压缩空气储能、抽水蓄能和大容量电池储能等来实现。

此外，由于我国新能源发电厂多数建设在电网的末端，即在电网薄弱点并网接入。发电机组在发出有功功率的同时也向电网吸收无功功率，发电机组输出功率的波动会引起发电机组吸收无功的波动，当电网电压下降时，无功功率的补偿也会随之降低，与此同时安装在发电机组端的电容器由于电压的降低，其无功补偿量也会随之减小，进而造成发电厂对电网的无功需求增加，造成电网电压波动、闪变以及电压不平衡等现象，严重时会造成电压崩溃，发电机组因低电压保护而被迫停机。因此，大规模新能源发电并网将会对局部电力系统的电压质量和电压的稳定性造成不良影响，而储能系统可以在电网电压跌落时为电网提供无功支撑，在电网电压骤升时吸收部分电网的无功功率，使电网电压快速恢复到正常水平。

6.2 新能源并网中储能系统的优化设计

6.2.1 储能系统的接入方式

储能系统在新能源并网发电中的配置方式分为分布式配置和集中式配置两种模式，下面针对应用范围较广的风电场中储能配置方式进行介绍。分布式配置指在每台风力发电机励磁直流环节单独配置储能系统或者是在每台风力发电机的输出端配置储能系统；集中式配置指在整个风电场出口处集中安装储能系统。图 6-1 和图 6-2 分别是这两种配置方式的系统接入图。

如图 6-1 所示，分布式储能配置方式是在原有的风机直流环节加入储能系统。该配置方式通过对风电场各台风力发电机的输出功率进行平抑，以调节单台风力发电机的输出功率为目标，从而达到对整个风电场输出功率的平抑。给风机配置储能，可以利用原有的网侧变流器，也可以在风机输出端利用 AC/DC 变换器连接储能系统，通过对 AC/DC 变换器的功率解耦控制实现对风机输出功率的平滑控制。前一种方式无需为连接储能系统额外配置功率变换器，但会改变网侧变流器原有的控制方式，增大了风机的控制复杂度；后一种方式加装了额外的 AC/DC 功率变换器，无需改变风机的结构和控制方式，采用了独立的储能控制系统，控制更加方便和灵活。

如图 6-2 所示，集中式储能配置方式是在风电场出口母线处，配置一个独立的储能系统对整个风电场的输出功率进行调节和控制。该配置方式从宏观的角度出发，采用集中式配置储能系统的方法，以实现风电场输出功率的控制和调节目标。

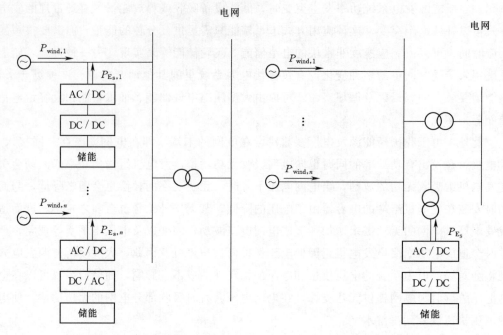

图6-1 风电场储能分布式配置接入示意图　　图6-2 风电场储能集中式配置接入示意图

从理论上讲，上面两种储能系统配置方法都能达到平抑和控制风电场并网功率波动的目标。下面分别介绍这两种配置方式的优缺点：

（1）分布式配置可利用风机原有的励磁变流器的直流环节连接储能系统，充分利用了既有资源，节约了用于和储能系统相连接的变换器投资成本，但改变了原有风机的励磁控制方案，实际操作中需要机组生产厂商提供技术支持；集中式配置无需改变现有风机的控制结构，只需要外加一个相对独立的储能系统，通过 AC/DC 变换器接到风电场出口母线上，以达到平抑风电并网功率波动的目标。

（2）分布式配置以调节和控制单台风机的功率为出发点，所需配置的单个储能系统的功率和容量较小；而集中式配置以调节和控制整个风电场的功率为目标，所需配置的储能系统功率和容量很大，除抽水蓄能以外的大规模储能技术尚不成熟，且成本昂贵。

（3）考虑到大型风电场有很多台风力发电机组成，占地面积较大，风电机组在风电场的位置也是不同的，受地理条件和风电场内部尾流效应的影响，每台风力发电机输出功率的波动是此起彼伏的，导致各风力发电机之间存在一定的互补性，这在一定程度上减弱了整个风电场的输出功率的波动，有利于减小储能总容量的配置，即多台风力发电机的自平滑特性可以降低风电场输出总功率的波动。因此，储能容量和风电场总容量的比值随着风电场规模的增加呈现下降趋势。在储能技术和规模允许的条件下，为风电场群集中安装储能系统，比分散式安装储能系统所需容量要小。

（4）在运行和维护方面，风电场会出现风电机组停运或者检修的情况，导致安装在这些风力发电机上的储能系统将得不到充分利用，集中配置方式则不受此影响。此外，分布式配置需要对每台风力发电机安装储能系统，大大增加了系统运行维护的工作量，同时降低了整个系统的可靠性和经济性。

总体上，随着电力电子器件的发展，大功率变流器和大规模储能技术的日益成熟，集中式储能系统配置方式在新能源发电并网应用中将更具优势。

6.2.2 储能系统的技术/经济性分析

本节不考虑新能源并网应用中的抽水蓄能和压缩空气储能技术，重点针对安装方便、灵活，建设周期短的电池储能和飞轮储能等进行技术和经济的分析。

在 5.2.1 节中介绍了新能源侧应用中不同应用目标对储能技术参数的特征描述，重点表现在功率等级、持续放电时间、响应时间和循环寿命上。除此之外，还应分析储能寿命周期内的成本和效益，从技术性和经济性两方面综合选取适合的储能技术。

6.2.2.1 用于新能源并网发电的几类储能技术

现阶段用于风电场中的主要储能技术包括铅酸电池、锂离子电池、全钒液流电池、钠硫电池和飞轮储能技术。

铅酸电池比能量适中、可靠性高、技术成熟，且成本较低，已广泛用于风电场储能。与铅酸电池相比，锂离子电池具有更高的能量密度和循环次数，且能量转换效率更高，但目前成本较高，在风电场中大规模应用的技术/经济性尚在测试中。全钒液流电池具有灵活增容，可深度充放电的能力，且具有快速的响应能力和很高的循环次数，在平抑风电场功率频繁波动应用中具有很大的优势。目前，在日本就有数十套全钒液流电池储能系统进行示范运行，北海道 30MW 的风电场配置了 6MW 的全钒液流电池储能，用于风电场的调频和调峰。钠硫电池储能技术持续放电时间长，且循环次数高，适用于风电场能量时移、跟踪计划出力等应用目标。兆瓦级钠硫电池储能系统已步入示范应用阶段。世界上运营规模最大的风电场钠硫电池储能系统在日本东北部风场，采用了 34MW 钠硫电池配合 51MW 风电场运营，系统稳定运营稳定功率为 42MW。飞轮储能技术具有很高的转换效率，很快的响应速度，功率密度高，同时具有很长的循环寿命，放电程度不影响储能寿命，但可持续放电时间不长，较适合于平抑风电场功率频繁波动的应用场合。当飞轮储能系统应用于独立运行风力发电系统中时，可以在风力波动和负荷扰动的情况下，快速地发出或吸收有功功率，实现风电系统发出功率和消耗功率的平衡，从而提高风能的利用效率和供电的电能质量。

6.2.2.2 电池储能技术/经济性分析案例

大规模钠硫电池储能系统在设计和应用中需要考虑以下方面：

（1）钠硫电池模块大小和充放电脉冲系数的选择，应和电池的最低放电电压匹配。

（2）SOC 的管理应确保可以实时获取电池的功率和能量，并保证电池在最佳的状态下进行充电，一般电池 SOC 最小值应限制为 30%，并能维持多天，确保预期寿命周

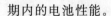

期内的电池性能。

（3）热管理系统应确保钠硫电池电芯温度维持在允许范围内，热损失率满足应用场合要求。

（4）循环寿命的管理应确保设备可在服务寿命内运行，这对多种功能联合应用和长循环寿命应用场合非常重要，如储能系统满足负荷转移和功率调控联合应用。

以 10MW/65MW·h 钠硫电池储能系统用于减小风电预测与实际出力误差中的应用为例，介绍其性能参数的选取和经济性分析结果。

表 6-1 给出了 10MW 钠硫电池储能系统的典型技术参数。按目前的钠硫电池生产工艺和标准，可采用 200 个 50kW 模块进行集成。钠硫电池储能系统的充放电电压范围为 930～1550V，系统的净效率、电池待机效率和 PCS 效率分别为 89.1%、96.1% 和98.8%，钠硫电池的最大放电深度为 90%。

表 6-1　　　　　　　　钠硫电池储能系统的典型参数

系 统 参 数	单一功能：减小风电预测与实际出力之差
储能选型	
钠硫电池模块类型	50kW/65kW·h
模块数量/个	200
脉冲系数	1.0
最高充电电压/V	1550
最低放电电压/V	930
最大放电深度	90%
寿命周期/年	>15
系统数据	
系统净效率/%	89.1
NaS 电池系统待机效率/%	96.1
PCS 待机效率/%	98.8

下面介绍该应用情况下 10MW/65MW·h 钠硫电池储能系统在全寿命周期内的成本和效益分析方法。

从表 6-2 可以看出，10MW/65MW·h 钠硫电池储能系统的成本包括 PCS 初期成本、辅助设施初期成本（BOP）、电池初期成本、运行维护成本和后期处理成本。建设总成本可采用两种方法，一种是计算 PCS、BOP 和电池的功率成本之和；另一种是计算 PCS、BOP 的功率成本和电池的能量成本。

表 6-2　　　　　　10MW/65MW·h 钠硫电池储能系统的成本

系 统 参 数	单一功能：减小风电预测与实际出力之差
电池容量/(MW·h)	65
PCS 初期成本/(美元·kW^{-1})	239
辅助设施（BOP）初期成本/(美元·kW^{-1})	100
电池初期成本/(美元·kW^{-1})	1382
电池初期成本/[美元·(kW·h)$^{-1}$]	213
建设总成本/百万美元	17.2

续表

系 统 参 数	单一功能：减小风电预测与实际出力之差
固定运行维护成本/[美元·(kW·年)$^{-1}$]	39.4
可变运行维护成本/[美元·(kW·年)$^{-1}$]	16.9
处理成本净现值/(美元·kW^{-1})	25.4

由于计算寿命周期内的成本和效益，应考虑市场环境，确定所需的经济参数。本节假定储能寿命周期为 15 年，贴现率为 7.5%，资产税和保险金为 2%/年，年固定费率为 9.8%。参照现值系数（PWF）的计算方法可得到 PWF 为 8.99。

储能用于减小风电预测与实际出力之差的价值，主要来自减少了风电场由于预测不准导致交易过程中产生的罚金。结合工程经验，假定该价值为 400 美元/(kW·h·年)，我们可以计算得到

 储能系统的总成本

＝初期建设总成本＋运行维护总成本＋后期处理总成本

＝（电池初期成本＋PCS 初期成本＋BOP 初期成本）×总功率

＋（单位功率固定运维年成本＋单位功率可变运维年成本）×总功率×现值系数

＋单位功率后期处理年成本×总功率×现值系数

 储能系统的总收益

＝储能单位功率所产生的年价值×总功率×现值系数

通过计算得到，10MW 钠硫电池储能系统在减小风电预测与实际出力之差应用中的总成本和总收益分别为 24.8 百万美元和 23.3 百万美元，净现值为－1.5 百万美元，收益/成本比为 0.94。

该应用场合是基于风电场在电力市场中竞标的市场电价和惩罚力度进行评估的。可以看出，净现值受储能的成本影响明显，当钠硫电池模块价格从 68000 美元降至 62000 美元时，成本和收益可达到平衡点。

6.2.3 储能系统的容量配置

据国家发展和改革委员会 2011 年预测，到 2020 年，我国风电装机和太阳能发电装机将分别达到 200GW 和 50GW，按 20%的容量配置储能，仅可再生能源发电领域就有 50GW 的储能市场需求。目前，储能的成本高是制约其规模化应用的主要因素之一，通过储能系统的容量优化配置，既能满足风力发电并网运行的安全性和稳定性，又能满足储能系统的优化运行。

6.2.3.1 储能系统容量配置的影响因素

在新能源发电系统中，影响储能配置的因素一方面是新能源的特性、储能的接入方式等因素；另一方面是储能系统自身的技术特性，如效率、允许的充放电深度等。本节重点介绍新能源特性、评价方法等外部影响因素。

（1）新能源的发电特性。新能源主要包括光伏发电、风力发电、生物质发电、地热发电等，每种发电系统的特性不同。如光伏仅在白天发电，与风力发电相比，低频的功率波动所占比例较高；风电机组可日夜发电，但昼夜间的差异极大，高频波动较多；风/光一体化发电系统，由于自身的动态互补平衡特性，比单一电源的功率波动要小。因此，应依据不同新能源的波动特性、结合当地地理和气候环境，合理选择储能类型。

（2）新能源的发电数据。新能源发电数据的季节跨度越大、时间分布越广，真实性越好，代表性就越强。此外，新能源发电的预测精度也直接影响储能系统的功率/能量配置。

（3）储能系统的接入方式。研究表明，当风力发电的规模由单台风电机组→风电场→风电场群逐渐增大时，风电机组之间的互济作用越明显，输出功率中的高频分量所占比例越来越少，输出功率越平滑。因此，为风电场（群）集中配置储能系统有利于优化储能系统的功率/容量配置。

（4）优化目标。不同应用场合下，储能系统辅助新能源发电的目标不同。目前主要优化目标有：满足并网接入技术要求、功率输出波动最小、按平滑/预测目标曲线稳定输出、提高新能源利用率等。

（5）评价标准。同一优化目标条件下，储能系统的功率/能量配置可能有多种选择，需对系统的配置效果进行量化评估。常用的评价标准包括波动减小率、标准方差、储能功率的对称分布特性、投资成本最少等。

下面针对储能系统在平抑风电场输出功率的波动和跟踪计划曲线出力两种应用场合，详细介绍储能系统容量的选取方法。

6.2.3.2　平滑新能源发电输出功率波动的储能容量配置方法

将频谱分析和低通滤波相结合，根据新能源功率频谱分析结果，在频率波动范围内来确定最佳的一阶低通滤波器的截止频率，即可得到满足并网波动要求的目标功率，再计算储能系统的最优功率和容量。

（1）优化目标。《风电场接入电力系统技术规定》（GB/T 19963—2011）对风电最大功率变化率有如下规定：风电场应限制输出功率的变化率。最大功率变化率包括 1min 功率变化率和 10min 功率变化率，具体限值可参照表 6-3。

表 6-3　　　　　　　　正常运行情况下风电场有功功率变化最大限值

风电场装机容量 /MW	10min 有功功率变化最大限值 /MW	1min 有功功率变化最大限值 /MW
＜30	10	3
30～150	装机容量/3	装机容量/10
＞150	50	15

因此，对于平滑风电场的功率波动的优化目标可表示为

$$\Delta P_t \leqslant \Delta P_t^{\mathrm{up}} \text{ 或 } F_t \leqslant F_t^{\mathrm{up}} \tag{6-1}$$

式中　　ΔP_t——t 时间段内最大功率变化量；

　　　　ΔP_t^{up}——t 时段内功率变化上限值；

　　　　F_t——t 时间段内的功率波动率；

　　　　F_t^{up}——波动率的上限值。

（2）原始数据采样与分析。由监控系统采样或预测部门得到需要平滑的新能源发电典型周期内的历史功率数据或预测功率数据。典型周期可以取典型年/月/日，根据风电场或光伏电站的实际情况确定。

由采样定理可知，频谱分析的最高分辨频率为采样频率的 $1/2$，即 $fs/2$，即采样频率至少要等于信号最高频率的两倍，才能避免频域混叠。采样周期越小数据越精确，频谱分析的范围越宽。

根据波动约束条件，判断每一个连续时间段内的功率波动是否满足要求。若满足，则不需要配储能；若不满足，继续（3）以下步骤进行储能配置。

（3）频谱分析。对原始数据进行离散傅里叶变换，得到幅频特性：

$$P(k) = \sum_{n=0}^{N-1} P(n) \mathrm{e}^{-j\frac{2\pi}{N}kn}, \quad k = 0, 1, \cdots, N-1 \tag{6-2}$$

根据幅频特性，得到功率波动的主要频率范围。

（4）储能额定功率的确定。根据上面确定的波动频率范围，选择截止频率，对原始功率进行一阶低通滤波。然后计算低通滤波输出的联络线功率波动率，进行波动约束条件校验，确定既能

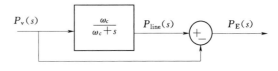

图 6-3　一阶低通滤波原理

满足波动要求，储能容量又尽量小的截止频率，从而得到对应的联络线功率和储能参考功率。

采用的一阶低通滤波原理如图 6-3 所示。

以储能放电功率为正，充电功率为负，图 6-3 中变量关系如下：

$$P_{\mathrm{line}}(s) = \frac{\omega_{\mathrm{c}}}{\omega_{\mathrm{c}} + s} P_{\mathrm{v}}(s) \tag{6-3}$$

$$P_{\mathrm{E}}(s) = P_{\mathrm{line}}(s) - P_{\mathrm{v}}(s) = -\frac{s}{\omega_{\mathrm{c}} + s} P_{\mathrm{v}}(s) \tag{6-4}$$

式中　　P_{v}——新能源的输出功率；

　　　　P_{line}——并网联络线功率；

　　　　P_{E}——储能补偿的功率；

　　　　ω_{c}——滤波器截止频率。

将 $s = j\omega$ 代入式（6-4），求幅频特性如下：

$$P_{\mathrm{line}}(\omega) = \frac{1}{\sqrt{1 + (\omega/\omega_{\mathrm{c}})^2}} P_{\mathrm{v}}(\omega) \tag{6-5}$$

由式（6-5）可以看出：一阶低通滤波器的幅频函数是一个单调递减的函数，当 $\omega = 0$ 时，幅值取最大值 1；当 $\omega = \omega_c$（为截止频率）时，幅值为 0.707；随着 ω 值的增加，系统的幅频响应逐渐平滑地衰减为零。也就是说，当取合适的滤波截止频率 ω_c，即可将高于该频率的波动分量的幅值逐渐衰减为零。

储能的补偿容量与补偿频段直接相关，截止频率 ω_c 越小，储能补偿的频率范围就越大，整体的平滑效果越好，但是所需储能容量也越大。在确定系统截止频率时，采用试频法，从低频开始逐渐向高频尝试。若滤波后得到的联络线功率波动率远远小于约束条件，则配置的储能容量偏大，可将截止频率向高频取；若得到的联络线功率波动率大于约束条件，则需将频率向低频取；当波动率小于并接近约束条件时，对应的截止频率是比较理想的值。

低通滤波得到的储能所需补偿的参考功率值，需要考虑储能充放电过程中的能量损耗，即充放电效率。在放电时，储能实际放电功率为需满足的参考放电功率加上放电损耗，其值为参考放电功率除以放电效率；在充电时，储能实际充电功率为需满足的参考充电功率扣除充电损耗，其值为参考充电功率乘以充电效率。考虑充放电效率的储能功率如下：

$$P_E[n] = \begin{cases} \dfrac{P_{E0}[n]}{\eta_d} & , \quad P_{E0}[n] \geqslant 0 \\ P_{E0}[n] \cdot \eta_c & , \quad P_{E0}[n] < 0 \end{cases} \quad n = 1, 2, \cdots, N \tag{6-6}$$

式中　　$P_E[n]$——储能实际充放电功率；

　　　　$P_{E0}[n]$——经低通滤波得到的储能参考充放电功率；

　　　　η_d——放电效率；

　　　　η_c——充电效率；

　　　　N——采样数据个数。

储能的充放电功率要保证储能能够连续稳定运行。所谓连续稳定运行，即在整个运行周期内，不会出现储能量不足或过剩的情况。因此，在整个周期内，储能运行过程中应满足净充（放）电电量为零。因为每个功率采样值对应的时间是相同的，根据 $E = PT$ 可知能量的平衡即体现在功率的平衡上，可将储能补偿功率值进行纵坐标的平移，同时将联络线输出功率也进行相反方向的平移，公式如下：

$$\Delta P = \frac{1}{N} \sum_1^N P_E[n], \quad n = 1, 2, \cdots, N \tag{6-7}$$

$$P_E'[n] = P_E[n] - \Delta P, \quad n = 1, 2, \cdots, N \tag{6-8}$$

$$P_{\text{line}}'[n] = P_{\text{line}}[n] - \Delta P, \quad n = 1, 2, \cdots, N \tag{6-9}$$

式中　　　　　　ΔP——平移量；

$P_E'[n]$、$P_{\text{line}}'[n]$——平移后的储能补偿功率和联络线功率。

很容易看出，平移后的联络线波动率是不变的。

在整个周期内，储能所需补偿功率绝对值的最大值即为储能应具备的最大充放电功

率，即储能的额定功率。

$$P_{EN} = \max\{|P'_E[n]|\} \tag{6-10}$$

（5）储能容量和初始状态的确定。得到储能补充功率曲线后，储能的充放电电量计算如下：

$$E[n] = \sum_0^N P'_E[n] \frac{T_s}{3600} \ , \ n = 0,1,2,\cdots,N \tag{6-11}$$

将上面计算的 E 值单位换算成 $kW \cdot h$。

储能系统的实时荷电状态可表示为

$$SOC = SOC_0 - \frac{E[n]}{E_N} \tag{6-12}$$

式中　SOC_0——初始荷电状态。

充电时 $E[n]$ 为负，剩余能量增加，SOC 增大；放电时 $E[n]$ 为正，剩余能量减小，SOC 降低。

储能的初始 SOC 和能量应能满足：在该 SOC 下，放电量累计最大时 SOC 不低于低限值，充电量累计最大时 SOC 不高于高限值。根据式（6-11）可求得最大累计放电量为 $\max\{E[n]\}$，最大累计充电量为 $\min\{E[n]\}$。

设储能额定容量为 E_N，初始荷电状态为 SOC_0，荷电状态最大和最小限值分别为 SOC_{up} 和 SOC_{low}，可得

$$\begin{cases} SOC_0 - SOC_{low} \geqslant \dfrac{\max\{E[n]\}}{E_N} \\ SOC_{up} - SOC_0 \leqslant \dfrac{\min\{E[n]\}}{E_N} \end{cases} \tag{6-13}$$

取满足条件的最小 E_N，可得

$$\begin{cases} E_N = \dfrac{\max\{E[n]\}}{SOC_0 - SOC_{low}} \\ E_N = \dfrac{|\min\{E[n]\}|}{SOC_{up} - SOC_0} \end{cases} \tag{6-14}$$

可解得

$$E_N = \frac{\max\{E[n]\} + |\min\{E[n]\}|}{SOC_{up} - SOC_{low}} \tag{6-15}$$

通过式（6-14）两式相等可求得初始荷电状态：

$$SOC_0 = \frac{\max\{E[n]\}SOC_{up} - \min\{E[n]\}SOC_{low}}{\max\{E[n]\} - \min\{E[n]\}} \tag{6-16}$$

再代入式（6-14）即可求得储能额定容量。

因此，通过储能补充功率值求得储能的最大放电量和最大充电量，给定 SOC 的最大最小范围后，即可得到储能的最小额定容量，并求得储能初始状态。只要将储能调整在该初值状态后，即可满足整个周期内的充放电需求。

6.2.3.3　跟踪新能源发电计划出力的储能容量配置方法

在风电场中安装储能系统，满足按电网调度计划曲线或定功率出力，是储能系统在

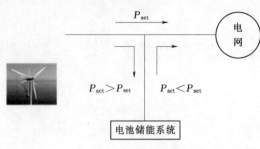

图 6-4　跟踪计划出力储能系统充放电功率

风电场中应用的重要作用之一。此时储能的主要任务是补偿电网调度出力与风电场实际出力之间的偏差。如图 6-4 所示，在某时段内，当风电场实际出力小于电网调度值时，储能系统放电；当风电场出力大于电网调度值时，储能系统充电。调度值是由电网公司和风电场根据小时级的风电出力预测确定。从电网角度来说，可以实现风电场的小时级的稳定出力；对风电场来说，可满足电网调度的计划调度。

根据调度下发的功率定值或新能源出力预测曲线，高于或低于此定值/曲线的部分用储能补偿。因此，新能源发电实际出力和目标功率之间的差额即为储能系统的参考功率。该功率值不需要修正，得到该值后，容量计算方法同 6.2.3.2 节中储能系统能量的计算方法。以储能充电功率为负，放电功率为正，储能参考功率值如下：

$$P_E = P_{set} - P_{act} \qquad (6-17)$$

式中　　P_{set}——设定的功率值，$P_{set} > P_{act}$ 时，储能放电以满足向电网输送功率要求；

$P_{set} < P_{act}$ 时，储能充电吸收多余功率。

得到储能功率曲线后，容量和初始状态的确定方法参考 6.2.3.2（5）。

6.3　新能源发电—储能联合运行控制技术

传统的水电和火电自动发电控制（Automatic Generation Control，AGC）根据电网有功调节需求及控制技术，控制对象可以是单个电厂，也可以是单台发电机组。调度端可以结合自身的出力、负荷特征，根据具体的控制模式，选择控制电厂或者机组。基于新能源—储能联合发电系统运行特点，调度端一般将整个发电站作为功率控制的最小单位。

新能源—储能发电自动控制系统主要由风机、光伏 PCS、储能 PCS、联合发电监控系统、远方控制信号接受装置（或者通信工作站）等构成。新能源—储能发电自动控制可分为两层控制模式，由调度端将具体的出力控制指令下发至联合发电场端的控制系统，由场端的控制系统根据场内的发电情况自动搜索，选择一组最接近调度指令的控制策略，根据控制策略内容控制相应的风机、光伏、储能出力，进而达到跟踪执行调度指令的目的。

在储能和间歇式电源优化运行方面，可根据储能系统在具体应用中的目标进行控制。如研究表明，将电池荷电状态的估计和一阶滤波器引入到储能系统运行策略中，在兼顾储能在平滑风电场波动功率作用的同时可提高自身运行的年限；将储能系统和风功

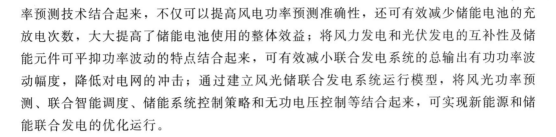

率预测技术结合起来，不仅可以提高风电功率预测准确性，还可有效减少储能电池的充放电次数，大大提高了储能电池使用的整体效益；将风力发电和光伏发电的互补性及储能元件可平抑功率波动的特点结合起来，可有效减小联合发电系统的总输出有功功率波动幅度，降低对电网的冲击；通过建立风光储联合发电系统运行模型，将风光功率预测、联合智能调度、储能系统控制策略和无功电压控制等结合起来，可实现新能源和储能联合发电的优化运行。

6.3.1 平滑功率波动

6.3.1.1 运行模式

以新能源最大功率出力的运行模式，指对风电场、光伏电站出力不进行限制，按照风电场和光伏电站的最大值出力。调度端下发的风电场和光伏电站出力计划值为装机容量，确保风电场和光伏电站并网量最大化。此时，储能电池的控制采用平滑功率波动的控制策略，调整储能系统的出力进行实时补偿，平滑联合发电系统的输出功率波动，保证新能源发电的总输出功率变化率满足并网有功变化率要求，并实现风电和光伏发电功率的最大输出。

以国家风光储示范工程运行数据为例，风光储联合发电系统在此运行模式下，储能充分发挥调节能力，避免对风电和光伏的出力限制，最大化地利用了风电和光伏资源，同时有效抑制了风光波动，实现了有功功率的平滑并网，改善了注入电网的电能质量，提高风光储联合发电的并网适应性。

6.3.1.2 控制策略

以风电为例，风电功率波动是由风速的随机变化引起的，其广泛分布在频域的各个频段中，不同频率的功率波动在并网后对电力系统的影响程度也不相同，因此，首先需要分析风电功率波动的频率特性，得出对电力系统影响较为严重的功率频段，进而确定储能系统需要平抑的控制目标。利用离散傅里叶变换（DFT）可以将风电功率波动分解为不同频率范围的波动，按变化的频率范围可分为三部分：低频区（0.01Hz 及以下）、中频区（0.01～1Hz）和高频区（1Hz 及以上）。对于风电功率中的高频区的分量可以被风力发电机转子的惯量吸收；风电功率的中频分量由于功率变化较大，短时间内会对电网造成严重冲击，给电力系统安全运行带来隐患；低频分量由于其波动比较缓慢，功率变化率较小，注入电网时，电力系统自动发电控制可以进行一定程度的响应，但是考虑到传统发电机组的爬坡速度和电力系统有限的备用容量，有必要对风电功率波动低频区的部分分量进行平抑。

储能的平滑控制策略是基于一阶滤波和 SOC 反馈控制的风光发电平滑控制方法，其原理与 6.2.3 节介绍相同。即基于一阶平滑方法来平滑风光输出功率的同时，还引入电池剩余容量 SOC 的反馈控制技术。当 SOC 超出设定的范围时，储能控制策略将根据

当前反馈的 SOC 值来实时调节储能电池的充放电功率。通过这种方式来在线修正储能电池的目标功率值，使储能系统在平滑风光发电功率的同时，工作在设定的 SOC 范围内。基于一阶滤波和 SOC 反馈控制的平滑控制策略如图 6-5 所示。该方法根据 SOC 区间和储能系统的实际外特性得到优化的有功功率参考值，能有效地兼顾储能系统的寿命和并网功率的平滑度。

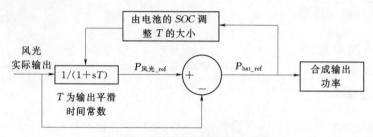

图 6-5　平滑功率波动控制策略

　　图 6-6 和图 6-7 展示了国家风光储联合示范工程中平滑功率波动模式下风储联合运行以及风光储联合运行的典型出力曲线，图中风电处于最大功率发电模式，通过储能的充放电，均实现了平滑风电的目标。

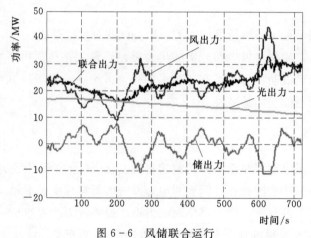

图 6-6　风储联合运行

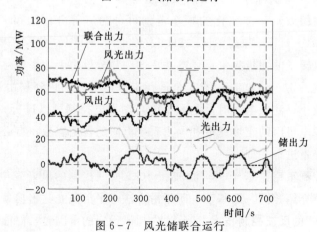

图 6-7　风光储联合运行

从图6-8和图6-9可以看出，风光发电的波动十分剧烈，波动率一般在10%以上，个别时刻甚至超过35%，实际运行中对并网点电压产生了较大冲击。引入储能平滑处理之后，最小波动率降低至5%，有效抑制了风光波动，实现了有功功率的平滑并网，改善了注入电网的电能质量。

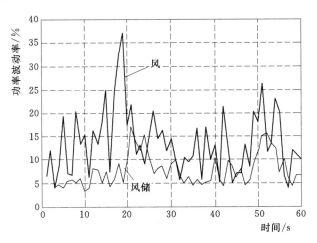

图6-8 风储模式波动率对比

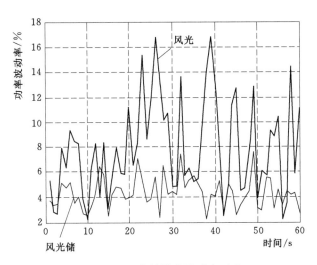

图6-9 风光储模式波动率对比

6.3.2 跟踪计划出力

6.3.2.1 运行模式

跟踪计划出力的运行模式，以调度端的计划曲线为自动发电控制依据。根据计划跟踪误差和储能能量状态，实时调度风电和光伏发电出力，同时通过储能系统的充放电，使得联合发电系统的实际出力尽可能接近发电计划曲线，满足联合输出功率的稳定性。

当发电计划曲线满足实际运行需求时，此种模式符合电网调度需求，是一种常用的运行方式。调度端可根据发电计划曲线选定控制策略，无需再进行其他操作，控制模式方便实用。在风光资源、储能能量和调度计划发生冲突时，联合控制根据用户设定的不同优先级条件，自动改变控制策略。国家风光储示范工程中联合发电系统发电指令跟踪精度达到95%以上，超过70%以上跟踪精度超过98%，运行数据充分验证通过风光储的协调运行控制，联合发电系统输出功率可以达到常规电源的输出特性。

此外，调度端还可以根据风电场和光伏电站实时出力以及储能电池的能量状态情况，下发风光储联合发电系统的出力限值，风光储联合发电计划曲线实时更新并下发到风光储联合发电场站端。若新能源出力值大于联合发电系统的出力上限值，通过控制储能系统存储新能源发电超过的剩余功率。此种模式适用于强风和强光时段，对风光储联合发电系统出力进行限制，确保电网稳定断面不越限或过载。

限制系统功率可按时段进行，即一方面限制功率控制，另一方面限制了控制的起始和结束时间，并在控制时间结束后自动切换到计划跟踪模式。此种模式适合对未来短时间内的功率控制，限制功率控制结束后可以不通过手动切换控制模式。

6.3.2.2　控制策略

风力发电机组的输出功率取决于风速，而风速具有间歇性和随机波动特性，导致风力发电机组的输出功率波动较大。随机波动的功率接入电网会影响电网稳定运行，使运行和调度人员难以像对待常规机组一样准确地给出系统中各风电场的调度计划。目前，风速以及风电场输出功率预测技术还无法做到很高的精度，这给风力发电并网后调度计划的制定带来了很大困难。因此，采取合理的并网调度模式，能够提升正确制定电能调度计划的能力，同时更加充分地利用风力资源。

目前，国内外学者提出了多种方法来解决风电场调度控制策略。根据节约煤耗量构建接纳风电能力的电网调度决策模型，以确定风电允许的波动范围，减少风电波动对电网的影响，但火电机组输出功率不能够快速实时地根据风功率变化而调整。在风电场的并网出口处加入储能系统，首先通过预测的风速值和峰功率预测曲线计算需要向电网发送的有功功率，然后利用储能系统快速吞吐风电场实际输出的有功功率与调度功率之间的差值，以提高风电场按调度计划发电的能力，适应电网调度的需求。

图 6-10 中，P_w、Q_w 为风电场输出有功功率、无功功率，P_g、Q_g 为并网有功功率、无功功率，P_b、Q_b 为储能系统吞吐的有功功率和无功功率。

图 6-10 为加入储能装置的风电场，储能系统配置在风电场出口并网母线处，采用 DC/AC 逆变器，控制和调节储能系统充放电，最后通过升压变并联到风电场出口处的电网母线，经升压后接入大电网。

储能计划跟踪控制策略实时补偿联合发电实际功率与风光储发电计划间的差值，如图 6-11 所示。同时根据当前的电池功率与电池剩余容量反馈值，确定储能系统的最大工作能力，并向调度端上发储能系统的当前允许使用容量信息和当前可用最大充放电能

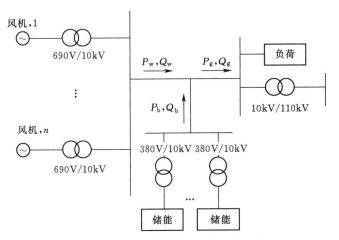

图 6-10　具有储能装置的风电场系统

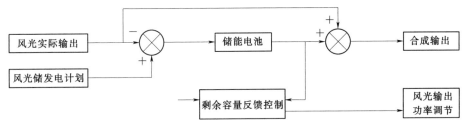

图 6-11　跟踪计划出力控制策略

力信息等，并请求联合调度系统调整相关控制量。当储能电池剩余容量接近过充电，且联合出力还是高于发电计划值时，向联合调度系统上发限制发电请求。当储能电池剩余容量接近过放电，且联合出力还是低于发电计划值时，向联合调度系统上发储能系统的最大工作能力，并请求联合调度系统调整控制策略。

图 6-12 展示了国家风光储联合示范工程中跟踪计划出力模式下风、光、风光联合

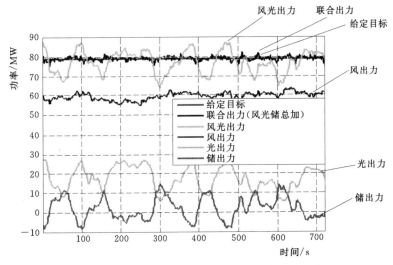

图 6-12　跟踪计划出力模式下的风光储联合运行

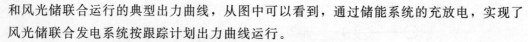

和风光储联合运行的典型出力曲线，从图中可以看到，通过储能系统的充放电，实现了风光储联合发电系统按跟踪计划出力曲线运行。

从表6-4可看到，联合发电系统发电指令跟踪精度几乎均在95％以上，更有超过七成的点数跟踪精度超过98％，数据充分验证通过风光储的协调运行控制，联合发电系统输出功率可以达到常规电源的输出特性。

表6-4　　　　　　　　　　　跟踪模式控制精度

跟踪精度 η	≥90	≥95	≥98
各精度占比	100％	99％	73％

6.3.3　系统调频

6.3.3.1　运行模式

当风电联网运行时，尤其是风电穿透功率较大的电网，由于网架可能存在薄弱环节，电网有功调节能力较小，风电功率波动将会引起电网的频率稳定性问题。普通的异步恒速风电机组的频率响应特性类似常规发电机，对频率稳定性影响不大；但变速恒频风电机组的控制系统使得转速与电网频率解耦，导致当电网频率发生改变时，机组无法提供对应的有功功率，电网整体惯量下降，当系统发生功率高缺额时，电网频率变化较快，跌落幅度较大，对电网系统的稳定十分不利。

新能源—储能联合发电可充分利用储能的快速吞吐功率的能力，在具备充足调节容量的情况下，有效地跟踪电网频率波动，为电网提供辅助调频服务，且储能功率调节速度优于常规火电机组。由于参与调频所需的储能容量大，目前示范工程中的电池储能调频能力有限。随着未来储能技术的迅速发展，参与电网调频的潜力巨大，如在电网频率缺失或联络线功率波动的快速调节领域发挥作用。

调度端根据区域电网的调节偏差，结合新能源的实时出力以及储能电池的能量状态等情况，可以给新能源—储能联合发电系统或储能系统下发实时出力指令。当联合发电系统或储能系统能够进行快速的有功功率调节且具备充足的调节容量时，可参与系统调频，保证区域控制偏差在规定的范围之内，从而维持系统频率稳定。

6.3.3.2　控制策略

新能源—储能联合发电系统具备自动发电控制（AGC）功能，可作为AGC机组参与系统调频，通过储能系统的快速充放，可实时满足上层调度系统直接下发的功率需求命令，实时响应上层调度下发的支持AGC计划相对应的功率命令值。参与系统调频要求的储能电站对上层调度下发的调频功率需求指令，响应时间在4s以内。

图 6-13 为储能系统参与系统调频的控制策略框图。在调频控制中，根据上层调度下发的储能电站总功率需求指令和各储能单元的 SOC 状态，通过变流器实现对各储能单元电池间的功率协调控制与能量分配功能，从而既满足系统的功率需求，又能确保各储能单元电池组的 SOC 控制在预期的范围之内。当系统过频时，根据功率预测判断联合发电系统未来出力趋势，如果出力预计减小且减速大于需降出力，则联合发电系统正常运行；如果出力预计增加或减速小于需降出力，控制联合发电系统出力以所需速率降出力运行，同时监测储能剩余容量，根据系统调整频率的紧急程度考虑储能电池的充放电策略。同理，当系统欠频时，联合发电系统按最大能力发电，并实时监测储能的剩余电量，同时结合系统调整频率的紧急程度考虑储能电池的充放电策略。

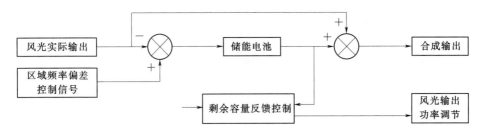

图 6-13 系统调频控制策略框图

图 6-14 展示了国家风光储示范工程中储能系统在调频控制策略下的运行曲线。从图中可以看出，储能可以有效跟踪电网频率波动，为电网提供调频辅助服务。尽管受到储能容量的限制，试验中储能调频力度有限，但从技术层面上可以看到，具有快速调节能力的储能技术完全可以参与电网调频。

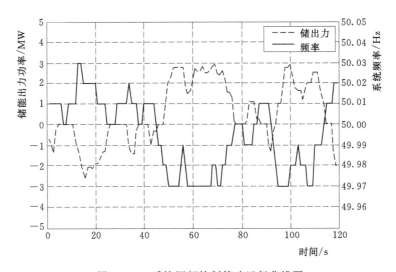

图 6-14 系统调频控制策略运行曲线图

6.4　典型应用案例

6.4.1　美国加州 Tehachapi 风电场锂离子电池储能系统

Tehachapi 风电场作为美国经济复苏与再投资计划（ARRAFP）中的智能电网和储能示范项目之一，总投资约 5500 万美元，参与单位有加州国际标准组织、加州州立波莫纳分校和潘多拉咨询公司。目前，Tehachapi 风电场大约有 5000 台风电机，是世界上第二大风电场安装地，如图 6-15 所示。自 1999 年以来，Tehachapi 风电场的发电量在世界上居首位，预计到 2015 年累计发电规模达 4500MW，每年发电量大约是 8 亿 kW·h，可以满足 35 万户居民的用电需求。

图 6-15　美国加州 Tehachapi 风电场和锂离子电池储能系统设计

Tehachapi 风电场的尖峰发电量约 310MW，而并接线路的短路容量约为 560MW，是典型的较弱电网并接架构。当长距离的输电线满载时，电网将受到冲击导致电压崩溃。LG 化学公司在 2013 年 5 月为 Tehachapi 风电场提供一套 8MW/32MW·h 锂离子电池储能系统，这是美国迄今为止最大的电池储能系统，安装在 Monolith 变电站，以提高电网的稳定性。

6.4.2　日本六所村风电场钠硫电池储能系统

日本青森县六所村的电网容量较小，能承受的风电容量有限，且该地区的昼夜负荷相差很大。为了有效利用当地丰富的风能资源，满足风力发电的最大存储量，结合政府补贴政策的经济性，储能系统的容量按照风力发电的 70％进行配置。因此，日本青森县 51MW 风力发电场配置了 34MW 钠硫电池储能系统。该风储联合系统于 2008 年 8 月 1 日起向东京电力公司和日本电力交易所供电。

从图 6-16 可以看出，34MW 钠硫电池储能系统由 17 组 2MW 钠硫电池、17 组

2MW 储能变流器（PCS）、17 组电池管理系统（BMS）及一组电堆总控制系统、总监控保护系统组成，PCS 通过升压变接入 6.6kV 母线。其中，2MW 钠硫电池由 40 个 50kW 电池模块组成；每组电池管理系统进行电压、电流、温度和 SOC 的监测和采集，传输至电堆总控制系统，再集中送至总监控保护系统；PCS 在电网电压正常时，每 0.2s 接收总监控保护系统的调度，实现对电池的充放电控制。当电网电压异常波动时，PCS 作停机处理。

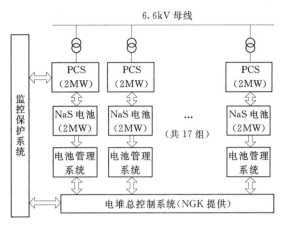

图 6-16 34MW 钠硫电池储能系统拓扑结构

为保证钠硫电池储能系统 15 年的使用寿命，NGK 额外配置了一组 2MW 储能单元，与其他组电池每 2 年进行一次轮换使用，也可保证系统在其中一组单元发生故障时的正常运行。此外，NKG 公司可通过远程监控系统实时监测储能系统的运行状态，根据用户需求或经用户同意，定期对储能电池的参数进行修正。当系统发生故障时，能及时通知用户进行故障处理。

据长期运行数据表明，钠硫电池储能系统可满足平滑风场出力和削峰填谷的应用要求，并可同时实现两种功能。削峰填谷模式下，风电场根据前一天的发电数据作出第二天的出力计划曲线，钠硫电池按计划要求提供功率出力，以夜间充电、白天发电的模式运行。计划曲线和实际运行曲线的偏差控制在 ±（2% × 40MW）范围内，储能电池的瞬间功率波动时间为 1～2s。

6.4.3 国家风光储输示范工程

国家风光储输示范工程是大规模的集风力发电、光伏发电、储能、智能输电于一体的新能源综合利用平台。工程位于张家口市张北县和尚义县境内，规划建设 500MW 风电场，100MW 光伏发电站和 70MW 储能电站。一期工程已建成 100MW 风电、50MW 光伏发电和 20MW 储能，配套建设风光储联合控制中心及一座 220kV 智能变电站。二期工程已于 2014 年 7 月开工建设。

风光储输示范工程的总体架构如图 6-17 所示。每个风电机组和光伏阵列通过逆变升压至 35kV 后，所有的风电机组或所有的光伏阵列分别通过集电线路汇集后接入变电站 35kV 母线，再通过主变压器升压至 220kV 后送出。储能装置通过 DC/AC 装置完成交直流变换后升压至 35kV，接入变电站 35kV 母线，再通过主变压器升压至 220kV 后送出。

储能电站包含 14MW/63MW·h 铁锂电池，2MW/8MW·h 全钒液流电池和 2MW/8MW·h 钠硫电池储能装置。目前，14MW 铁锂电池已投入运行，分布于占地

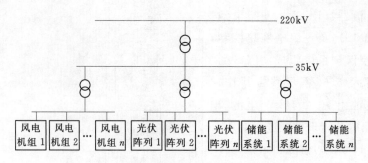

图 6-17　风光储系统总结构示意图

8869m² 的 3 座厂房内，共分为 9 个储能单元，共安装电池单体 27.4568 万节。

按照磷酸铁锂电池的类型，储能系统可分为"能量型"应用和"功率型"应用。"能量型"储能电池具有高能量密度的特点，主要用于高能量输入、输出。"能量型"储能装置共有 5 个单元，总储存电量为 52MW·h，每个单元的额定功率为 2MW，最大充放电功率为 3MW，下设 6 台 500kVA 双向变流器，电池单体包括 60Ah 和 200Ah 两种类型。其中，4MW×4h 的储能单元具备"孤岛运行"功能，可在全站失电时提供紧急后备电源，确保电站用电的同时带动其他风、光、储发电单元启动供电，使风光储示范电站成为稳定可靠的黑启动电源。"功率型"储能电池具有循环次数高、功率密度高和放电倍率高等优点，主要用于瞬间高功率输入、输出。"功率型"储能装置共有 4 个单元，总储存电量为 11MW·h，每个单元的额定功率为 1MW，最大充放电功率为 2MW，下设 4 台 500kVA 双向变流器，电池单体包括 20A·h 和 40A·h 两种类型。"功率型"储能装置充放电容量相对较小，功率大，适合应对系统调频等大功率的电能吞吐。

风电、光伏和储能联合发电系统可根据调度计划、风能预测和光照预测，对风电场、光伏电站、储能系统和变电站进行全景监控、智能优化，实现风光储系统 6 种组态运行模式的无缝切换，包括：①风电系统单独出力；②光伏系统单独出力；③风电、光伏系统联合出力；④风电、储能系统联合出力；⑤光伏、储能系统联合出力；⑥风电、光伏、储能系统联合出力。在满足一定的条件下，风光储系统可以在 6 种不同组态运行方式之间进行无缝切换。储能电站在风光储系统中主要发挥以下功能：①平滑风光联合发电的波动性，增强可控性；②跟踪计划发电，提高新能源发电的预测性；③参与削峰填谷，提升系统可调度性；④参与系统调频，为电网提供优质的调频服务。图 6-18～图 6-21 分别是储能平抑新能源发电波动、跟踪调度计划出力、削峰填谷和参与系统调频的效果图。

6.4.4　辽宁卧牛石风电场全钒液流储能系统

龙源沈阳法库卧牛石风电场位于辽宁省沈阳市法库县，占地面积约 16km²，总投资约 4.5 亿元。该风电场安装了 33 台 1500kW 的风力发电机组，总装机容量为 49.5MW，风

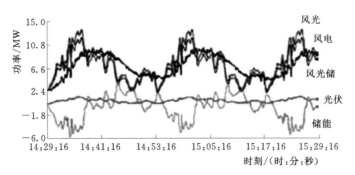

图 6-18　平抑新能源发电波动效果图

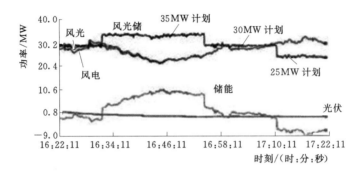

图 6-19　跟踪调度计划出力效果图

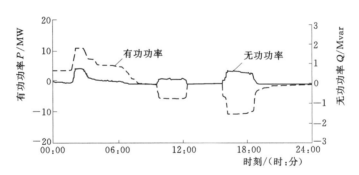

图 6-20　削峰填谷功能效果图

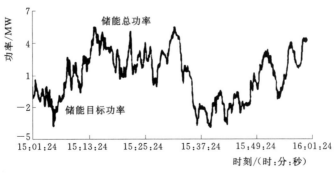

图 6-21　系统调频效果图

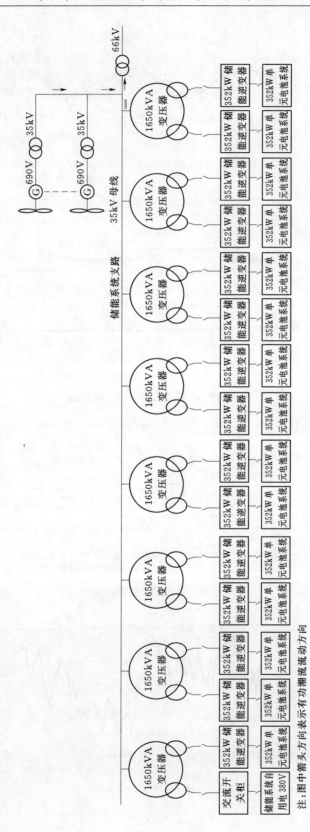

图 6 - 22　5MW/10MW·h 全钒液流电池储能系统电气图

注：图中箭头方向表示有功潮流流动方向

电场经 66kV 母线接入辽宁电网。卧牛石储能电站建设在风电场升压站内，按照 10% 比例配备储能系统，储能电池容量为 5MW×2h。该工程是国家电网公司范围内的第二大储能电站，同时超过了日本住友电工在北海道的 4MW×1.5h 储能电站，成为世界上最大的全钒液流电池储能电站。

该储能电站用于实现跟踪计划发电、平抑风电功率波动、提升风力发电接入电网的能力，并在风电并网运行中发挥暂态有功出力紧急响应和暂态电压紧急支撑的作用，确保电网总体运行更为安全可靠。5MW/10MW·h 全钒液流电池系统采用 350kW 模块化设计，单个电堆的额定输出功率为 22kW。

全钒液流电池储能电站接入风电场电气方案如图 6-22 所示。储能电站主要包括全钒液流单元电池系统、电池管理系统（BMS）、功率转换系统（储能逆变器 PCS）、变压器和能量管理系统（EMS）。构成 5MW/10MW·h 全钒液流电池储能电站的单元储能系统额定输出功率为 352kW，整个电站由 15 套可独立调控的 352kW 单元储能系统组成。每套 352kW 全钒液流单元电池与 1 台 352kW 储能逆变器配套使用，形成 1 套独立的 352kW/700kW·h 单元储能系统。每台 352kW 储能逆变器的交流输出侧与原边为双分裂变压器的一组绕组相连，变压器的副边经复合开关接入风电场内 35kV 电网，其中变压器容量为 1650kVA。15 套单元储能系统由能量管理系统统一调度，既可以实现单套单元储能系统的启停运行，也可以实现整套储能系统的启停运行。储能系统根据能量管理系统的调度，从风电场 35kV 母线吸收或释放电能，实现充放电。储能系统充放电和风场内风机发电能量叠加汇集后接入风电场升压变压器 35kV 侧，通过升压变压器升压至 66kV 并入电网。

在能量管理系统的统一调度下，5MW/10MW·h 全钒液流电池储能系统主要实现以下几个方面的功效：①平滑风电输出；②提高风电场跟踪计划发电能力；③提高风资源利用率；④暂态有功出力紧急响应、暂态电压紧急支撑功能。图 6-23、图 6-24 分别为风电场输出功率平滑输出和跟踪风电场计划发电运行曲线图。

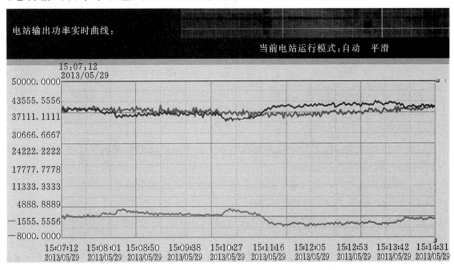

图 6-23　风电场输出功率平滑输出曲线图

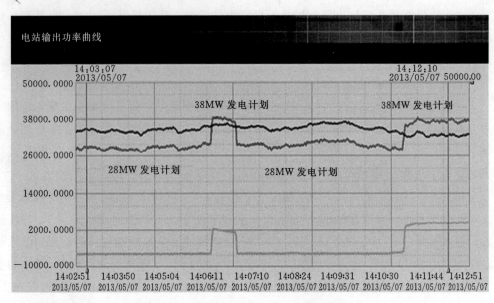

图 6 - 24 跟踪风电场计划发电曲线图

参 考 文 献

[1] 孙涛，王伟胜，戴慧珠，等．风力发电引起的电压波动和闪变 [J]．电网技术，2003，27（12）：62 - 66．

[2] 吴少峰．储能系统在风电场中的应用 [D]．济南：山东大学，2012．

[3] L. D. Mear S，H. L. Gotscall，T. Key，etal. Energy Storgage for grid connected wind generation applieations [R]. Americar：Electric Power Research Instituree and Department of Energy，2004．

[4] 张飞．含有储能设备的风电场并网运行相关问题研究 [D]．北京：华北电力大学，2010．

[5] 孙飞飞，等．基于电网调度的风电场蓄电池储能技术 [J]．电源技术，2012，36：912 - 914．

[6] 李文斌．储能系统平抑风电场功率波动研究 [D]．重庆：重庆大学，2012．

[7] 彭思敏．电池储能系统及其在风—储孤网中的运行与控制 [D]．上海：上海交通大学，2013．

[8] 冯晓东．提高风电接入能力的大规模储能系统容量配置研究 [D]．吉林：东北电力大学，2013．

[9] 王芝茗，苏安龙，鲁顺．基于电力平衡的辽宁电网接纳风电能力分析 [J]．电力系统及其自动化，2010，34（3）：86 - 90．

[10] 丁明，徐宁舟，毕锐．用于平抑可再生能源功率波动的储能电站建模及评价 [J]．电力系统及其自动化，2011，35（2）：66 - 72．

[11] 鲍冠男，陆超，袁志昌，等．基于动态规划的电池储能系统削峰填谷实时优化 [J]．电力系统自动化．2012，36（12）：11 - 16．

[12] 谢石骁，杨莉，李丽娜．基于机会约束规划的混合储能优化配置方法 [J]．电网技术，2012，36（5）：79 - 84．

[13] 王成山，于波，肖俊，等．平滑可再生能源发电系统输出波动的储能系统容量优化方法 [J]．中国电机工程学报，2012，32（16）：1 - 8．

[14] 桑丙玉，陶以彬，郑高，胡金杭，俞斌. 超级电容-蓄电池混合储能拓扑结构和控制策略研究 [J]. 电力系统保护与控制，2014，42 (2)：1 - 6.

[15] 桑丙玉，王德顺，杨波，叶季蕾，陶以彬. 平滑可再生能源输出波动的储能优化配置方法 [J]. 中国电机工程学报，2014，34 (22)：3700 - 3706.

[16] 于芃，赵瑜，周玮，等. 基于混合储能系统的平抑风电波动功率方法的研究 [J]. 电力系统保护与控制，2011，39 (24)：35 - 40.

[17] 张国驹，唐西胜，齐智平. 超级电容器与蓄电池混合储能系统在微网中的应用 [J]. 电力系统自动化，2010，34 (12)：85 - 89.

[18] 谢毓广，江晓东. 储能系统对含风电的机组组合问题影响分析 [J]. 电力系统自动化，2011，35 (5)：19 - 24.

[19] 张学庆，刘波，叶军，等. 储能装置在风光储联合发电系统中的应用 [J]. 华东电力，2010，38 (12)：1895 - 1897.

[20] 王文亮，秦明，刘卫. 大规模储能技术在风力发电中的应用研究经济发展方式转变与自主创新 [C]//第十二届中国科学技术协会年会，2010 (2)：1 - 6.

[21] 梁亮，李建林，惠东. 大型风电场用储能装置容量的优化配置 [J]. 高电压技术，2011，37 (4)：930 - 936.

[22] 曾杰. 电池储能电站在风力发电中的应用研究 [J]. 广东电力，2010，23 (11)：1 - 5.

[23] 唐志伟. 钒液流储能电池建模及其平抑风电波动研究 [D]. 吉林：东北电力大学，2011.

[24] 李碧辉，申洪，汤涌，等. 风光储联合发电系统储能容量对有功功率的影响及评价指标 [J]. 电网技术.2011，35 (4)：123 - 128.

[25] 辛光明，刘平，王劲松. 风光储联合发电技术分析 [J]. 华北电力技术，2012，1：64 - 67.

[26] 谢石骁. 混合储能系统控制策略与容量配置研究 [D]. 杭州：浙江大学，2012.

[27] 张野，郭力，贾宏杰，等. 基于电池荷电状态和可变滤波时间常数的储能控制方法 [J]. 电力系统自动化，2012，36 (6)：34 - 62.

[28] Toshikazu SHIBATA, Takahiro KUMAMOTO, Yoshiyuki NAGAOKA, et al. Redox flow batteries for the stable supply of renewable energy [J]. SEI TECHNICAL REVIEW, 2013, 76：14 - 21.

[29] 刘宗浩，张华民，高素军，等. 风场配套用全球最大全钒液流电池储能系统 [J]. 储能科学与技术，2014，3 (1)：71 - 77.

[30] 中国建成世界上首座集风电、光伏发电、储能及智能输电"四位一体" [OL]. http：// www. windosi. com/news/201201/362187. html.

[31] 高明杰，惠东，高宗和，等. 国家风光储输示范工程介绍及其典型运行模式分析 [J]. 电力系统自动化，2013，37 (1)：59 - 64.

第7章　储能技术在微电网中的应用

风电、光伏等分布式能源的输出具有间歇性、随机性和波动性等特点，接入配电网后带来的诸多影响限制了其接入电网的容量。将储能系统与分布式电源相结合，可显著改善这些分布式电源的运行特性，抑制其功率波动并增强其可调度性。将储能系统与光伏、风电等波动性分布式电源紧密配合，利用储能系统的快速充放电特性平抑这些电源的快速波动性，可显著提高这些电源的功率输出品质，改善电能质量，降低其对系统的影响；分布式电源接入配电系统，导致节点电压升高的关键是分布式电源改变了馈线中有功功率的流动方向。通过将分布式电源直接与储能系统相配合，对分布式电源的端电压实现有效控制；将储能系统与分布式电源有效集成，对电网而言形成一个统一的单元，利用储能系统的充放电特性，实现在不同时间尺度上输出总功率的调节，进而提升分布式电源的可调度性，既能保证可再生能源充分利用，又能提升分布式发电系统的可控性。

微电网是一种由分布式发电、储能、负荷及控制装置等共同组成的小型供电网络。微电网可离网运行、并网运行，以及实现两种模式的无缝切换。对于大电网，微电网可视为"可控单元"，具有一定的可预测性和可调度性，能快速响应系统需求；对于用户，微电网可视为定制电源，能满足多样化的用电需求，如增强局部供电可靠性，降低馈线损耗，提高能效，实现电压下限的校正或不间断供电等。目前，微电网已成为解决电力系统安全稳定问题，实现能源多元化和高效利用的重要技术手段。

与传统电网不同，微电网中的电源大多基于逆变器发电，系统惯性小，阻尼不足，不具备传统电网的抗扰动能力。在微电网中，光伏、风电等可再生能源发电的间歇性与随机性、负荷的随机投切以及电源的并离网切换等过程会给系统稳定运行和电能质量造成较大影响，引起微网内部电压和频率波动，甚至导致微网系统失稳。

储能系统通过功率变换装置可实现功率的四象限灵活运行，有助于实现微电网内部有功和无功的瞬时平衡，相当于增强了系统惯性和阻尼，提高了系统稳定性。由于储能系统的作用，微电网可平衡分布式电源和负荷的功率供需关系，有效削弱风电和光伏等间歇性电源对微电网及大电网的负面影响，提高可再生能源并网接入规模。此外，储能还能满足不同用户对微电网性能的需求，实现用户对电能质量、供电可靠性以及安全性等多方面的不同要求。

7.1 作 用

7.1.1 提高分布式电源利用率

目前除少数地区的风能、太阳能、生物质能等能源可大规模集中利用外,大部分地区的可再生能源都是以分布式电源的形式出现的。由于这些分布式电源具有明显的随机性、间歇性和布局分散性的特征,因此随着分布式电源越来越多地与大电网联合运行,将会给电力系统的运行和控制带来不利影响。

微电网可将原来分散的分布式电源进行整合,集中接入到电网中,但微电网内部不可调度的分布式电源如太阳能、风能等,受天气等自然因素的影响比较大,依照既定的发电规划,会产生风电"弃风"、光伏"弃光"等问题,浪费了大量的新能源资源。储能在微电网中应用后,可以在特定的时间提供所需的电能,有效平衡分布式电源的功率偏差,确保整个微电网系统可以按照预先制定的发电计划进行发电。储能系统提高分布式电源利用率如图 7-1 所示。

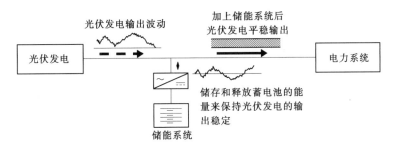

图 7-1 储能系统提高分布式电源利用率

配置有储能系统的微电网系统可作为一个可控的电源或负荷,具有一定的可调度性与可预测性。由于微电网中存在的分布式电源和负荷的功率供需具有较强的波动性,配置储能可对两者实现功率平衡,能在多个时间尺度上实现系统功率的准确控制,为微电网的适度可调度性与可预测性提供保障。

分布式电源以微电网形式接入电网,还可利用储能系统平抑其波动特性,电网可通过功率调度控制微电网系统内的储能系统与分布式电源的联合输出特性,使微电网系统参与到大电网的峰谷调节中,可减缓系统的升级压力,提高负荷率。

7.1.2 提高微电网离网运行稳定性

微电网存在两种典型的运行模式:正常情况下微电网并入常规配电网中,为并网运行模式;当检测到电网故障或电能质量不满足要求时,微电网将及时与电网断开从而离网运行,成为离网运行模式。为实现切换过程中分布式电源与负载的连续运行,需确保微电网内部的有功无功功率平衡,安装储能设备有助于弥补功率缺额,实现两种模式的平稳过渡。

微电网中的电源以逆变型为主，不具备传统电网较大的系统惯性和较好的抗扰动能力，分布式电源的间歇性变化和负荷的随机投切会造成微电网内部有功无功的瞬时不平衡，进而引起系统电压、频率的波动，影响系统的稳定运行。此外，由于微电网线路的阻抗参数值较大，系统有功和无功不能充分解耦，使得传统的稳定控制手段不能有效运行。

在独立运行模式下启动微电网，需要稳定的电源提供电压频率支撑。储能通过逆变装置可实现稳定可控的交流电压输出，具有担当稳定电源的技术优势，有助于微电网快速实现黑启动，维持负荷供电。储能系统提高离网运行稳定性如图 7-2 所示。

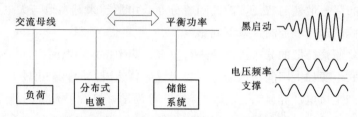

图 7-2 储能系统提高离网运行稳定性

储能通过功率变换装置，可快速吞吐有功和无功功率，控制微电网内部的节点电压和潮流分布，实现对微电网电压和频率的调节控制，其作用等效于传统电力系统的一次调频。此外，通过储能系统的能量支撑作用，还可实现系统故障时的并离网平滑切换，提高风电和光伏等间歇性电源接入时的运行稳定性。储能系统进行稳定控制时，其所需的支撑时间一般为毫秒级或秒级，需要的储能量较少，在技术上和经济性上均较为可行。

7.1.3 改善微电网电能质量

微电网的运行机制和分布式电源的特性决定了其在运行过程中易产生电能质量问题。分布式电源对微电网的启停、微电网对配电网的投切过程、微源和负荷的随机性功率变化，都会产生如电压波形畸变、直流偏移、频率波动、功率因数降低和三相不平衡等电能质量问题。尤其是在包含风电或光伏等可再生能源发电的微电网中，其输出功率的间歇性、随机性以及基于电力电子装置的发电方式会进一步加剧微电网的电能质量问题。储能系统根据微电网的运行状态，能快速调整自身的功率输出，抑制系统电压和频率的波动，削减系统主要的谐波分量，实现系统平衡运行，改善微电网的电能质量。

此外，储能系统还可在配电网出现故障的情况下，通过平滑切换与其快速解列，避免微电网内部出现电源中断等问题。在配电网出现电压跌落及闪变的情况下，储能系统可快速提供无功支撑，提高局部区域的电压稳定性，改善微电网中的电能质量。

7.2 优化配置

与分布式发电相比，微电网的发电量一般按照就地消纳原则，其容量配比多以负荷为依据确定；风光配比应充分利用当地风光资源的互补性，使得风光总体输出功率尽量平稳、波动性最小；在考虑经济性的前提下，储能在极端情况下需保证微电网系统内重要负荷持续供电一定时间。由于微电网中分布式电源容量较小，分布式电源的波动对主网影响不大，因此储能系统的配置主要取决于负荷需求。

根据微电网的不同应用模式，储能系统可分别在并网型和离网型微电网中进行配置。微电网并网运行时，储能系统依据峰谷电价差按照白天放电，晚上充电的方式运行；微电网离网运行时，储能系统按照白天充电，晚上放电的方式工作。

7.2.1 储能系统的功率约束条件

并网型微电网系统可从主网获取能量，应以储能系统的循环寿命最长为优化目标，根据光伏/风力发电的最大功率和波动情况，选择满足运行条件的储能类型。以电池储能系统为例，系统的运行功率应在允许的充/放电倍率范围内，超过允许的 SOC 范围时，禁止储能电池运行。

在离网型微电网中，储能系统需能够独立提供负荷的用电需求，不再从主网索取能量。

以风/光/储微电网为例，在并离网双模式运行的微电网系统中，为满足储能系统 SOC 的要求，储能电池的功率至少在一年内任一时间段 t，都应满足

$$P_{E_S,t} \geqslant \max \left| P_{L,t} - (P_{WG,t} + P_{PV,t}) \right| \tag{7-1}$$

式中　$P_{E_S,t}$——储能电池的额定功率；

$P_{L,t}$——负荷的功率需求；

$P_{WG,t}$——风力发电的瞬时功率；

$P_{PV,t}$——光伏发电的瞬时功率。

7.2.2 并网型微电网中储能的优化配置

储能电池夜间充电，其充电电量首先来自于风电，然后由主网补足剩下的充电电量。当储能电池的 SOC 达到 SOC_{max} 时，停止充电。储能电池的充电电量为

$$E_{E_S,ch} = \max[E_{L,N} - (E_{WG} + E_G)] \tag{7-2}$$

式中　$E_{E_S,ch}$——储能电池的充电电量（为负值）；

$E_{L,N}$——夜间负载所需的电量（为正值）；

E_{WG}——风力发电提供的电量（为正值）；

E_G——电网提供的电量（可以为 0 或正值）。

白天运行时，光伏和风力发电供给负载，不足的部分优先由储能电池提供。当储能电池的 SOC 到达 SOC_{min} 时，停止放电。储能电池的放电电量为

$$E_{E_S,dis} = \max[E_{L,D} - (E_{WG} + E_{PV} + E_G)] \tag{7-3}$$

式中　$E_{E_S,dis}$——储能电池的放电电量（为正值）；

$E_{L,D}$——白天负载需要的电量（为正值）；

E_{WG}——风力发电提供的电量（为正值）；

E_{PV} ——光伏发电提供的电量（为正值）；

E_G ——电网提供的电量（可以为 0 或正值）。

综上，储能电池额定能量 E_{E_S} 的取值参照式（7-4）。

$$E_{E_S} = \max\Bigg[\frac{\left| P_{E_S,ch,max} \right|}{C_{E_S,ch,max} \times (SOC_{E_S,max} - SOC_{E_S,min}) \times \eta_{E_S,ch}},$$

$$\frac{P_{E_S,dis,max}}{C_{E_S,dis,max} \times (SOC_{E_S,max} - SOC_{E_S,min}) \times \eta_{E_S,dis}},$$

$$\frac{E_{E_S,max}}{(SOC_{E_S max} - SOC_{E_S,min}) \times \eta_{E_S,ch}},$$

$$\frac{\left| E_{E_S,min} \right|}{(SOC_{E_S,max} - SOC_{E_S,min}) \times \eta_{E_S,dis}} \Bigg] \qquad (7-4)$$

式中　$P_{E_S,ch,max}$ ——储能电池的最大充电功率，kW；

$C_{E_S,ch,max}$ ——储能电池允许的最大充电倍率，h^{-1}；

$SOC_{E_S,max}$ ——允许的最大 SOC 值，%；

$SOC_{E_S,min}$ ——允许的最小 SOC 值，%；

$\eta_{E_S,ch}$ ——充电效率，%；

$P_{E_S,dis,max}$ ——最大放电功率，kW；

$C_{E_S,dis,max}$ ——允许的最大放电倍率，h^{-1}；

$\eta_{E_S,dis}$ ——放电效率，%。

储能电池允许的充/放电倍率、充放电效率、允许的 SOC 范围根据电池的特性参数而定。假设储能电池的额定电压为 U_B（V），则储能电池的额定容量 C_B（Ah）为

$$C_B = \frac{1000 \times E_B}{U_B} \qquad (7-5)$$

值得注意的是，实际运行过程中应基于电池 SOC 值、温度实时调整平滑时间常数 τ，修正储能电池的实时输出功率，避免由于过度充放电影响储能本体的健康，延长储能电池的使用寿命。

7.2.3　离网型微电网中储能的优化配置

白天，光伏和风力发电供给负载，多余的电能向储能电池充电。当储能电池的 SOC 到达 SOC_{max}，停止充电。储能电池的充电电量为

$$E_{E_S,ch} = \max[E_{L,D} - (E_{WG} + E_{PV})] \qquad (7-6)$$

式中　$E_{L,D}$ ——白天负载需要的电量（为正值）；

$E_{E_S,ch}$ ——储能电池的充电电量（为负值）。

夜间负载的供电需求来自于风机和储能电池，当储能电池的 SOC 到达 SOC_{min}，停止放电。储能电池的放电电量为

$$E_{E_S,dis} = \max(E_{L,N} - E_{WG}) \qquad (7-7)$$

式中　$E_{E_S,dis}$——储能电池的放电电量（为正值）；

　　　　$E_{L,N}$——晚上负载所需的电量（为正值）。

此外，还应考虑极端情况下，如无日照、风速不满足发电条件时，电池组的最大供电时间 t，允许的 SOC 范围（SOC_{max}、SOC_{min}），系统转换效率 η，系统的平均容量 $\overline{E_L}$ 等。因此，储能电池的额定容量还应满足

$$E_{E_S,L} \geqslant \frac{\max|\overline{E_L} \times t|}{(SOC_{max} - SOC_{min}) \times \eta} \tag{7-8}$$

综上，储能电池额定能量 E_{E_S} 的取值见式（7-9）：

$$E_{E_S} = \max\left[\frac{|P_{E_S,ch,max}| \times \eta_{E_S,ch}}{C_{E_S,ch,max} \times (SOC_{E_S,max} - SOC_{E_S,min})}, \right.$$

$$\frac{P_{E_S,dis,max}}{C_{E_S,dis,max} \times (SOC_{E_S,max} - SOC_{E_S,min}) \times \eta_{E_S,dis}},$$

$$\frac{E_{E_S,max} \times \eta_{E_S,ch}}{SOC_{E_S,max} - SOC_{E_S,min}},$$

$$\left. \frac{|E_{E_S,min}|}{(SOC_{E_S,max} - SOC_{E_S,min}) \times \eta_{E_S,dis}}, E_{E_S,L} \right] \tag{7-9}$$

7.3　实际应用

7.3.1　混合储能特点

微电网中分布式电源输出功率的不确定性和波动性，给微电网离网运行时的电能质量和并网运行时的功率可调度控制带来了巨大的挑战。要实现微电网的稳定控制，电能质量改善和重要负荷不间断供电等多项功能，储能既要具备短时高功率支撑能力，还需提供较长时间的能量支撑，对储能的技术性和经济性要求较高。

就目前的储能技术看，无论是传统的电化学储能，还是其他新型储能，单一的储能技术很难同时满足能量密度、功率密度、储能效率、使用寿命、环境特性以及成本等多项指标，使用单一的储能技术也不利于延长储能系统的寿命。而如果将两种或两种以上性能互补性强的储能技术相结合，组成混合储能，则可取得良好的技术经济性能。

在各种储能本体中，超级电容具有高功率密度、快速充放的特点，可平抑分布式电源的瞬时功率波动，电池系统的能量密度大、电压稳定，可平抑长周期的功率波动，基于超级电容和电池组成的混合储能系统可有效提高微电网的电能质量与并网运行的可调度性，孤网运行时采用超级电容平滑波动频率较高的功率，并网运行时超级电容结合电池平抑波动频率较低的功率，两者的共同作用下，可以有效避免电池的频繁充放电，同时提高了储能的功率响应特性。

混合储能系统可以是储能系统内部的器件级复合，也可以是储能系统之间的系统级

复合。如非对称型超级电容器就属于器件级的混合储能。系统级的复合储能应用较灵活，混合储能系统的性能除取决于单个储能器件的性能外，还与复合方式及其控制策略有关。

7.3.2 混合储能系统的拓扑结构

7.3.2.1 交流侧并联

超级电容和电池通过交直流变流器 DC/AC 在交流侧并联。该拓扑结构中每种储能设备需要单独的双向 DC/AC 变流器，如图 7-3 所示，对网侧的电压、频率变化响应较快，通过 DC/AC 变流器来实现对参考功率的快速、准确追踪，可以使各个储能系统对整个微网的输出功率进行集中控制和调节，实现微网与大电网连接点的电压稳定；超级电容的 DC/AC 变流器和电池的 DC/AC 变流器可以独立配置，满足各自的功率需求；对于兆瓦级及以上的大容量储能系统可以直接并联扩容，对 PCS 功率要求不高。但该拓扑结构对网侧变流器的控制要求较高，并网时由能量管理单元为各储能设备分配功率，离网时要分主储能和辅储能，辅储能的功率分配策略以及和主储能的协调控制较复杂，DC/AC 的成本较高。

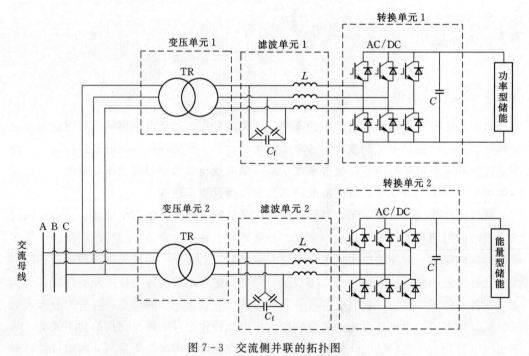

图 7-3 交流侧并联的拓扑图

7.3.2.2 直流侧并联

超级电容和电池在直流侧并联可以共用 DC/AC 变流器，实现与电网的连接，通过对直流母线电压的控制进行功率调节，控制上较简单，但需要加大 DC/AC 变流器的功率水平，以满足超级电容的功率需求，因此系统的容量受限，不适应于大容量储能系统。根据不同的应用场合，直流侧并联也有不同的拓扑结构。

（1）直接并联。超级电容和电池在直流侧直接并联，如图7-4所示。这种拓扑结构简单、成本低、系统效率高、响应速度快。但储能系统的容量不能被完全利用。电流在两种储能装置之间自动分配，分流的大小取决于各自的内阻，因此每种储能的功率无法控制。另外，因为电池和超级电容的电压必须相同，超级电容的电压被电池限制住了，这就限制了超级电容的最优利用，也限制了超级电容单元序列的选择，为了达到相同的电压，需要串联更多的电容单元。更重要的是，该电压不受控，变化取决于电池的 SOC。

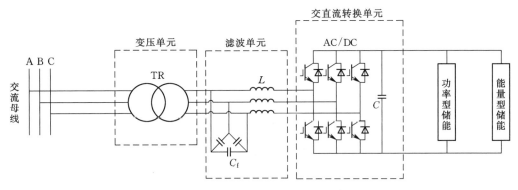

图7-4 直流侧直接并联的拓扑图

（2）各自通过 DC/DC 并联。超级电容和电池在直流侧通过 DC/DC 功率变换器并联，如图7-5所示。在直流侧通过 DC/DC 并联在控制上有着更大的灵活性。DC/DC 有变流、调压的功能，因此，可以通过它来连接端电压不同的两种储能元件，对每种储

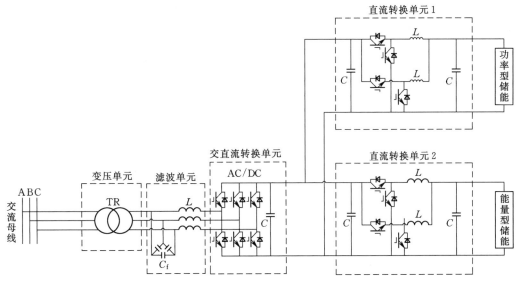

图7-5 各自通过 DC/DC 并联的拓扑图

能设备直接控制，同时维持直流母线电压恒定，并优化电池的放电电流，延长其使用寿命，电池和超级电容都可以深度放电因此其储能容量可以充分利用，这就可以优化设计储能的额定容量。使用 DC/DC 还可以使能量管理系统更加灵活配置。但是和直接并联相比，DC/DC 的成本增加，双级变换功率损耗增加，系统效率降低。

（3）能量型通过 DC/DC 并联。电池通过 DC/DC 并联在直流母线上，超级电容直接并联在直流母线上，如图 7-6 所示。这种拓扑结构可以控制电池的充放电电流，因此延长了其寿命周期；超级电容直接根据直流母线电压的变化出力，反应速度较快。缺点是超级电容单元电压低，因此需要很多单元串联以获得高的母线电压。另外，在脉冲负荷电流区间，超级电容的端电压以及负载电压会下降，如果负载或相连的逆变器需要一个稳定的或正常工作的最小电压，这种下降会影响系统的稳定运行。

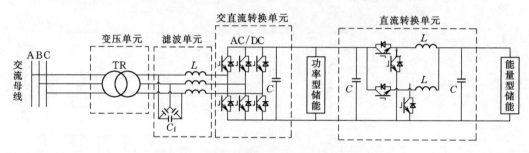

图 7-6　能量型通过 DC/DC 并联的拓扑图

（4）功率型通过 DC/DC 并联。超级电容通过 DC/DC 并联在直流母线上，电池直接并联在直流母线上，如图 7-7 所示。这种拓扑的优点是省掉了电池的 DC/DC，成本和功率损耗降低，超级电容储能量能够充分利用，可以优化设计其额定容量。但电池功率不可控，无法优化其充放电电流，该直流母线电压取决于电池的 SOC 变化，这是一个不能直接控制的变量，必须维持在一个给定的范围内，因此系统的运行受到限制。

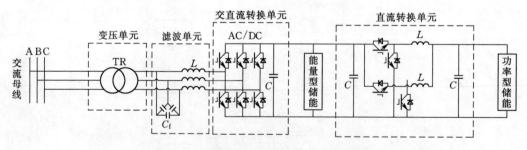

图 7-7　功率型通过 DC/DC 并联的拓扑图

7.3.3　混合储能系统的优化配置

以电池储能和超级电容作为混合储能系统的研究对象，则混合储能系统用于弥补和吸收分布式电源 P_{DG} 和注入电网目标功率 P_G^* 之间的差值，即混合储能系统补偿的有功功率目标值 P_{MES}^* 为

$$P^*_{\text{MES},k} = P^*_{\text{G},k} - P_{\text{DG},k} = \frac{\tau_{\text{MES}}}{\tau_{\text{MES}} + T_c}(P^*_{\text{G},k-1} - P_{\text{DG},k}) \tag{7-10}$$

式中　　τ_{MES}——混合储能系统平抑分布式电源功率波动的平滑时间常数。

　　超级电容属于功率型储能体系，适用于频繁充放电，可用于承担 P^*_{MES} 中的高频波动分量；储能电池属于能量型储能体系，适应于长时间的稳定输出，可负责 P^*_{MES} 的低频分量。通常，混合储能系统的功率分配通过高通滤波器、滑动平均滤波等方法实现，基本原理相似。以高通滤波器为例，混合储能系统经高通滤波器分解后得到有功功率的参考值如下：

$$P_{\text{U},k} = P^*_{\text{MES},k}\frac{\tau_{\text{uc}}s}{1+\tau_{\text{uc}}s} \tag{7-11}$$

$$P_{\text{B},k} = P^*_{\text{MES},k} - P_{\text{U},k} \tag{7-12}$$

上两式中　　$P_{\text{U},k}$、$P_{\text{B},k}$——超级电容和储能电池的功率参考值；

　　　　　　τ_{uc}——高通滤波器的平滑时间常数。

　　τ_{uc} 越大，超级电容的功率补偿越大，而储能电池的功率补偿越小。反之，τ_{uc} 越小，超级电容的功率补偿越小，而储能电池的功率补偿相对变大。因此，应结合具体应用场合下的优化目标，确定 τ_{uc} 值。同时，结合统一的评价标准（如功率密度分布、功率波动减小值等），分别确定超级电容和储能电池的优化功率，分别标记为 $E^*_{\text{U},k}$ $P^*_{\text{B},k}$。

　　同样的，超级电容和储能电池的能量分别表示为

$$E_{\text{U},k} = E_{\text{U},0} - \sum_{m=1}^{k} P^*_{\text{U},k} \cdot T_c, \quad k=1,2,\cdots,n \tag{7-13}$$

$$E_{\text{B},k} = E_{\text{B},0} - \sum_{m=1}^{k} P^*_{\text{B},k} \cdot T_c, \quad k=1,2,\cdots,n \tag{7-14}$$

式中　　$E_{\text{U},0}$、$E_{\text{B},0}$——储能电池和超级电容的初始能量，为方便计算取 0。因此，超级电容和储能电池的能量配置可分别表示为

$$E_{\text{U,W}} = E_{\text{U},k,\max} - E_{\text{U},k,\min} \tag{7-15}$$

$$E_{\text{B,W}} = E_{\text{B},k,\max} - E_{\text{B},k,\min} \tag{7-16}$$

　　超级电容储能系统在实际工程中的初始 SOC 值一般也设置为 $50\%\sim60\%$，超级电容的充放电倍率和效率对系统特性的影响较小，一般不作考虑。与储能电池相比，超级电容额定能量的表示有所不同，应满足：

　　（1）在充电状态下，保证最大充电功率的输入，同时满足 SOC 范围要求。

　　（2）在放电状态下，保证最大放电功率的输出，同时满足 SOC 范围要求。

　　（3）保证超级电容能够放出通过式（7-13）确定的最大实时剩余能量。

　　（4）保证超级电容能够吸收通过式（7-13）确定的最大充电能量。

　　（5）保证超级电容具有通过式（7-15）确定的额定能量。综上，超级电容的额定能量 E_U（kW·h）可表示为

$$E_\text{U} = \max\Big(\frac{|P^*_{\text{U, ch, max}}|t_{\text{ch}}}{SOC_{\text{U, max}} - SOC_{\text{U, min}}}, \frac{P^*_{\text{U, dis, max}} \times t_{\text{dis}}}{SOC_{\text{U, max}} - SOC_{\text{U, min}}},$$

$$\frac{E_{U,max}}{SOC_{U,max}-SOC_{U,min}}, \frac{|E_{U,min}|}{SOC_{U,max}-SOC_{U,min}},$$

$$\left.\frac{E_{U,W}}{SOC_{U,max}-SOC_{U,min}}\right) \tag{7-17}$$

式中　$P^*_{U,ch,max}$——超级电容的最大充电功率，kW；

$\quad\quad t_{ch}$——超级电容的累计充电时间，s；

$\quad SOC_{U,max}$——允许的最大 SOC 值，%；

$\quad SOC_{U,min}$——允许的最小 SOC 值，%；

$\quad P^*_{U,dis,max}$——超级电容的最大放电功率，kW；

$\quad\quad t_{dis}$——超级电容的累计放电时间，s。

假设超级电容储能系统的最大电压为 U_{max}（V）、最小电压为 U_{min}（V），则超级电容储能系统的额定容量 C_U（F）可表示为

$$C_U=\frac{2\times1000\times(E_U-E_\Omega)}{U^2_{max}-U^2_{min}} \tag{7-18}$$

式中　E_Ω——系统内阻热损耗。

超级电容运行过程中的瞬时电流应小于允许的最大电流。同样的，实际运行过程中应基于超级电容的 SOC 值实时调整平滑时间常数 τ_{uc}，优化储能系统的实时输出功率。

7.3.4　混合储能系统的协调控制

7.3.4.1　平滑波动的运行控制策略

混合储能和分布式电源构成的微网系统如图 7-8 所示。以储能放电功率为正，充电功率为负，图中变量关系为

$$P_E=P_W+P_V-P_{line} \tag{7-19}$$

式中　P_E——储能输出功率；

$\quad P_W$——风电输出功率；

$\quad P_V$——光伏输出功率；

$\quad P_{line}$——并网联络线功率，向电网放电时为正，从电网取电时为负。

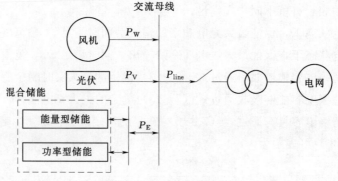

图 7-8　风光储微网系统图

图 7 - 8 的微网并网运行时，为减少风电、光伏等间歇式分布式电源对配网电能质量的影响，要对并网联络线输出功率进行平滑。首先对分布式电源输出功率进行傅里叶变换，得到功率波动频谱图。分布式电源出力波动频谱图如图 7 - 9 所示。超级电容功率密度大能量密度小，循环寿命长，用来补偿波动频率大但幅值小的分量，电池功率密度小能量密度大，用来补偿波动频率小但幅值较大的分量。

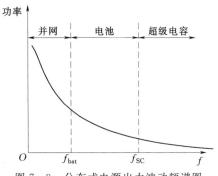

图 7 - 9 分布式电源出力波动频谱图

基于功率波动的频谱图，采用低通滤波的方法来确定超级电容和蓄电池的功率。利用图 7 - 10 所示的二级低通滤波。其中，P_T 为分布式电源总的出力，时间常数 $T_{SC} < T_{bat}$，分别对应图 7 - 7 中的截止频率 $f_{SC} > f_{bat}$。

根据分布式电源出力的频谱分析图，结合分布式电源并网功率波动要求和混合储能配置的容量，可确定电池和超级电容分别需要平抑的波动频率段，从而确定低通滤波对应的时间常数，得到各自的输出功率参考值。由图 7 - 10 可得超级电容和电池的参考功率分别为

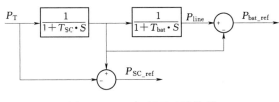

图 7 - 10 二级低通滤波控制

$$P_{SC\_ref} = -\frac{T_{SC}S}{1 + T_{SC}S} P_T \qquad (7-20)$$

$$P_{bat\_ref} = -\frac{1}{1 + T_{SC}S} \frac{T_{bat}S}{1 + T_{bat}S} P_T \qquad (7-21)$$

将低通滤波得到的参考功率作为储能系统恒功率运行的给定值，即可达到平滑波动的控制效果。

7.3.4.2 考虑电池功率限制的控制策略

由式 (7 - 20)、式 (7 - 21) 可知，滤波时间常数确定后，储能的参考功率只和分布式电源的出力有关。若分布式电源出力出现较大波动，储能补偿的参考功率也会出现波动。电池的充放电电流要求比较严格，为保障电池的经济优化运行，通常要考虑电池的充放电状态和充放电功率限制。对于只采用电池储能的系统，能够平滑光伏出力并有效管理电池充放电。实际应用中通常在电池 SOC 达到严重限值时，禁止其充放电；在 SOC 未达到严重限值时，根据电池的额定容量将其充放电功率限制在一定范围内。

因此，在满足并网功率波动要求的情况下，对二级低通滤波后的参考功率进行修

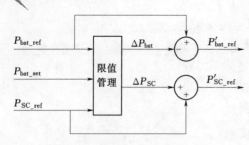

图 7-11　电池功率限值修正方法

正，根据电池充放电要求设置功率限值，超出电池充放电功率限值的由超级电容来补偿。修正框图如图 7-11 所示。

图中，P_{bat_set} 为电池的限值功率；P_{SC_ref}、P_{bat_ref} 分别为修正前的超级电容和电池参考功率；P'_{SC_ref}、P'_{bat_ref} 分别为修正后的超级电容和电池参考功率；ΔP_{SC}、ΔP_{bat} 分别为修正功率，且 $\Delta P_{SC}=-\Delta P_{bat}$。限值管理的具体方法如下：

（1）正常工作区：若 $|P_{bat\_ref}|\leqslant P_{bat\_set}$

则 $\Delta P_{bat}=0$，相应的 $\Delta P_{SC}=0$。

（2）放电功率越限：若 $P_{bat\_ref}>P_{bat\_set}$

则 $\Delta P_{bat}=P_{bat\_ref}-P_{bat\_set}$，相应的 $\Delta P_{SC}=-\Delta P_{bat}$。

（3）充电功率越限：若 $P_{bat\_ref}<-P_{bat\_set}$

$\Delta P_{bat}=P_{bat\_ref}+P_{bat\_set}$，相应的 $\Delta P_{SC}=-\Delta P_{bat}$。

利用上述限值修正方法，能在满足并网联络线功率控制要求的情况下，使电池充放电功率不越限，并充分利用超级电容大功率充放电特点，吸收尖峰波动功率。

7.4　运行控制技术

7.4.1　概述

在微电网正常运行状态下，仅依靠分布式电源自身的发电控制能够维持微电网的基本运行，但是微电网系统承受扰动的能力相对较弱，尤其是在离网运行模式下，考虑到风能、太阳能资源的随机性，系统的安全性可能面临更高的风险，因此对系统进行有效地运行控制是需要研究的重要内容，以如图 7-12 所示典型的风光储微电网系统结构分析微电网运行需求。

在运行控制方面的主要技术需求如下：

（1）微电网自动控制的结构和体系：微电网内各个分布式电源可控程度不同，如可再生能源发电的有功取决于天气条件等因素，难以控制和调节；而部分电源的控制权属于用户，无法纳入统一的自动控制系统；此外，分布式电源的动态响应特性差异较大。因此需要根据具体情况，确定合适的微电网自动控制的结构和体系，主要采用由微电网能量管理中心进行集中监视和控制，典型的微电网能量管理中心的体系结构如图 7-13 所示。

（2）无缝切换：微电网具有并网运行和离网运行两种运行模式。当检测到微电网发生孤岛效应，或根据情况需要微电网独立运行时，应迅速断开与公共电网的连接转入离网运行模式。当公共电网供电恢复正常时，或根据情况需要微电网并网运行时，将处于离网运行模式的微电网重新并入公共电网。在这两者之间转换的过程中，需要采用相应

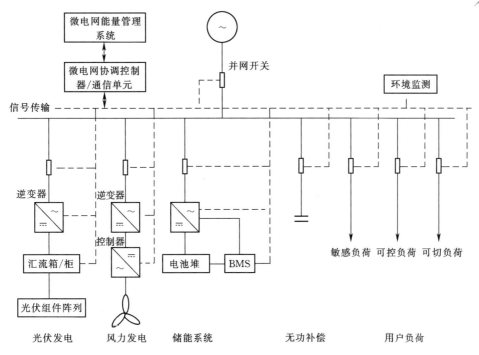

图 7-12 典型风光储微电网系统结构图

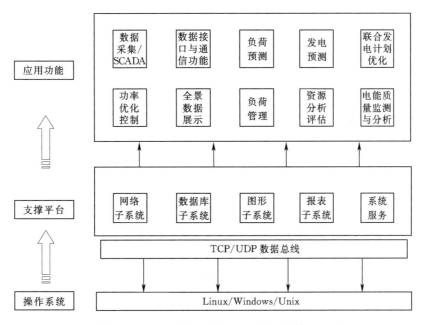

图 7-13 典型微电网能量管理中心系统体系结构

的运行控制，以保证平稳切换和过渡。

（3）自动发电/频率控制：对于微电网，并网运行时由于主网的作用，其频率变化不大；但在离网运行时，由于系统惯性小，在扰动期间频率变化迅速，必须采取相应的自动频率控制以保持微电网系统频率在允许范围内。尤其在参与主控频率的分布式电源数量和容量相对较少时，微电网的频率控制更加不易。

（4）自动电压控制：在微电网中，可再生能源的波动、异步风力发电机的并网等都会造成微电网电压波动；而微电网内的各类负荷（包括感应电机）与分布式电源距离极近，电压波动等问题更加复杂，需要采取相应的自动电压控制以保证微电网系统电压在允许范围内。

（5）快速稳定系统：微电网内关键电气设备的停运、故障、负荷大变化等，可能会导致系统频率、电压等大幅超越允许范围、分布式电源等元件负载超出其定额、分布式电源间产生环流和功率振荡等现象，需要采用相应的稳定控制快速稳定系统，通过切除分布式电源或负荷等手段，维持系统频率和电压稳定。

（6）黑启动：在一些极端情况发生时，如出现主动孤岛过渡失败或微电网失稳而完全停电等情况时，需要利用分布式电源的自启动和独立供电特点，对微电网进行黑启动，以保证重要负荷的供电。

（7）分布式储能对微电网安全稳定运行的作用及控制包括各种分布式储能装置自身动态特性及其对微电网运行动态特性的改善作用；分布式储能对微电网电压/频率调节、平抑系统扰动、保障微电网安全稳定的改善作用；微电网中分布式储能系统的综合控制策略等。

微电网控制系统必须保证，在并网和离网运行方式下都能够安全稳定运行，尤其在离网运行时，控制系统必须有能力控制局部电压和频率，提供或者吸收电源和负荷之间的瞬时功率差额，实现微电网内部功率平衡。

储能系统在微网中运行时既可以充当负载，又可以充当微网中的分布式电源，具体它处于哪种状态是不确定的。另外，储能系统还有一个特性是其随机性，即其在不同功率下最大容量和剩余容量具有不确定性。因此对这个特殊装置的控制需要进行特殊化，应采用不同的控制方式。并且还需要分析这种装置并网时的容量和时间对整个微网的运行是否产生影响。

对含有储能单元的微网整体控制策略，本书采用主从控制策略，即选择微网中的常规储能装置（电池系统）作为主电源，当微电网离网运行时提供电压和频率支撑；其他分布式电源作为从属电源，以主电源输出的电压作为自己的参考电压，并入微电网输出额定功率。主从控制中的主电源在微网并网运行下采用电流控制方式，在微网离网运行下采用电压控制方式，因此，需要在这两种控制方式之间进行无缝切换。其他的从属电源则采用电流控制方式，一直以电流的形式向微网中输送功率。储能系统典型拓扑结构图如图 7-14 所示。

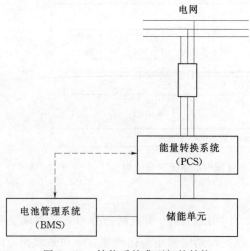

图 7-14 储能系统典型拓扑结构

对于运行在微电网中的储能系统，

当给负载供电时，可直接通过逆变输出的方式给负载供电；当运行在分布式电源的状态下时，可将控制转换为电流控制方式，向微网中输送功率。另外，当储能系统剩余容量接近临界值时，需要结合当前负载与分布式电源的功率要求制定出合理的充放电及负荷、电源的投切策略。

7.4.2 含储能的微电网协调控制技术

微电网系统内一般含有光伏发电单元、风力发电单元、储能单元和负荷等，由于系统内部的光伏发电、风力发电等可再生能源发电受天气变化的影响，其出力会体现出较大的随机性，而负荷的变化不易预测且易出现较大波动，因此微电网系统需要制定控制策略以对系统内的电源、储能和负荷进行协调控制，协调微电网系统内各设备的有功和无功出力，维持系统长时间稳定运行。

7.4.2.1 微电网运行状态

微电网是从系统的角度将分布式发电、储能与负载组成单一的可控单元。正常微电网运行有并网和离网两种状态，以及并网/离网，离网/并网两种模式切换状态。下面以储能系统的运行状态分析微电网的不同运行模式：

（1）并网运行状态：其主要操作内容为微电网并网开关合闸，微电网内分布式发电、储能并网运行，微电网内负荷全部投入运行，此时储能系统根据自身容量及调度要求进行充电、发电或待机运行处理。

（2）离网运行状态：其主要操作内容为微电网并网开关断开，微电网内主电源工作在 V/f 控制模式，向系统提供电压/频率参数，主导系统一次调频；其他部分分布式电源以 P/Q 方式运行，向系统提供恒定功率；系统中只有重要负荷投入，其余负荷全部停运，一般情况下储能系统作为微电网的主电源，工作在 V/f 状态下，平衡微电网内部分布式电源与负荷的功率。

（3）停止运行状态：其主要操作内容为并网开关断开，所有分布式电源与电网断开，停止运行，负荷与电网断开，停止运行，储能系统进入停机状态。

（4）并网/离网切换状态：当主电网出现异常或主网调度下达离网命令时，并网开关会断开，储能系统作为主电源转换控制方式，为分布式电源及负荷提供电压频率支撑，确保分布式电源的连续运行及负荷的连续供电。

（5）离网/并网切换状态：在检测到主网恢复供电且得到主网调度的并网允许后，储能系统作为主电源调节微电网内部的电压频率，并网同期装置判断满足同期合闸条件后合上并网开关，转换至并网模式，储能系统进入并网运行状态，其余分布式发电、负荷协调运行，保证顺利安全重新并网。

图 7-15 所示的是微电网运行过程状态机，说明微电网各个运行状态的切换过程，储能系统在整个切换过程中提供电压频率支撑，作为能量缓冲系统提高微电网的运行稳定性。并网运行时，微电网类似一个可控负荷或者电源，这种状态下主要根据优化目

标，在电网安全性和稳定性允许的情况下，分布式发电、储能和负荷按照一定控制策略并网运行，微电网运行控制策略需考虑储能系统的容量，制定有功无功调度计划，实现系统的优化运行。同时，微电网能量管理系统与并网点保护装置保持通信，实时计算主电源、分布式电源、储能、负荷信息，制定在离网运行瞬间各自运行控制策略。

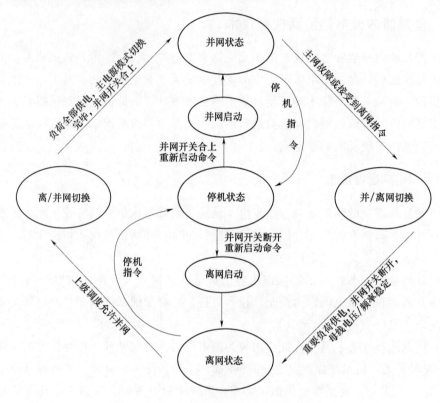

图 7-15 微电网运行过程状态机

7.4.2.2 微电网有功无功协调控制

（1）有功协调控制。微电网离网运行时，首要目标是保证重要负荷的供电，在此基础上，可有选择地保证可控负荷的供电，非重要负荷的供电不予保障。离网有功协调控制策略的核心是根据微电网内储能单元的剩余储能容量决定微电网内发电单元和负荷单元的调节方法。微电网有功协调控制流程如图 7-16 所示。

下面对上图中的标号①～⑥进行解释。

①在具体实施时，功率差额值 P_{ref} 与设定的功率偏差死区值比较，避免直接与零比较，降低功率给定的波动性。

②当间歇电源总功率减去负荷总功率的值小于零时，若此时存在有功可控的间歇电源不为最大功率运行，或者是有功不可控的间歇电源对应的支路开关处于断开状态，则说明可以调整间歇电源功率以改变负荷总功率大于间歇电源总功率的局面。但是若此时所有储能基本充满，那么调整了间歇电源后可能会出现间歇电源总功率又大于负荷功率

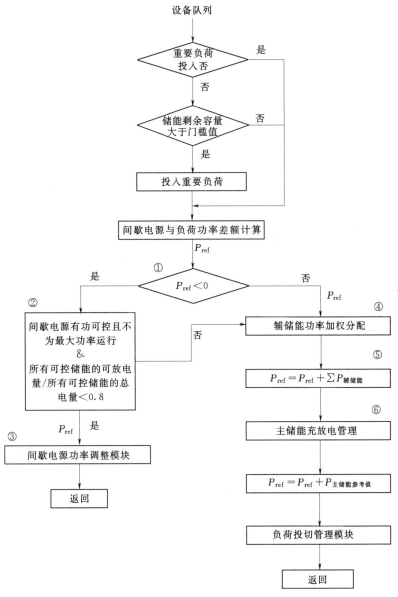

图 7 - 16 有功协调控制策略复杂模型流程图

的局面，进而又导致要减小间歇电源的功率，这将进入"调整振荡"。因此引入了一个条件，即所有储能的可放电量在总电量中的比重需小于一个定值（图中用 0.8 示意），当该条件满足时才进行间歇电源的功率调整。

③间歇电源功率调整的方法为先调整有功可控的间歇电源，再调整有功不可控的间歇电源。调整有功可控的间歇电源的方法是：按权重分配，增大功率时，按电源的可增加功率加权分配增大值，降低功率时，按电源的当前发电功率加权分配减小值。调整有功不可控的间歇电源的方法是投入或断开该电源支路。

④辅储能功率加权分配的方法是：充电时，按照辅储能可充电量在所有储能可充电

量总和中的权重分配；放电时，按照辅储能可放电量在所有储能可放电量总和中的权重分配。

⑤统一约定：储能充电时功率值为负值，储能放电时功率值为正值。因此此处用"＋"号。

⑥离网情形下主储能用以维持微电网电压频率稳定，其功率由其自身控制，不需设定其功率值，但为了观测微电网功率平衡状况，仍然形成主储能的功率设定参考值，以利于后续的并网发电与负荷管理。储能充放电管理方法主要是根据图 7-17 中所示的储能充放电曲线，对输入储能充放电管理模块的功率值进行一定的调整后输出调整后的功率值。

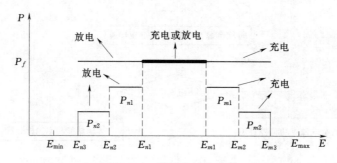

图 7-17　储能充放电曲线

图 7-17 中，功率输入值为 P_f，E 表示储能单元的剩余容量，E_{m1} 表示低充电定值，E_{m2} 表示高充电定值，E_{m3} 表示最大充电定值，E_{max} 表示工程中最大储能容量，E_{n1} 表示高放电定值，E_{n2} 表示低放电定值，E_{n3} 表示最小放电定值，E_{min} 表示工程中最小储能容量。充电时，当 E 小于 E_{m1} 时，输出功率值仍为 P_f，当 E 介于 E_{m1} 和 E_{m2} 之间时，若 $0.5P_f$ 大于 P_{m2}（一固定小值），输出功率值变为 $P_{m1}=0.5P_f$，否则仍为 P_f，当 E 介于 E_{m2} 和 E_{m3} 之间时，P_f 若大于 P_{m2}，输出功率值变为 P_{m2}，否则仍为 P_f，当 E 达到 E_{m3} 时，输出功率值变为 0；放电时，当 E 大于 E_{n1} 时，输出功率值仍为 P_f，当 E 介于 E_{n2} 和 E_{n1} 之间时，若 $0.5P_f$ 大于 P_{n2}（一固定小值），输出功率值变为 $P_{n1}=0.5P_f$，否则仍为 P_f，当 E 介于 E_{n3} 和 E_{n2} 之间时，P_f 若大于 P_{n2}，输出功率值变为 P_{n2}，否则仍为 P_f，当 E 达到 E_{n3} 时，输出功率值变为 0。充放电功率设定曲线如此设计的目的是在储能单元的剩余容量较大时，要减小其充电功率，在储能单元的剩余容量较小时，要减小其放电功率。

（2）无功协调控制。离网运行，微电网内的主储能运行在恒压恒频模式，微电网内的无功波动由主储能吸收，在微电网内的无功负荷值较小时，并不需要进行微电网无功优化控制，当微电网内的无功负荷较大时，完全由主储能承担微电网内的无功负荷将可能会影响主储能对有功波动的平抑，因此需要对微电网的无功进行优化控制。

离网无功协调控制功能主要为：监视主储能的无功输出值，当其超出定值时，将超出值分配给微电网内其他可提供无功的设备。无功协调控制流程如图 7-18 所示。

图 7－18 中主储能无功管理根据主储能有功实测值，加上一定的有功和无功裕量考虑，得到主储能无功参考设定值。辅储能和电源无功加权分配算法是：按照当前最大可设无功值在所有可设总无功值中的权重分配。

7.4.2.3 基于储能状态评估的微电网协调控制

分布式系统以简单可靠运行为目标，微电网内的光伏电源和风力电源则为最大功率输出运行，要调整电源出力选择对电源支路进行投切。负荷也可简单分为两类，一个是非重要用户负荷，一个是重要用户负荷，要调整负荷功率选择对不同的负荷支路进行投切。含有储能系统的微电网系统，储能运行在恒压恒频模式，其输出功率由储能系统自动控制，不需协调控制器控制，但考虑储能系统的容量及运行寿命，可通过分布式电源与负荷的自动投切制定符合储能特性的优化流程。

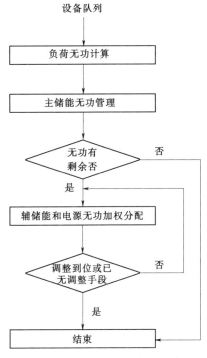

图 7－18 无功协调控制流程图

优化后的有功协调控制策略功能主要为：监视主储能电池组的 SOC 值，当 SOC 实时值逐渐逼近最大 SOC 值时，需调整电源出力；当 SOC 实时值逐渐逼近最小 SOC 值时，需调整负荷功率。控制策略的核心即为当储能 SOC 值位于不同的值区间时，执行相应的一系列操作。具体过程如下包括：储能过充保护、被切除电源的重新投入、储能过放保护、用户负荷重新投入、微电网停运保电等。

（1）储能系统过充保护。

1）启动条件。当储能的 SOC 当前值大于储能系统最大容量限值时，调整电源出力。其启动条件满足下式：

$$SOC_{now} \geqslant SOC_{max} - \frac{P_{power} - P_{self}}{W_N} t_{inv} - k_r \qquad (7-22)$$

式中　　SOC_{now}——储能电池组当前 SOC 值；

　　　　SOC_{max}——储能电池组最大 SOC 值；

　　　　P_{power}——所有间歇电源最大发电功率之和，kW；

　　　　P_{self}——自耗电负荷的最大功率，kW；

　　　　W_N——储能电池组的额定容量，kW·h；

　　　　t_{inv}——策略循环执行时间间隔，h；

　　　　k_r——可靠系数，W_N 的百分比，推荐值为 0.01，表明为 W_N 的 1%。

式（7-22）的物理含义为：当储能的 SOC 值达到了某个值，若此时间歇电源都满功率发电，则再经过一个循环执行时间间隔后，储能的 SOC 值将达到最大 SOC 值，其中为了微电网系统更为可靠，引入了可靠系数。在工程实际中，储能的充电不能让其达

到最大 SOC 值，因此，需提前进行过充保护，调整电源出力。

2）操作过程。电源出力调整方法为：当 SOC_{now} 越限时，每次循环计算中的 SOC_{now} 值都会一直被保存，若本次计算中的 SOC_{now} 是历次中最大，则进行电源切除操作。每次计算最多只会切除一路电源支路。电源切除顺序为：白天先切除光伏支路再切除风电支路，晚上只切除风电支路。

（2）被切除电源的重新投入。

1）启动条件。当储能的 SOC 当前值低于储能系统最低容量限值时，需考虑将切除的电源重新投入。其启动条件满足下式：

$$SOC_{\text{now}} < SOC_{\text{max}} - \frac{P_{\text{power}} - P_{\text{self}}}{W_{\text{N}}} \times t_{\text{inv}} - k_{\text{r}} - \frac{P_{\text{pow}\cdot\text{min}}}{W_{\text{N}}} \times t_{\text{char}} \qquad (7-23)$$

式中　　$P_{\text{pow}\cdot\text{min}}$——间歇电源支路中额定功率最小值；

　　　　t_{char}——以 $P_{\text{pow}\cdot\text{min}}$ 功率值充电的时间，h。

式（7-23）与式（7-22）相比多了最右边一项，最右一项的功能是形成一个滞环，避免电源支路频繁投切形成"投切振荡"。

2）操作方法。被切除电源重新投入的操作方法为：当 SOC 当前值满足式（7-23）时，若存在被切除的电源支路，则每次循环计算的 SOC_{now} 值都会一直被保存，若本次计算时的 SOC_{now} 是历次中最小，则进行电源投入操作，每次计算最多只会投入一路电源支路，优先投入光伏支路，其次投入风电支路。

（3）储能系统过放保护。

1）启动条件。当储能的 SOC 当前值小于储能系统最低容量限值时，调整负荷功率。其启动条件满足下式：

$$SOC_{\text{now}} \leqslant SOC_{\text{min}} + \frac{P_{\text{load}}}{W_{\text{N}}} \times t_{\text{inv}} + \frac{P_{\text{self}}}{W_{\text{N}}} \times t_{\text{selfrun}} + k_{\text{r}} \qquad (7-24)$$

式中　　SOC_{min}——储能电池组最小 SOC 值；

　　　　P_{load}——所有负荷（包括自耗电）的最大功率，kW；

　　　　t_{selfrun}——没有间歇电源时，自耗电负荷保证不间断供电的时间，h。

式（7-24）的物理含义为：当储能的 SOC 值低于某个值，若此时间歇电源不发电，满负荷运行，则再经过一个循环执行时间间隔后，储能的 SOC 值将达到最小 SOC 值，其中为了工程中更为可靠，引入了可靠系数，而且需考虑储能要预留出部分电量只供自耗电负荷运行一段时间。储能的放电不能让其达到最小 SOC 值，因此，需提前进行过放保护，调整负荷功率。

2）操作过程。负荷功率调整方法为：当 SOC 当前值满足式（7-24）时，每次循环计算的 SOC_{now} 值都会一直被保存，若本次计算时的 SOC_{now} 是历次中最小，则切除用户负荷支路，若不是最小，则不切除用户负荷支路。

（4）用户负荷重新投入。

1）启动条件。当储能的 SOC 当前值高于储能系统最大容量限值时，需考虑将切除的用户负荷重新投入。其启动条件满足下式：

$$SOC_{now} > SOC_{min} + \frac{P_{load}}{W_N} \times t_{inv} + \frac{P_{self}}{W_N} \times t_{selfrun} + k_r + \frac{P_{load}}{W_N} \times t_{disc} \quad (7-25)$$

式中 t_{disc} ——以 P_{load} 功率值放电的时间，h。

式（7-25）与式（7-24）相比多了最右边一项，最右一项的功能是形成一个滞环，避免负荷支路频繁投切形成"投切振荡"。

2）操作过程。用户负荷重新投入的操作方法为：当 SOC 当前值满足式（7-25）时，每次循环计算的 SOC_{now} 值都会一直被保存，若本次计算时的 SOC_{now} 是历次中最大，则投入用户负荷支路。

（5）微电网系统停运保电。

1）启动条件。当储能的 SOC 值小于微电网系统最低容量限值时，需考虑微电网系统停运，保留储能电池组部分电量，为后续的正常开机保留可能，其启动条件满足下式：

$$SOC_{now} \leqslant SOC_{min} + k_r \quad (7-26)$$

2）操作过程。当 SOC 当前值满足式（7-26）时，微电网协调控制器执行离网转停运操作，微电网系统因储能系统容量不足停运，保护剩余容量，满足微电网控制系统的自运行。

上述微电网系统的离网控制策略操作流程见表 7-1。

表 7-1　　　　　　　　　微电网控制策略操作流程

功　能	启　动　条　件
储能系统过充保护	$SOC_{now} \geqslant SOC_{max} - \dfrac{P_{power} - P_{self}}{W_N} \times t_{inv} - k_r$
被切除电源重新投入	$SOC_{now} < SOC_{max} - \dfrac{P_{power} - P_{self}}{W_N} \times t_{inv} - k_r - \dfrac{P_{pow \cdot min}}{W_N} \times t_{char}$
储能系统过放保护	$SOC_{now} \leqslant SOC_{min} + \dfrac{P_{load}}{W_N} \times t_{inv} + \dfrac{P_{self}}{W_N} \times t_{slefrun} + k_r$
用户负荷重新投入	$SOC_{now} > SOC_{min} + \dfrac{P_{load}}{W_N} \times t_{inv} + \dfrac{P_{self}}{W_N} \times t_{selfrun} + k_r + \dfrac{P_{load}}{W_N} \times t_{disc}$
微电网系统停运保电	$SOC_{now} \leqslant SOC_{min} + k_r$

7.4.3　含储能的微电网平滑切换技术

7.4.3.1　并网转离网切换技术

在正常情况下，微网与常规电网并网，向电网提供多余的电能或由电网补充自身发电量的不足。当检测到电网故障或电能质量不满足要求时，微网可与主网断开由分布式电源及储能装置向微网内的负荷供电，进入离网运行模式，在切换过程中，储能装置可为微电网有效提供电压频率支撑，减小切换过程中的电压频率波动，实现负荷不断电，分布式电源不退出的平滑切换的技术要求。

微网的并网离网的平滑切换使微网运行更加灵活，实现对负荷的不间断供电，提高了供电可靠性。平滑切换是指切换过程中保证微网的电压、频率在允许范围内波动，国际通用微网运行标准规定，为保证微网的安全稳定运行，运行模式切换后微网各个交流母线电压偏差 $\Delta U \leqslant \pm 7\% U_N$（$U_N$ 为额定电压），频率偏差 $\Delta f \leqslant 0.1\mathrm{Hz}$。实现平滑切换的关键在于微网整体以及储能系统选择恰当的控制策略，分布式电源可保持并网控制方式，且能保证负荷不断电连续运行。

微电网切换过程按模式切换指令是否预知，可以分为计划切换和故障切换。计划切换是指计划切换时指系统事得到主网调度切换运行模式的指令，可以采用无缝切换方案。而故障方案是指主电网发生了不可预知的短路、电压骤降等事故，微电网能量管理系统无法事先调整微电网设备控制方式，只能依靠设备自身装置检测故障，进行模式转换，保证微电网继续稳定运行。下面就这两种情况对微电网并/离网切换控制方式进行讨论。

（1）计划性离网切换。微电网能量管理系统（MEMS）接受主网调度指令，控制微电网公共连接点处的功率为 0，保证微电网在离网切换时系统内电压频率稳定，准备离网运行。微电网能量管理系统同时命令主电源进行模式切换，转为 V/f 控制，调节储能装置出力，保证联络线功率逐渐减小。在联络线功率变为 0 且主电源模式转换成功后，微电网能量管理系统断开并网开关，微电网离网运行，具体控制过程如图 7 - 19 所示。

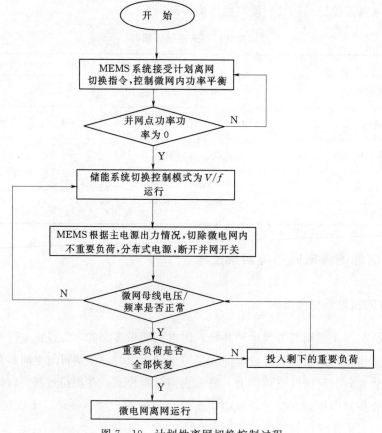

图 7 - 19　计划性离网切换控制过程

微电网能量管理系统计算微电网并网开关处的实时功率，根据所得结果选择不同的控制方式。若此时微电网向主电网输出功率，那么按照分布式电源降出力，储能装置充电，切除部分分布式电源的顺序降低微电网实时出力，使其达到离网运行的条件。如此时微电网吸收主网功率，那么按照增加分布式电源出力，储能装置放电，切负荷的顺序调整微电网出力，使其增加至 0。在联络线功率调整至 0 以后，微电网能量管理系统控制主电源转换控制模式，以 V/f 控制方法运行，同时微电网协调控制器对微电网系统内设备出力进一步微调，使得联络线功率维持在 0 左右。在主电源模式转换成功后，微电网能量管理系统控制并网开关断开，微电网离网运行。

（2）故障时离网切换。微电网能量管理系统不可预知故障发生时间，则不能及时调整联络线功率，控制主电源进行控制模式转换，微电网能量管理系统需每隔一定时间就根据自身的电气信息制定离网切换控制预案，微电网并网电保护转置与其进行硬连接。一旦并网点保护装置检测到大电网故障，触发微电网能量管理系统进行并网离网方式切换，转入事先写好的离网切换控制预案。保护装置输出触发信号给微电网主电源，触发其进行控制方式切换，转为 V/f 控制模式，微电网协调控制器根据并离网切换控制预案快速执行。并网开关打开后，微电网实现无缝切换。在切换过程中，各分布式电源不脱网，切除可控负荷与可切负荷，调整主电源控制方式，微电网能量管理系统根据其出力情况协调储能装置出力，满足重要负荷供电。并网开关断开后，系统进入离网运行状态，具体切换过程如图 7-20 所示。

7.4.3.2 同期并网技术

微网并入配电网属于差频并网，并网的并列点两侧微网和公用电网的电压相量不但存在幅值差，也存在频率差，以及不断变化的相角差，直接并网会产生较大的冲击电流。因此，微电网在运行模式下并入配电网需满足同期并网的条件，具体判定条件包括电压差、频率差和相角差，微网的差频并网也就是要在同期点两侧电压和频率接近时，通过预测两侧相角差为零的时机来完成并列。

微网并入公用电网时应该遵循的基本原则是：

（1）并列断路器合闸时，对微网的冲击电流足够小。

（2）微网并入公用电网后，能够足够迅速地进入同步运行状态。

上述原则要求微网电压与公用电网电压之间必须满足的基本条件是两侧电压的幅值差、频率差和相位差足够小。准同期并列的电压向量分析如图 7-21 所示，并网前断路器两端微网侧和公用电网侧的电压分别为

$$u_{\mathrm{M}} = U_{\mathrm{M}} \sin(\omega_{\mathrm{M}} t + \delta_{\mathrm{M}}) \tag{7-27}$$

$$u_{\mathrm{S}} = U_{\mathrm{S}} \sin(\omega_{\mathrm{S}} t + \delta_{\mathrm{S}}) \tag{7-28}$$

微网与公用电网之间的电压差 u_{d} 为

$$u_{\mathrm{d}} = u_{\mathrm{M}} - u_{\mathrm{S}} \tag{7-29}$$

断路器合闸的理想条件是：

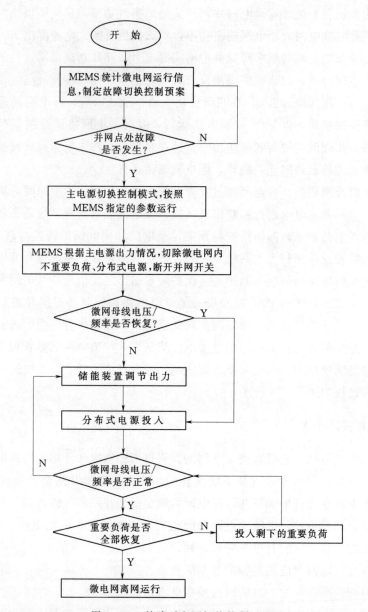

图 7-20　故障时离网切换控制过程

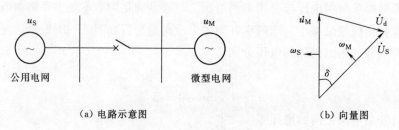

（a）电路示意图　　　　　　　　（b）向量图

图 7-21　同期并网条件图

（1）两电压幅值相等，即：$U_M = U_S$。

（2）两电压角频率相等，即：$\omega_M = \omega_S$。

（3）合闸瞬间的相角差为零，即：$\delta = 0°$。

如果能同时满足上述三个条件，意味着断路器两侧的电压相量重合且无相对运动，此时电压差 $u_d = 0$，冲击电流等于零，微网与公用电网立即同步运行，不发生任何扰动，这是最理想的并网状态。实际当中，如果真的出现 $\omega_M = \omega_S$，那么两侧电压相对静止，如果此时存在相角差，那么根本无法实现 $\delta = 0°$，因此上述的角频率相等的条件表述为角频率相近。

下面分析准同期并网的条件影响。

（1）电压差值的影响。设两电压的频率相等、初始相角相等，且令电压两侧的初始相角为零，仅幅值不等，那么电压差 u_d 为

$$u_d = (U_M - U_S)\sin\omega_S t = u_d \sin\omega_S t \tag{7-30}$$

可以看出，电压差是一个以系统频率波动的正弦波。合闸瞬间流过系统的冲击电流的峰值 $I_m = \dfrac{U_d}{X_c}$，X_c 为并网系统阻抗。幅值差引起的冲击电流为无功电流，产生的电动力对微网中同步发电机绕组的影响较大。

（2）频率差值的影响。断路器两侧的电压仅频率不同时，电压差 u_d 的表达式为

$$u_d = 2U_S \sin\left(\frac{\omega_d}{2}t\right)\cos\left(\frac{\omega_S + \omega_M}{2}t\right) \tag{7-31}$$

其中 $\omega_d = \omega_M - \omega_S$，称为滑差角频率。而 $f_d = f_M - f_S$ 称为滑差频率，简称滑差。电压差幅值包络称为脉动电压，记作 u_e。它是一个频率为 ω_d、幅值为 $2U_S$ 的正弦波。

$$u_e = 2U_S \sin\left(\frac{\omega_d}{2}t\right) \tag{7-32}$$

则两电压向量的相角差可表示为

$$\delta = \omega_d t$$

（3）相角差值的影响。如果以微网电压正向过零点为起始点，相继的公用电网电压正向过零点为终止点，以两点之间的时间间隔为一个脉冲的宽度代表发电机电压与系统电压之间的相角差，那么两侧电压之间的相角差可以用一个宽度不断变化的脉冲序列来表示。

相角差变化的规律与脉动电压 u_e 幅值的变化规律一致。相角差最大的地方同时也是脉动电压幅值最大的地方，相角差最小的地方同时也是脉动电压幅值最小的地方。这表明脉动电压 u_e 里面包含了准同期并列所需要检测的所有信息：电压幅值差、频率差和相角差随时间变化的规律。

由以上的分析可知在微网准周期并网时，频率差、电压差和相角差都是直接影响并网稳定的因素。而在准同期并网的三个条件中，真正影响并网质量的是相角差。

虽然在两电源间存在电压差和频率差的情况下的并网会造成无功功率和有功功率的

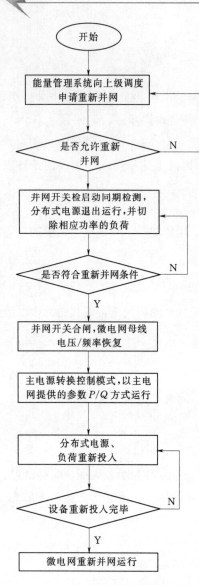

图 7 - 22　同期并网控制过程

冲击，即在断路器合上的那一瞬间，电压高的那一侧会向电压低的那一侧输送一定量的无功功率，频率高的那一侧会向频率低的那一侧输送一定量的有功功率。但是，在具有相角差的情况下并网的后果十分严重。尤其是对于微网中的电力电子装置，并网相角差较大时会产生较大的冲击电流，损坏功率器件以及快速熔断装置。

微网与公用电网理想并网状态下合闸瞬间的相角差为零，即：$\delta = 0°$。但实际应用中，由于测量误差以及操作机构和断路器的合闸延时分散性，并网时刻往往存在一定的相角差，对并网系统产生一定的冲击。参考同步发电机并网条件，微网准同期并网条件可整定为

1）微网与公用电网频差不超过 0.5Hz。

2）微网与公用电网电压差小于 10%。

3）并网合闸时刻，微网与公用电网相角差不超过 5°。

满足以上条件下并网，对微网对配电网的冲击较小，可以迅速进入同步运行状态。

具体同期可采取如下过程，并网点保护装置实时监测并网连接点母线电压和频率，确定大电网恢复供电后，向微电网协调控制器发出重新并网请求，微电网协调控制器根据实时系统运行情况，作出判断，是否允许微电网重新并网，并向主网调度申请，待回复允许后将指令下达给并网点保护装置，微电网协调控制器执行无缝切换预案，并网开关启动检同期程序，当监测到合适的并网条件时，开关自动合上，待并网成功后，微电网主电源切换控制模式，重新以 P/Q 方式并网运行，微电网并网运行成功，具体控制过程如图 7 - 22 所示。

7.5　典型应用案例

7.5.1　承德分布式发电/微电网示范工程

7.5.1.1　系统概述

示范工程区域为承德市围场县御道口乡御道口村 1 组，为乡政府规划的"农家游"

小区所在地，处于 10kV 供电线路末梢，供电方式单一，供电半径过长，导线规格较低，当地的供电可靠性低，低电压问题比较严重。结合新一轮农网改造，示范项目的实施可以提高试点区域的供电可靠性，改善试点区域的低电压问题。

试点区域负荷包括现有负荷和未来负荷。御道口村 1 组 2010 年全年用电量为 44389kW•h。该台区供电总户数为 59 户，其中居民户数 51 户，非居民户数 8 户。

7.5.1.2 系统结构

该项目采取村庄模式与单户模式相结合的方式，即以村庄模式为主，同时选取 2～5 户家庭，试点应用单户模式。

（1）村庄模式系统组成。村庄模式微电网有 80kW 光伏发电子系统，120kW 风力发电子系统以及 80kW/128kW•h 储能子系统作为整个村庄的电源，其中光伏发电和风力发电通过独立的 400V 集电线路接入，和储能子系统、有源滤波器、无功补偿一起接入配电室微电网 400V 低压母线，一方面向村庄负荷提供电能，一方面通过 400V/10kV 配变接入公共配电网。在微电网能量管理系统统一管理下协调运行。

村庄模式的微电网系统主要包括光伏发电子系统，风力发电子系统，低压集电线路，储能子系统，电能计量子系统，电能质量监测和治理系统，监控和能量管理子系统，土建、配电房等基础设施。

在结构上，系统采用分布发电、集中并网的接入方式。光伏发电子系统、风力发电子系统、储能子系统通过开关直接并在微电网 400V 低压微电网母线上，有源滤波器，无功补偿装置直接通过接入开关并入微电网 400V 低压微电网母线上。这种接入方法各子系统相对独立，有利于独立维护，也便于系统的升级和改造。总体结构示意图如图 7-23 所示。

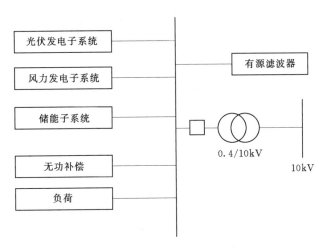

图 7-23　村庄模式微电网总体结构图

（2）单户模式系统组成和结构。单户模式包含光伏发电单元、风力发电单元、蓄电池储能单元、交流逆变单元、双电源切换单元、微电网协调控制单元等。

单户模式的建设目标：为了贯彻落实国家新的能源发展战略，大力发展低碳经济，适应未来农村大规模应用分布式能源的需要，进行单户微电网的建设模式研究，为将来大规模的应用做好技术储备。

微电网单户模式，采用风力发电/光伏发电/储能系统三者互补系统，为单户负荷进行供电。为研究风、光、储系统的配比，针对用户负荷大小采用风光容量配比不同的三种配比模式，研究结果对未来的单户风、光、储的配比有实践指导意义。

单户模式下微电网主要有光伏发电单元、风力发电单元、蓄电池储能单元、协调控制单元以及交流逆变单元组成，其主要结构图如图 7 - 24 所示。

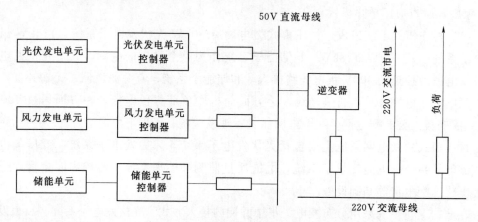

图 7 - 24　单户模式微电网系统结构图

7.5.1.3　运行总结

当地年日照小时数为 2899h，平均风速 6.8m/s 的有效小时数为 5000h，并根据光伏额定功率 80kW，可计算一年能发电 11 万 kW·h；风机系统 20kW 装机 6 台，一年能发电 12 万 kW·h，风光系统每年可发电电 23 万 kW·h。

（1）可再生能源发电经济效益分析。通过风力发电和光伏发电的接入，可为当地用户提供充足的电能，节约了常规一次能源的投入，改善了用户的用电结构。初步来看，投入产出不成比例，但随着技术的发展，风光储设备的成本会急速下降，如再考虑不建微电网而由主网来解决现有问题的成本等因素，投入产出很快就达到平衡。

（2）提高农网用户供电可靠性。原有供电线路一次网架结构不合理，设备配置也不合理，通过网架和一次设备的改造，线路形成"多分段、多电源"结构，分支线路增加带保护功能的重合器，末梢线路出现故障时，不再直接跳出线开关，大大减少了停电范围。同时多分段及联络开关的改造使得线路能够进行负荷转供，因此为提高农网用户供电可靠性带来了极大的效益。

（3）智能电网技术在农网应用示范效应分析。通过该项目的实施为华北电网在智能电网领域，特别是分布式发电接入和微电网运行领域积累技术经验，为全面实现智能配电网奠定技术基础。

7.5.2 青海农牧无电地区微电网示范工程

7.5.2.1 技术特点

该示范工程的开展为青海偏远无电地区提供了一种可靠的供电模式建设思路，为力争在"十二五"期间彻底解决无电人口的用电问题提供技术支撑和经验积累，可在青海省乃至全国范围内推广应用。风光储互补微电网系统具备以下技术特点：

（1）风光储互补微电网系统由光伏发电系统、风力发电系统、储能系统、电能计量系统、电能质量监测系统、低压配电系统、气象监测系统、协调控制器等子系统够成，各子系统通过高速、双向的通信系统，保障电站灵活、稳定运行。风光储互补发电系统具有单元化、模块化、标准化等特点。

（2）风光储互补微电网系统在低压400V环境下离网运行，在乡政府驻地范围内独立对电源和负荷进行管理，实现微网内负荷和供电平衡，维持系统电压和频率的稳定。风光储互补微电网系统具有低电压、微型化等特点。

（3）风光储互补微电网系统通过远程集中监控系统，可以实时掌握光伏电站运行情况，提高设备运行效率；及时发现光伏电站设备故障等情况，对设备进行远程诊断，并快速进行维护，提高维护效率。该系统运行具有无人值守的特点。

（4）系统中通过配置储能系统和协调控制系统，将白天多余的光伏、风力发电能量存贮起来，晚上再供给负荷使用，满足了居民24h用电需求，实现了光伏、风力发电和居民用电的错时就地平衡和消纳，实现了可再生能源的有效利用。风光储互补微电网系统有利于实现资源的优化合理配置。

7.5.2.2 系统结构

（1）无电农牧区风光储互补微电网系统的主从控制结构。风光储互补微电网系统的典型主从控制结构如图7-25所示。

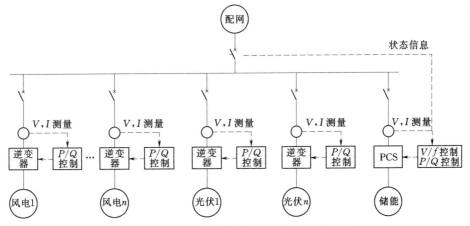

图 7-25 无电农牧区主从控制结构的微电网

微电网离网运行时，储能单元采取恒压恒频控制（V/f 控制），用于向微电网中的其他电源提供电压和频率参考，其在微电网控制中起的是主控的作用，其他的电源则采用恒功率控制（P/Q 控制），其在微电网控制中起的是从控的作用。微电网内功率的动态波动由主电源来吸收，当电源的功率大于负荷的功率时，主储能表现为充电，当电源的功率小于负荷的功率时，主储能表现为放电。

在没有大电网的无电农牧区，微电网为离网运行，储能作为主电源采用 V/f 控制。若大电网延伸到该无电农牧区，则微电网可以并网运行，并网运行时，主储能需从 V/f 控制转换为 P/Q 控制，因此，主储能 PCS 应具备并离网双模式运行能力，以备将来发展之需。

（2）二级控制系统。采用主从控制结构的微电网，在作为主电源的储能的控制下，微电网可以恒压恒频的稳定运行。微电网中主储能和其他电源之间并没有通信联系，储能和电源都在自治运行，因此该结构的微电网在离网运行时就存在一个问题，即电源 P/Q 值的给定。

假设初始电源都设置为最大功率运行，当主储能不断充电导致电池组的 SOC 值逐渐逼近最大极限值时，有必要在这之前降低电源的有功给定值。当主储能不断放电导致电池组的 SOC 值逐渐逼近最小极限值时，有必要在这之前增大电源的有功给定值。因此，微电网中还需要一个上级控制系统，该系统观察微电网的运行状态，不断调整微电网内的电源和负荷，以使微电网长时间稳定运行。

微电网的二级控制系统如图 7-26 所示，协调控制系统对应为上级控制系统，逆变器或 PCS 的本地控制对应为下级控制系统。协调控制系统通过通信获取开关、设备的状态信息，经过策略分析后，形成控制命令下发给各个设备和开关。

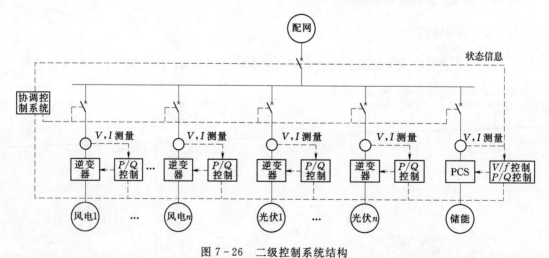

图 7-26 二级控制系统结构

7.5.2.3 运行分析

（1）风光储互补微电网系统中储能电池的工作特性。光伏发电具有波动性大、随机性强和不可调度的特点，输出功率随时都在发生变化。光伏发电系统中配置储能电池可以改善系统的供电质量，确保用户获得连续、稳定的电能供应。在青海地区离网型光储系统中，电池的运行特点总结如下：

1）白天充电，晚上以及阴雨天放电，属于循环＋浮充混合工作方式。

2）充电倍率低，一般为 0.01～0.02C，很少达到 0.1～0.2C。

3）一次充电时间较短（白天最长仅为 10h），因此电池经常处于欠充电状态。

4）放电倍率低，通常为 0.004～0.05C，但放电时间长，无日照时间可达 7d，容易出现过放电现象。

与光伏发电类似，风机出力也具有较强的随机性和间歇性，理论分析和实际运行均表明风电并网对系统电压、频率和稳定性都会产生一定的影响。因此，大规模的风电并网须合理配置储能装置，解决风电场大规模电能储存和转换的问题。在风电场中应用的储能系统工作条件特点如下：

1）放电时间较长，但由于存在昼夜差异，不会发生 10 多小时持续放电或充电的情况，因此，蓄电池很少会处于过放或欠充的状态。

2）风力发电的瞬时功率较大，因此蓄电池的充电倍率较大。

3）风力发电功率波动频率高，储能的功率需求变化明显，甚至充放电状态转换频繁。

此外，风光资源丰富的地方，如青海地区，地理条件较特殊，如温度变化范围大，高温可达 45℃，低温至－30℃；高海拔，可达 5000m。特殊的工作条件需要储能系统尽量满足安装简单、系统可靠、免维护等要求。

（2）适用于风/光储系统中的铅酸蓄电池。结合风/光发电系统中储能系统运行条件的特点，铅蓄电池需要满足以下性能：

1）大放电深度下，循环寿命长。

2）耐过充能力强。

3）长期欠充状态下，对循环寿命影响较小。

4）小电流放电性能好。

5）使用温度范围宽，减少由于温度变化引起的电池寿命大大缩减的现象。电池寿命和提前失效问题是阻碍铅酸电池在光伏/风力发电系统中推广应用的重要原因。综合上述铅酸电池自身特性和工作条件，可以选择符合需求的电池，并进行有效的运行管理，提高铅酸电池在风/光储系统中的实际可行性。

目前，贫液式 AGM 技术已在小型光伏发电系统中使用，由于无法满足高原地区恶劣的气候环境，使用寿命不甚理想。近年来，各蓄电池厂家开始从事高原专用蓄电池的研究和开发。这种蓄电池技术具有循环寿命长、深度放电特性优良、适温广（－40～65℃）、自放电低、免维护等优点，满足青海地区高海拔和低温环境的使用要求。

与贫液式电池相比，胶体电池具有更好的深放电恢复特性、小电流放电性能，充电效率要高 20％～30％，在极端环境温度下有更长的使用寿命。由于电解液的特性，胶体电池几乎可消除内部电解液的分层现象，减少硫酸盐化的可能性。胶体电池有管式和

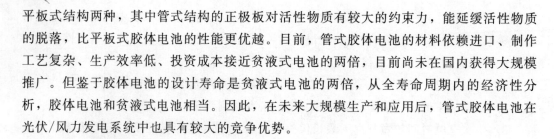

平板式结构两种，其中管式结构的正极板对活性物质有较大的约束力，能延缓活性物质的脱落，比平板式胶体电池的性能更优越。目前，管式胶体电池的材料依赖进口、制作工艺复杂、生产效率低、投资成本接近贫液式电池的两倍，目前尚未在国内获得大规模推广。但鉴于胶体电池的设计寿命是贫液式电池的两倍，从全寿命周期内的经济性分析，胶体电池和贫液式电池相当。因此，在未来大规模生产和应用后，管式胶体电池在光伏/风力发电系统中也具有较大的竞争优势。

7.5.3　东福山岛风/光/储/柴及海水淡化综合系统

7.5.3.1　系统概述

随着偏远海岛经济及生活品质的不断提高，对电力的需求越来越大，对其可靠性要求也越来越高。这类远离大陆的海岛大都是自治的独立系统，而且以柴油发电机为主，少数系统混合有低渗透率的风电光伏等可再生能源。若采取主网接入海岛的方式提高供电可靠性和供电质量，无论从技术上还是经济上均要付出高昂的代价；考虑到运输困难导致发电成本不断升高，加之柴油发电的噪声及排污往往会对海岛脆弱的生态资源造成较大影响，继续维持以柴油发电为主的模式也并不理想。

海岛通常有较为丰富的风光资源，加以合理利用将可以大幅度提高海岛电网的供电能力，同时减少柴油使用量，并促进海岛生态环境的保护。但由于风光资源的间歇性及波动性，加上柴油发电机自身的运行限制，为了维持系统的稳定性，风光柴系统中均是以柴油发电为主，风光发电为辅。若要进一步提高可再生能源的渗透率，采用储能系统将能够有效平抑可再生能源的间歇性，提高可再生能源的利用率，在大幅度减少柴油用量的同时，有效提高系统的稳定性。

东福山岛是中国东部海疆最东的住人岛屿，东临公海，面积 $2.95km^2$。全岛有 1 个自然村，居民约 300 人，以海洋捕鱼和旅游业为生。东福山岛远离大陆，驻军的柴油发电费用昂贵，项目实施前居民由驻军的柴油发电机供少量照明用电，用水主要靠现有的水库收集雨水净化和从舟山本岛运水。

东福山岛风光储柴及海水淡化综合系统以解决当地军民供电供水困难为目的，以合理、高效地利用海岛可再生能源为宗旨，总装机容量 510kW，可再生能源装机容量 310kW，包括 7 台单机容量 30kW 的风力发电机组、100kW 的光伏发电系统、200kW 柴油发电机、2000Ah 储能蓄电池和日处理能力 50t 的海水淡化系统。现阶段最大负荷在 120kW 左右，预计未来最大负荷可达 200kW 左右，本系统以未来最大负荷设计。海水淡化是可调节负荷，能够有效增加可再生能源的利用率，同时在用水紧张时解决岛上用水问题。

7.5.3.2　系统结构

东福山岛微电网系统结构示意图如图 7 - 27 所示，图中 PCS 表示光储一体化变流器。

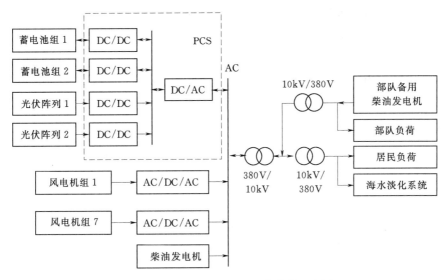

图 7-27　东福山岛微电网系统结构示意图

独立型微电网中,运行策略是决定储能系统优化配置与运行参数设置的因素之一,也是独立型微电网稳定运行的关键所在,由于东福山岛微电网中柴油发电机或储能系统均能作为主电源,为了防止两个主电源非同期并列运行,同一时刻仅允许两者之一作为系统主电源,采用 V/f 控制,为系统提供稳定的电压和频率支撑。在运行策略中考虑到储能系统的特殊性,应进行定期维护以提高其循环使用寿命。

东福山岛微电网主要有以下 3 种运行模式。

(1) 柴油发电机作为主电源模式:柴油发电机作为系统主电源,产生恒定的电压和频率支撑系统运行;储能系统处于恒流充电或恒压充电状态,直到蓄电池组荷电状态(SOC)值或直流端电压达到上限值。考虑柴油发电机最小运行功率和额定功率等限制,可通过控制光伏出力和风电机组投入台数来保证柴油发电机运行在设定的合理范围内。当蓄电池组充电达到上限时,则转为储能系统作为主电源模式运行。

(2) 储能系统作为主电源模式。当储能系统作为主电源时,关闭柴油发电机以避免非同期并列运行,储能变流器采用 V/f 控制为交流母线提供电压和频率支撑,其功率输出自动补偿风光出力与负荷之间的差额。基于蓄电池组 SOC 值或直流端电压的储能优化控制,要求当风光资源丰富而使得蓄电池组 SOC 值或直流端电压升至上限值时,通过控制光伏出力和切除风电机组来保证储能系统仅工作于放电状态且放电功率在设定范围内。当蓄电池组 SOC 值或直流端电压降至下限值时,通过控制光伏出力和投入风电机组来保证储能系统仅工作于充电状态且充电功率在设定范围内。正常运行时,优化控制策略尽量使储能系统处于固定的工作状态,避免充电状态和放电状态的频繁切换。当蓄电池组 SOC 值或直流端电压低于临界转换值时,开启柴油发电机作为主电源供电,改变 PCS 控制策略对蓄电池组进行充电,即转换为柴油发电机作为主电源模式。

(3) 储能系统全充全放模式。为了保证蓄电池的最大使用寿命,需要在运行一段时间内对蓄电池进行人工维护。在控制策略中设置全充全放模式,人工操作先开启柴油发电机对蓄电池组进行"预充—快充—均充—浮充"四段式标准充电直至全充完成,再控制蓄电池组始终处于放电状态直到全放完成,以此来尽量提高蓄电池的循环使用寿命。

图 7-28 所示为东福山岛微电网的系统运行模式关系图。系统正常运行时,主要实现运行模式切换,既可通过手动也可通过自动切换方式进行。当柴油发电机或 PCS 故障时,需根据不同情况给出相应的策略退出控制方案以及重新投入策略。在系统停运时,应先进入系统待机状态,再根据需要手动或自动切换到目标运行模式。

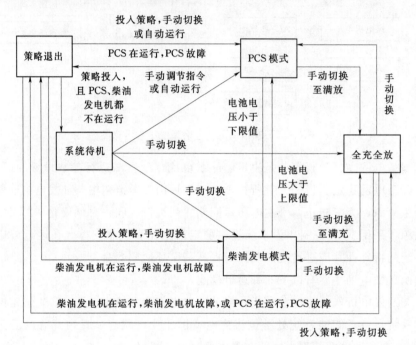

图 7-28 东福山岛微电网的系统运行模式关系图

7.5.3.3 运行总结

东福山岛系统于 2011 年 7 月正式移交给业主,各设备运转正常,储能系统性能达到设计要求。根据东福山岛的设计,全年可再生能源电量渗透率预计在 55% 左右。通过运行实测数据分析,在每年 10 月至次年 3 月,东福山岛风力较好,柴油消耗量减少 60%,柴油发电机运行时间减少 70%;4—6 月,东福山岛风力一般,预计柴油消耗量减少 40%,柴油发电机运行时间减少 50%;7—9 月,东福山岛风力较差,预计柴油消耗量减少 35%,柴油发电机运行时间减少 40%。

参 考 文 献

[1] 黄伟,张建华. 微电网运行控制与保护技术 [M]. 北京:中国电力出版社,2010.

［2］ 年珩，曾嵘．分布式发电系统离网运行模式下电能质量问题［J］．中国电机工程学报．2011，12（31）：22－28．

［3］ 张步涵，曾杰，毛承雄，等．电池储能系统在改善并网风电场电能质量和稳定性中的应用［J］．电网技术．2006，15（30）：54－58．

［4］ 张国驹，唐西胜，等．超级电容器与蓄电池混合储能系统在微网中的应用［J］．电力系统自动化．2010，12（34）：85－89．

［5］ 张野，郭力，贾宏杰，等．基于平滑控制的混合储能系统能量管理方法［J］．电力系统自动化．2012，36（16）：36－42．

［6］ 桑丙玉，陶以彬，郑高，等．超级电容蓄电池混合储能拓扑结构和控制策略研究［J］．电力系统保护与控制．2014，42（2）：1－6．

［7］ 邱培春，葛宝明，毕大强．基于蓄电池储能的光伏并网发电功率平抑控制研究［J］．电力系统保护与控制．2011，39（3）：29－33．

［8］ 赵冬梅，张楠，等．基于储能的微网并网和孤岛运行模式平滑切换综合控制策略［J］．电网技术．2013，37（2）：301－306．

［9］ 张涛．微型电网并网控制策略和稳定性分析［D］．武汉：华中科技大学，2008．

［10］ 赵波，张雪松，等．储能系统在东福山岛独立型微电网中的优化设计和应用［J］．电力系统自动化．2013，37（1）：161－166．